V

©

TRAITÉ

DU

TRAVAIL DES LAINES

Paris. — Typographie Hennuyer et fils, rue du Boulevard, 7.

FABRICATION DES ÉTOFFES

TRAITÉ
DU
TRAVAIL DES LAINES

NOTIONS HISTORIQUES — PROGRÈS TECHNIQUES
DÉVELOPPEMENT COMMERCIAL — CLASSIFICATION — CARACTÈRES
PROPRIÉTÉS — FILATURE
APPRÊTS DES FILS — TISSAGE — DÉGRAISSAGE — FEUTRAGE ET FOULAGE
APPRÊTS DES LAINAGES — INSTALLATION D'UNE USINE
PRIX DE REVIENT
COMPARAISON ENTRE LES MOYENS DE L'ANCIEN
ET DU NOUVEAU RÉGIME INDUSTRIEL

PAR M. ALCAN
INGÉNIEUR
Professeur de filature et de tissage au Conservatoire impérial des arts et métiers,
Membre du jury des expositions internationales,
du Conseil de la Société d'encouragement, du Comité de la Société des Ingénieurs civils,
et des principales Sociétés scientifiques et industrielles.

TOME SECOND

« Pour que l'industrie puisse faire des pro-
« grès, il est nécessaire de comparer les procé-
« dés, les instruments, les machines usités en
« différents temps et en différents lieux. »

A.-M. AMPÈRE
(Essai sur la Philosophie des sciences).

PARIS
NOBLET ET BAUDRY, LIBRAIRES-ÉDITEURS
15, RUE DES SAINTS-PÈRES, 15
LIÉGE, MÊME MAISON
1866

TROISIÈME PARTIE.

DE LA LAINE

TROISIÈME PARTIE

CHAPITRE XIII.

TISSAGE [1].

Ensemble des transformations. — Les opérations du tissage comprennent les préparations des fils et l'exécution de leurs entrelacements sur le métier. Les premières prennent les produits dans l'état où ils sont livrés par la filature, pour les disposer de façon à ce que le tisseur puisse réaliser le plus facilement possible des effets divers par l'entre-croisement de fils parallèles longitudinaux, ou *chaîne*, avec des fils transversaux à déroulement successif, ou *trame*. Pour les étoffes unies, *les opérations préparatoires comprennent : 1° le bobinage ; 2° l'ourdissage ; 3° l'encollage ; 4° le montage ou pliage ; 5° la préparation de la trame ou formation et préparation des canettes ; 6° le remettage ; 7° l'armure du métier*. Pour les tissus fa-

[1] Cette partie, concernant exclusivement les appareils et les métiers pour tisser les fils de laine cardés, est détachée du *Traité spécial du tissage*, dont la publication suivra celle-ci. La théorie générale, la composition, la classification, la notation algébrique des étoffes de tous les genres, et la description des différents systèmes de métiers à hautes et à basses lisses, pour les tissus à fils serrés et à mailles, unis et façonnés de la laine, que nous ne pouvons aborder ici, trouveront leur place naturelle dans ce Traité.

çonnés, elles se complètent par : 8° *la mise en carte du dessin ;* 9° *le lissage et le perçage du carton ou du papier;* 10° *l'empoutage et l'appareillage du métier.*

Considérations générales. — Pour le tissage proprement dit, quelque compliqués que soient ses entrelacements, il est toujours réalisé par une succession constante et régulière d'entrecroisements dont les apparences changent seulement, soit en raison de l'ordre dans lequel les enchevêtrements des fils ont lieu, soit en raison du nombre de séries longitudinales ou transversales de fils employées. Les résultats divers obtenus avec les mêmes matières et machines dépendent des dispositions différentes déterminées à l'avance par les opérations préparatoires.

Celles-ci ont en outre pour but de consolider le fil, de régulariser sa surface pour faciliter le tissage, surtout lorsque ce travail a lieu avec les fils relativement peu résistants employés pour faire de la draperie ordinaire pure laine, par exemple. La matière passe directement, dans ce cas, du cardage à la filature, la série des opérations du second degré, qui consolident les fils des autres substances textiles, ne pouvant être appliquée aux cardés sans amoindrir leur propriété feutrante. Il en résulte un fil naturellement moins résistant dans la plupart des cas, et surtout lorsqu'ils sont en laines communes pures ou mélangées parfois à des déchets ou à de l'effilochage. Si à ces circonstances on ajoute que la draperie unie et façonnée est tissée sur des largeurs considérables, qui réclament toute l'attention du tisserand le plus habile surtout dans le travail de la nouveauté, pour arriver à une étoffe régulière et sans barrage, on comprendra toute la difficulté que présente la solution de ce problème si simple en apparence, de faire une toile de laine unie ou à petits effets relativement peu compliqués.

La question de régularité, si importante pour toutes espèces d'étoffes, est, contrairement à ce que l'on pourrait supposer, plus sérieuse encore pour les produits destinés à être foulés et drapés que pour les articles lisses les plus ordinaires. Ce serait, en effet une fâcheuse erreur de compter sur les transformations ultérieures, sur le foulage et les apprêts, pour corriger les défauts du tissage. Ces apprêts développeraient alors sensiblement les défectuosités. Le produit serait infailliblement irrégulier de force et de qualité, si l'entrelacement au tissage n'avait lieu dans des conditions de tension uniforme et sans solution de continuité, tant des fils de la chaîne que de ceux de la trame. Or, la réalisation de ces conditions dépend des opérations préparatoires, de la dernière surtout, du montage de la chaîne sur le métier et des circonstances dans lesquelles les fils se meuvent pour s'enchevêtrer pendant le tissage. Il y a des chances d'irrégularités : si la tension ne reste pas la même sur toutes les branches de la chaîne ; si la trame ne se déroule pas uniformément, ou si elle n'est pas également serrée sur toute la largeur ; si le battant n'agit pas toujours dans les conditions identiques et avec la même intensité, ou si un fil rompu n'est pas rattaché avec soin. Dans ces différents cas, les conséquences sont également fâcheuses, soit que l'on produise des unis ou des articles façonnés par la chaîne ou par la trame. Dans le premier cas, le tissu ne présente plus le caractère d'uniformité et d'homogénéité, et les qualités recherchées avec tant de soin et de raison ; dans le second, l'effet des dessins est troublé et altéré par certaines défectuosités bien connues dans la pratique ; dans les deux cas, les *barrages* susmentionnés, qui ne se manifestent que trop souvent par des causes variables sont ici le résultat de l'imperfection du tissage. La propagation du tissage automatique présente plus de difficulté pour la draperie que pour les étoffes étroites en fils plus solides. Aux difficultés techniques vient s'ajouter la division actuelle du travail, c'est-à-dire l'existence des ateliers des tisserands propriétaires de leur matériel amorti, auxquels le tissage automatique ne peut faire concurrence qu'avec un outillage d'un prix élevé, représentant des frais généraux considérables à la charge du fabricant. Aussi les métiers mécaniques fournissent-ils quant à présent, un sixième à peine de la production totale. Et cependant leur nombre est appelé à se développer forcément, à cause de la lenteur du travail à la main dont le rendement continu, relativement restreint, est encore diminué par les interruptions occasionnées dans certaines saisons par les occupations agricoles. Quoi qu'il en soit, le moment est arrivé de se préoccuper sérieusement des perfectionnements des métiers à tisser à la main et automatiques, afin de les rendre aptes à remplir sûrement et couramment les conditions précédemment exposées. Les points à considérer dans les deux systèmes consistent surtout dans des détails très-importants de fait. Les plus essentiels résident dans les modes de livraison de la chaîne, de déroulement de la trame, d'enroulement de l'étoffe et des pression et tension à leur faire subir pendant le travail. Les perfectionnements apportés aux métiers à tisser le coton, dans la même direction, fournissent d'excellentes dispositions à consulter et à imiter. Là où l'on chasse parfois 250 duites à la minute, sur une largeur moindre, il est vrai, aucun élément n'est négligé, ni dans les opérations préparatoires et leurs appareils, ni dans les métiers pour lesquels les fils sont disposés. Il est donc rationnel de décrire successivement les machines destinées au même but dans la fabrication des lainages.

§ 1. — Dévidage, bobinage, tramage.

Au retordage, avons-nous dit, se terminent les opérations de la filature proprement dite. Les fils destinés à être expédiés sont ensuite dévidés en écheveaux, et ces écheveaux pliés, tordus et serrés en paquets réguliers, faciles à transporter. Si la filature se fait dans le même établissement que le tissage, le dévidage devient superflu. Les fils de chaîne sont envidés sur des bobines rangées ensuite à l'avant de l'ourdissoir ou même directement transmis à l'asple de cet appareil, les fusées du mule-jenny ou les bobines du continu étant elles-mêmes envidées de façon à se prêter aux exigences de l'ourdissage. Les fils de trame sont *tramés*, c'est-à-dire envidés sur les *tuyaux* destinés à la navette. Dans les deux cas le travail à la main est généralement remplacé par le bobinage et le tramage mécaniques. On a cherché à employer directement la fusée du mule-jenny dans la navette, afin de supprimer le tramage comme le bobinage; mais le développement brusque et en deux sens opposés du fil de la trame exige des conditions de façon particulières qui font préférer dans beaucoup de cas la dépense du tramage, comme nous l'avons dit, à l'économie résultant de sa suppression. Le bobinage est d'ailleurs conservé par bien des praticiens, parce qu'ils le considèrent comme un moyen de contrôle pour la bonne confection de la chaîne. Il est évident que les fils bobinés avant de passer sur l'ourdissoir sont doublement éprouvés, et leurs parties défectueuses rejetées; malheureusement le déchet augmente avec le nombre des manipulations. Nous pensons néanmoins que l'ourdissage direct avec la bobine fournie par le métier à filer suffit et compense largement le surcroît de surveillance qu'il exige, par la réduction de la perte de matière.

Dévidoir. — Nous ne ferons pas la description détaillée du dévidoir, essentiellement composé d'un asple horizontal, et dont le diamètre varie suivant les localités, puisque l'industrie lainière n'a pu encore établir un titrage uniforme. Cet asple porte, à un bout, une poignée pour le mettre en mouvement, à l'autre, une vis sans fin qui engrène avec une roue dentée. Les divisions de cette roue correspondent à un certain nombre de tours du dévidoir en rapport avec le titrage adopté; lorsque la roue a fait une révolution complète, une goupille, placée sur la circonférence ou sur l'un de ses bras, soulève un petit marteau qui, en frappant sur un timbre, prévient l'ouvrière. On doit remarquer que le dévidage ainsi réglé n'est jamais rigoureusement exact, puisque le nombre de tours reste le même pour tous les écheveaux, quel que soit le titre des fils qui les constituent. Il est évident, cependant, que la longueur de l'écheveau augmente avec la grosseur des fils superposés. Les corrections pratiques proposées pour éviter cet inconvénient ne donnent pas jusqu'ici des résultats complétement satisfaisants.

Bobineuse automatique.—Les figures 1 et 2, planche XXVII, montrent la bobineuse construite dans les ateliers Mercier, vue en bout et de face. Au début du travail, les fusées embrochées sur des axes en bois sont placées verticalement en L, L, dans un cadre horizontal U fixé au bâti vertical double K. Lorsque les fusées sont presque entièrement dévidées, on les place horizontalement dans les petits supports *g*, *g*, où elles tournent librement afin de faciliter l'achèvement du dévidage. Dans les deux cas, le fil à bobiner passe à travers un système d'embarrage constitué par trois petites poulies M, N, O. Cet embarrage donne une tension convenable et fait casser les parties faibles avant leur arrivée aux guides P, P, qui remplacent les doigts de l'ouvrière. Pour régler le travail, les fûts I, I', sont appuyés par les pédales J, J' sur les ensouples H, H' qui les entraînent dans leur mouvement pour effectuer l'envidage. Les pédales articulées I, I', s'écartent de l'ensouple à mesure que le diamètre des bobines augmente et sous l'effort même de ces bobines. Les couches de fil ainsi envidées sont régulières et serrées; la croisure produite par le va-et-vient du guide P, à l'aide du levier R, est souvent répétée, de façon à éviter l'éboulage, quoique les fûts cylindriques I, I', soient dépourvus de joues latérales. La transmission de mouvement du bobinoir s'explique par l'inspection seule des figures : la poulie A, placée à la partie inférieure du bâti, est mariée avec la roue d'engrenage B; celle-ci transmet le mouvement aux pignons C, C', calés sur l'axe des tambours coniques G, G', commandent les tambours également coniques mais inverses F, F', au moyen de courroies que l'ouvrière amène en tel ou tel point des cônes à l'aide d'un guide-bande placé à sa portée, et suivant la vitesse qu'elle veut obtenir d'après le fil en œuvre et la période du travail ; car le bobinage s'effectue toujours mieux au début des fusées, il est donc important d'avoir une disposition qui permet d'accélérer ou de ralentir à chaque instant la marche de la machine. Les ensouples H, H', sont mises en mouvement par les pignons E, E', fixés sur le même arbre et reliés aux pignons des cônes F, F', par les roues intermédiaires D, D'. Enfin les arbres de H, H', portent à l'extrémité opposée un pignon d'angle T, qui commande un excentrique X et par suite le guide-fils R.

Le bobinoir, garni de vingt bobines sur chacun de ses bords surveillé par une ouvrière, dévide journellement, à la vitesse de 80 à 90 tours par minute, 1,080,000 mètres de fil environ, c'est-à-dire que chaque rangée exécute le travail moyen de quatre ou cinq ouvrières. Il est presque inutile d'ajouter que les femmes employées au bobinage mécanique gagnent plus que les bobineuses au rouet.

Trameuse ou canetière. — La canetière ou trameuse mécanique, est disposée de façon à effectuer les *canettes* avec le fil en fusées ou en écheveaux. Les figures 3 et 4, planche XXVII, indiquent la disposition adoptée dans l'un ou l'autre cas. S'agit-il de fusées, le fil est dévidé comme nous l'avons vu précédemment ; dans le cas contraire l'écheveau est placé sur deux tournettes horizontales K, K', qui peuvent être écartées ou rapprochées l'une de l'autre, suivant la longueur de l'écheveau. Il suffira de se rappeler les considérations précédemment émises pour comprendre que le tramage à l'écheveau doit se présenter rarement. Le fil en fusées passe également ici à travers un système d'embarrage constitué par trois petites poulies de friction *r*, *r*, *r*; il arrive ainsi tendu et éprouvé aux guides J, J, dont le mouvement vertical alternatif est réglé par les bras de levier G (fig. 3), reliés eux-mêmes par les entretoises F, F, à la tige E, munie à son extrémité inférieure d'un galet O qui s'applique sur l'excentrique H marié avec le pignon D, commandé lui-même par le tambour B.

Le tuyau de la navette est placé verticalement, la pointe en bas, sur une broche qui occupe le centre d'un entonnoir conique I, fixé au bâti et coupé dans toute la hauteur par une fente verticale, du côté où se présente le fil. A la partie supérieure du même tuyau vient s'appliquer une petite boule *c* en acier, munie de deux crans qui s'engagent dans une fente ménagée à cet effet sur le tube. Ce dernier et la boule deviennent ainsi solidaires, et comme la boule *c* est percée d'un trou carré calibré sur l'extrémité libre de la broche, carrée aussi, le système obéit au mouvement de rotation imprimé à la boule par la broche. A mesure que le diamètre de la canette augmente par la succession des couches de fil, elle s'élève dans le moule I jusqu'au moment où la boule *c* parvient à l'extrémité de la broche. Dès que celle-ci se trouve dégagée de *c*, le tuyau cesse d'être marié à la broche et s'arrête. La canette peut, d'ailleurs être plus ou moins chargée de fil en abaissant ou relevant le porte-système *z*, *z*, puisque la longueur à parcourir par l'extrémité de la broche et de la boule *c* limite seule l'envidage.

Nous n'insisterons pas sur la commande des broches, qui s'obtient, comme d'ordinaire, par les poulies fixe et folle O, O, placées sur l'axe d'un cylindre B en fer-blanc, recevant les cordes en coton des noix *n*; mais nous ferons remarquer que chacune de celles-ci peut être arrêtée isolément au moyen d'une pédale P qui forme frein en *i* sur la noix même.

Mouillage des canettes. — Pour certains articles, on humecte parfois la trame pour pouvoir la serrer davantage dans l'étoffe. Dans le tissage de la draperie, on est dans l'usage de les immerger simplement dans l'eau et de les laisser égoutter. Mais il vaut mieux alors se servir d'un appareil pneumatique fort simple, employé au même but dans le tissage du coton et du lin, décrit dans notre *Essai des industries textiles*, page 476. Les fils des canettes sont plus uniformément et plus intimement pénétrés par cet appareil ; l'eau surabondante en est plus complétement et plus convenablement extraite : la trame ne doit, en effet jamais être mouillée, mais seulement humectée pour faciliter son serrage quand le temps est très-sec, ou quand l'article est difficile à tisser.

§ 2. — Ourdissage.

Son but est de disposer simultanément à la longueur, sous la tension et la forme voulues, le nombre de fils nécessaire à la chaîne ou aux chaînes qui concourent à fabriquer une étoffe. La longueur des fils ourdis doit être égale à celle du tissu, plus celle de l'embuvage et du retrait pour les étoffes foulées, et en raison du développement des boucles, si c'est un velours bouclé ou coupé.

Le nombre des fils de la chaîne est déterminé en raison directe de la largeur du tissu, et en raison inverse de la finesse des fils du système longitudinal.

L'ourdissage est simple, double, triple, quadruple, etc., suivant qu'il a lieu avec un nombre simple ou multiple de fils simultanément, et fonctionnant comme un seul. La disposition des fils peut être simple ou composée, par faisceaux ou nuances, suivant qu'ils sont tous simples du même titre, ou qu'ils sont alternativement simples et multiples, ou de grosseurs et de couleurs différentes.

Embuvage, ses causes et ses effets. — L'embuvage est la

différence de surface entre la chaîne ourdie et la pièce tissée, résultant des courbures déterminées par les entrelacements entre les deux systèmes de fils (chaîne et trame). Le développement de ces courbures est en raison directe du nombre des entre-croisements et des grosseurs des fils, et en raison inverse de l'allongement résultant de leur tension. Le retrait varie par conséquent sur la longueur, avec le nombre des petits arcs des fils de la chaîne autour de ceux de la trame, et, sur la largeur, en raison de ceux de la trame autour de ceux de la chaîne. L'embuvage peut, par conséquent, être proportionnel au nombre des entrelacements, ou varier sur les deux sens, suivant que les numéros des fils et leurs tensions sont les mêmes ou diffèrent pour les deux séries. Si les fils de la chaîne sont les plus gros, le retrait sur la longueur sera proportionnellement plus fort que sur la largeur. Dans le cas contraire, si le numéro des fils de la chaîne est plus élevé que celui de la trame, l'effet sera inverse.

Moins il y a d'écart entre les titres des fils de la chaîne et de la trame, moins il y a de tension sur la chaîne, et plus le tissage sera facile.

Une tension trop forte de la chaîne rend le travail difficile, énerve la matière et donne un tissu roide et carteux. Une tension insuffisante au contraire, augmente la quantité d'embuvage en longueur, et donne une étoffe molle et irrationnellement préparée pour le foulage.

La *tension* de la chaîne résulte de la charge exercée sur son ensouple par le frein ou le poids agissant sur son axe, et par la plus ou moins grande inclinaison des fils sur le métier. On a donc deux moyens de la modifier et de la régler.

La *tension* de la trame provient du plus ou moins de serrage du fil de la canette, de la vitesse de son déroulement, de l'effet du battant et de son mode d'action. Pour les laines surtout, il serait rationnel de remplacer le choc par la pression, dans le serrage de la trame. La quantité de celle-ci et son embuvage seront sensiblement plus grands si elle est travaillée mouillée, que lorsqu'elle est employée sèche. Quant au retrait spécial résultant d'un article foulé, il en est question dans le passage suivant et dans le chapitre du foulage.

Détermination du poids, de la longueur et des numéros des fils d'une étoffe. — Il est souvent nécessaire de déterminer à l'avance soit le poids des fils, chaîne et trame, soit les numéros et la longueur des fils d'un article donné. Nous allons généraliser les différents cas par des formules, et les appliquer à des exemples pratiques.

Soit L, la longueur connue d'une étoffe tissée.
- R, la réduction en chaîne.
- N, le numéro ou la longueur correspondant au numéro de la chaîne.
- *e*, embuvage de la chaîne=6 à 7 pour 100 pour la trame sèche et 10 à 11 pour la trame mouillée.
- *d*, déchet de la chaîne.
- *l*, largeur de l'étoffe.
- *r*, réduction en trame.
- *n*, la longueur correspondant au numéro de la trame.
- *d'*, déchet en trame.
- P, le poids total cherché, chaîne et trame.

On aura $P = \left(\frac{L + e \times R}{N}\right) + d + \left(\frac{l \times r \times L}{n}\right) + d'$ (*a*).

Application de la formule (*a*). — Quel poids de fils faut-il pour une pièce de drap de 70 mètres de longueur après le tissage, composée de 3,000 fils sur une largeur de 2^{m},80, et du taux ou titrage 4 1/2 de Sedan, et 7/4 1/2 d'Elbeuf correspondant à 13,500 mètres au kilogramme, tissée avec une trame de 14,000 mètres au kilogramme, et une réduction en trame de 15 duites au centimètre ou 1,500 au mètre, l'étoffe étant tissée à trame sèche?

On a par conséquent L = 70 mètres.

R = 3,000

N = 13,500

e = 4,3 entre 6 et 7 p. 100 de 70 mètres.

Soit 2 pour 100 pour d = 0,308 que nous fixons à l'avance en moyenne.

l = 2,80

r = 1,500

n = 14,000

Soit 3 pour 100 pour d' = 0,600 *id.*

Reste le poids total P à déterminer.

Or

$$P = \frac{70 + 4,3 \times 3,000}{13,500} + 0,308 + \left(\frac{2,80 \times 1500 \times 74}{14,000}\right) + 0,600 = 37^k,193,$$

dans lesquels la chaîne entre pour $16^k,308$, et la trame pour $20^k,885$.

S'il s'agissait de déterminer les numéros de la chaîne et de la trame d'après la réduction connue d'un échantillon donné, on calculerait d'abord le numéro moyen des fils, on retrancherait la différence du rapport entre la chaîne et la trame pour avoir celui de la chaîne, et on ajouterait cette différence pour avoir celui de la trame.

Exemple : Une pièce de 74 mètres de longueur, et de $2^m,80$ de largeur, d'une réduction de 3,000 fils en chaîne et de 1,500 duites au mètre en trame, pèse $37^k,193$, quel est le numéro moyen des fils, et ceux de la chaîne et de la trame?

La chaîne développée a une longueur de 70 × 3,000 = 210,000 mètres.
La trame développée = 2,80 × 70 × 1500.......... = 294,000 —

Total.......................... 504,000 mètres.

Et $\frac{504,000}{37,193}$ = 13,550 pour le numéro moyen.

Or, s'il y a par exemple, une différence de 500 mètres entre les numéros de la chaîne et de la trame, que le titre de la chaîne soit de 500 mètres moins long au kilogramme que celui de la trame,

Celui de la chaîne sera 13,530 — 500 = 13,035.
Celui de la trame sera 14,22 + 500 = 14,030.

La légère différence de ces titres avec ceux des taux posés ci-dessus pour la chaîne et la trame provient de quelques décimales négligées et sans signification sur la méthode à suivre pour arriver au résultat.

§ 3. — Des rapports entre les longueurs des fils de la chaîne et de la trame d'un drap, déterminés en admettant une égalité de résistance dans les deux sens.

Si on avait à établir la longueur des fils en chaîne et en trame, pour certaines étoffes devant surtout présenter la même ténacité et élasticité sur la longueur et la largeur, comme les draps de troupe par exemple, on y arriverait par l'application des considérations et des calculs suivants :

La résistance d'une étoffe ordinaire non foulée est proportionnelle, toutes choses égales d'ailleurs, à la torsion convenable et en raison inverse du diamètre de ce fil.

Soient p, le poids capable d'équilibrer cette résistance ;
t, sa torsion ;
d, son diamètre.

L'élasticité du fil par unité de longueur sera $e = \frac{pt}{d}$.

Soit n = le nombre de fils juxtaposés, on aura pour leur résistance $\frac{npt}{d}$.

Cette résistance devant être la même dans les deux sens, on aura en donnant le signe t à celle de la trame, et t' à celle de la chaîne : $\frac{npt}{d} = \frac{n'p't'}{d}$, pour une étoffe non foulée.

Soit f, la résistance obtenue par le foulage de la trame ;

f', la résistance obtenue par le foulage de la chaîne,

La formule deviendra $\frac{ntf}{d}=\frac{n't'f'}{d'}$.

Application de la formule à un drap de troupe. — Quelle est la longueur du fil, par mètre, pour un drap, les autres éléments étant connus ?

Soit n', nombre des fils de la chaîne $= 1,920$;
P', résistance totale de la chaîne ;
d', diamètre du fil de la chaîne $= 0,0005$;
f', foulage en long, 1/3 ;
t', torsion des fils de la chaîne, 70 tours ;
n, nombre des fils de la trame $= x$;
P, résistance totale de la trame ;
d, diamètre du fil de la trame $= 0,0007$;
f, foulage en largeur $= 1/2$;
t, torsion du fil de la trame, 35 tours.

Pour que l'étoffe soit bonne, il faut que $P = P'$,

et que
$$\frac{xtf}{d}=\frac{n't'f'}{d'},$$

d'où
$$x=\frac{n't'f'd}{d'\times tf}=\frac{1,920 \times 70 \times 0,0007 \times 2}{3 \times 0,0005 \times 35}=3,584$$

par mètre de longueur, et pour une longueur totale de la pièce de 66 mètres, $66 \times 3,584 = 236,544$ mètres.

Et pour la longueur de la chaîne $66 \times 1,920 = 126,720^{m}$.

Quant aux poids, ils se détermineront d'après les règles indiquées précédemment (chap. X), d'après le numéro du fil ; ici le fil de la chaîne tordu à 70, correspond à 107 grammes pour 1,000 mètres et celui de la trame à 35 tours à 115 grammes.

Le poids total de la chaîne sera, par conséquent :

$$\frac{126,720 \times 107}{1,000}=15^{k},904.$$

Et celui de la trame sera par conséquent :

$$\frac{227,844 \times 115}{1,000} = 26^{k},202.$$

Pour avoir la longueur d'une duite, en appelant l la largeur, et l' la longueur de l'étoffe, on aura :

$$\frac{npll'}{d} = \frac{n'p'll'}{d'}.$$

Si on remplace n ou le nombre de duites par sa valeur connue d'ordinaire; supposons-la de 1,600 au mètre, nous aurons :

$$\frac{1 \times 1600 \times 35 \times x}{2 \times 0,0007} = \frac{1 \times 1,920 \times 70}{3 \times 0,0005},$$

d'où $$x = \frac{1,920 \times 70 \times 2 \times 0,0007}{3 \times 0,0005 \times 1,600 \times 35} = \frac{188,16}{84} = 2^{m},24.$$

Et, en effet, si on divise les 3,584 mètres trouvés ci-dessus pour la longueur du fil par mètre par $2^{m},24$, on aura bien les 1,600 duites.

§ 4. — Opération pratique de l'ourdissage.

Cette opération, conformément à l'exposé précédent, a pour but de disposer les fils de la chaîne, quel que soit leur nombre, de la façon la plus convenable pour leur imprimer, simultanément ou par parties, les mouvements nécessaires aux entrelacements avec la trame pour réaliser l'étoffe.

Le moyen adopté jusqu'ici consiste dans l'enroulement des fils de la chaîne sur un cylindre désigné sous le nom d'*ensouple*. On peut également diviser les fils d'une même chaîne sur plusieurs ensoûples. Cette division est pratiquée parfois pour diminuer le volume de ces rouleaux porte-chaîne, lorsque le nombre des fils ou leur grosseur l'exige; mais on y a surtout recours lorsque le tissu a plusieurs chaînes et qu'elles doivent concourir à des effets divers. Le mode d'ourdissage ne change pas : il a toujours pour but de réunir les fils autour d'un axe sous une tension uniforme de façon à pouvoir les dérouler parallèlement entre eux et à retrouver instantanément l'un quelconque des fils qui viendrait à se rompre pendant le travail.

La chaîne des tissus à fouler doit être calculée en raison du retrait produit par le foulage sur la longueur et la largeur; elle varie par conséquent en raison de la force à donner à l'étoffe. Les rapports des surfaces entre la pièce sur le métier et après le foulage augmentent, par suite, en raison du genre d'étoffes, et, toutes choses égales d'ailleurs, avec l'épaisseur de l'article. Les différences entre les pièces avant et après le foulage sont parfois de près de moitié sur la largeur et d'un tiers sur la longueur pour la forte draperie; elles sont bien moindres pour les articles légers de fantaisies dites *nouveautés*. Les exemples donnés plus loin fixeront ces points.

Pour les articles qui nécessitent l'intervention de deux chaînes, et dans lesquels l'une est destinée à former le fond ou la contexture, l'autre l'apparence spéciale de l'étoffe, comme dans le genre des velours bouclés ou coupés, ou pour faire des imitations de fourrures par le tissage, les dimensions sont calculées pour la première en raison directe de la longueur des tissus, et la seconde doit être égale à la première multipliée par le développement du nombre des boucles à former.

L'ourdissage simple, double, triple, etc., ayant lieu sur un ou plusieurs fils réunis ensemble pour obtenir certains effets rayés ou cannelés, de même couleur ou de nuances diverses, l'on considère toujours leur réunion comme un seul sous le rapport de leur ourdissage.

L'opération exécutée à la main ou automatiquement repose sur le même principe. La largeur de la chaîne et le nombre des fils peuvent varier. Les plus grandes dimensions comprennent de 2,500 à 4,000 fils sur un espace de deux mètres en moyenne. Ces largeurs sont limitées de chaque côté par quelques gros fils souvent d'une couleur différente, pour former les rives ou lisières de l'étoffe.

Appareils à ourdir à la main. — Les divers moyens par lesquels on dispose la chaîne peuvent se résumer en deux systèmes : l'ourdissoir long ou droit, et l'ourdissoir rond. Un ourdissoir est en général composé de deux parties : 1° d'un bâti, ou étagère fixe, qui reçoit d'une façon régulièrement espacée les broches, canettes ou bobines de fils à ourdir, et est désignée sous le nom de cantre ou canelier ; 2° du récepteur, ou ourdissoir proprement dit, sur lequel les fils sont disposés dans l'ordre voulu.

La fig. 1, pl. XXVIII, donne la cantre avec ses broches disposées en deux rangées superposées, sur le bâti *g*, *o*, *q*, *z*. En se déroulant pour se rendre sur l'ourdissoir, les fils *r* passent chacun à chacun dans un orifice ou un anneau en verre *n*, pour faciliter leur développement sans frottement sensible. L'ourdissoir proprement dit est en général formé d'une espèce de cadre rectangulaire vertical A, B, C, D, placé parallèlement au mur d'une grande pièce.

Plus ce cadre est long et mieux cela vaut ; on le borne cependant à 3 mètres sur une hauteur de 2. Les montants extrêmes A B, C D, reçoivent chacun une rangée de chevilles cylindriques lisses *h h*, dont le nombre peut varier ; nous le supposons de 20. Entre les deux montants dont il vient d'être question, sont assemblées verticalement deux autres pièces de bois dans les traverses A D, et B C, inférieure et supérieure. Elles sont percées d'une double rangée de trous *s*, *s*, chacune d'un nombre égal et correspondant à celui des chevilles *h*, *h*... Deux chevilles *h' h''* convenablement espacées entre elles sont également placées au haut du montant E. Enfin une dernière cheville mobile ou errante h''' peut se placer à volonté dans l'un des trous réservés dans les montants intermédiaires dans le but de fixer l'extrémité de la chaîne à la longueur voulue.

Disposition des fils en faisceaux ou portées. — Si on voulait réunir et opérer simultanément sur les milliers de fils qui composent souvent une chaîne, l'opération régulière serait en quelque sorte impossible, aussi a-t-on eu l'idée, depuis un temps immémorial, de fractionner l'opération et de n'agir à la fois que sur un nombre restreint; de les superposer ou plutôt de les juxtaposer par séries ou faisceaux partiels. Ces faisceaux, dont les quantités sont variables avec les localités et la nature des matières, ont reçu le nom de *portées*. Chacune des portées comprend généralement 40 fils; pour faciliter encore l'opération, on ourdit le plus souvent la laine par 20 fils ou demi-portée.

Des lisières. — Les lisières sont des bandes étroites régnant sur toute la longueur de la pièce, et, comme nous l'avons dit, d'une couleur différente de celle de l'étoffe; elles la limitent sur sa largeur. Elles doivent servir surtout de points d'attache pour fixer la pièce dans les diverses opérations du tissage et des apprets, de manière à laisser sa surface intacte. Les fils qui doivent les former sont en général plus gros et plus communs que ceux du corps du tissu. Les lisières foulent par conséquent autrement que le reste de l'étoffe, et, leur embuvage étant plus considérable, on les ourdit en général sur une longueur un peu plus grande : on leur donne en moyenne de $0^m,07$ à $0^m,10$ de plus qu'à la chaîne. Pour remédier aux difficultés que ces longueurs différentes présentent au foulage uniforme, on avait proposé de faire des lisières formées avec des fils de coton et de laine retordus ensemble, afin de contre-balancer les causes d'irrégularité au feutrage.

Exécution de l'opération. Les fils de vingt canettes ou broches placées soit verticalement dans la cantre, comme on le voit fig. 1, soit horizontalement, comme cela se pratique quelquefois, sont réunis en les nouant ensemble ; le nœud placé dans la main gauche, on passe la droite dans la séparation que forment les fils des deux rangées de la cantre; on la conduit de cette façon jusqu'au nœud, et on accroche la portée à la première cheville *h*; puis prenant de la main gauche la totalité des fils, on les entre-croise, ou *enverge*, c'est-à-dire qu'on dispose les 20 fils de la portée de manière à ce qu'ils passent alternativement au-dessous et au-dessus des doigts de la main, ou encore de façon à ce que tous les fils pairs forment une série parallèle au-dessus et les impairs au-dessous d'un même doigt. Chaque fil est ainsi placé en sens opposé de celui qui le précède, ou envergé *fil à fil;* la portée est placée dans le même ordre et en croix sur les chevilles *h' h"*, pour de là se rendre toujours de la même manière sur la première cheville *h* du montant C D, puis revenir sur la seconde du montant A B, jusqu'à ce que, le nombre des allées et venues, ou développement total, représente la longueur déterminée pour la chaîne. La cheville errante *h'''* est placée au trou correspondant à cette longueur. On pose toute la portée sur cette cheville errante; on revient ensuite de la même manière sur ses pas en passant sous la cheville voisine, de façon à former avec le faisceau de la portée une encroisure, comme on en a formé une avec les fils entre eux. C'est par cette raison que celle-ci se nomme l'enverjure fil à fil, et la dernière, l'entre-croisement de la masse ou par portée, enverjure de la fin ou du talon. On continue ainsi autant de superpositions nouvelles qu'il y a de fois 20 dans la somme totale des fils de la chaîne : pour 3,000, on produit par conséquent 150 courses; puis on fixe les enverjures en passant un fil entre les branches entre-croisées, de manière à maintenir l'ordre relatif adopté dans l'ourdissage. On peut alors enlever la chaîne, l'enrouler autour d'un bâton rond pour en former une espèce de pelote, ou la reboucler en anneaux entrelacés (fig. 2); cette disposition lui a valu le nom de chaîne.

De la scrupuleuse observation des enverjures dépend la régularité du tissage; elle permet de déterminer tel ou tel fil, d'agir avec précision sur lui, de l'atteindre instantanément. Sans elle, on serait exposé à un dédale et à des désordres. Il est donc important qu'on se rende bien compte de sa nécessité et de son efficacité. C'est dans ce but que nous donnons, figures 3 et 4, les détails de l'enverjure d'*entête*, pratiquée fil à fil, et du talon. Nous avons simplement transporté dans ces figures les chevilles avec leurs portées sur une échelle plus grande, afin de démontrer l'ordre adopté dans la révolution et l'entre-croisement des fils autour de ces points fixes. Si maintenant à la place de ces chevilles on suppose des liens, on comprendra la facilité avec laquelle la chaîne peut être enlevée, préparée, encollée et disposée sur le métier, sans que jamais l'ordre puisse être troublé, et le moyen sûr par lequel le désordre produit par une rupture peut être reparé, les places respectives de tous les éléments étant parfaitement déterminées.

Ourdissoir rond. — Ce genre d'ourdissoir, beaucoup plus employé aujourd'hui que le précédent, comme plus expéditif, et parce qu'il prend moins de place, est également composé d'une cantre ou canellier porte-broches, et de l'ourdissoir proprement dit. La modification ne porte que sur ce dernier. Voici, d'ailleurs la description de l'appareil. La fig. 5, pl. XXVIII, représente l'ensemble de la disposition en élévation. A, B, C, D est une cage verticale rectangulaire, reliée à ses parties inférieure et supérieure par des croix de Saint-André K K; elles reçoivent l'arbre vertical D de l'asple E, F, G, H, I, K, L. En *a* se trouve le porte-roquets ou broches, identique à celui décrit pour l'ourdissoir précédent. L'ourdissage a lieu comme sur l'appareil de la figure 1, si ce n'est que les portées, au lieu d'être disposées en lignes droites, le sont circulairement autour du dévidoir vertical animé d'un mouvement de rotation. Les enverjures de la tête et du talon sont pratiquées toujours de la même manière ; seulement, les chevilles qui les reçoivent sont placées sur les montants de l'asple. Les portées viennent, par conséquent, s'envider en spires régulières de haut en bas et de bas en haut sur l'ourdissoir. Le mouvement de rotation de celui-ci doit, par ce motif, changer de direction après chaque longueur de chaîne ourdie, puisqu'une fois arrivées à sa limite au bas de l'asple, les portées doivent revenir sur elles-mêmes pour fournir une nouvelle longueur. Ce changement de direction est obtenu au moyen de la manivelle M, manœuvrée dans un sens pour faire tourner de droite à gauche, et dans le sens opposé pour faire mouvoir de gauche à droite, à cet effet elle agit sur l'arbre *i* de la poulie à gorge P, dont la corde croisée enveloppe l'extrémité inférieure de l'asple E, F, G, H.

Guide-fils mobile, ou Plot. — Pour former des spires régulières ar[illegible] de l'ourdissoir, la portée des vingt fils, *z*, par exemple, es[illegible]igée et menée par une pièce mobile à coulisse de haut en bas et de bas en haut des montants antérieurs N, N', de l'ourdissoir. La forme de cette pièce mobile, nommée *plot*, est indiquée en détail, figure 6. C'est une équerre solide en bois Z, dont *c* indique les vides rectangulaires engagés dans les montants où ils coulissent.

z indique la réunion des fils de la portée entre leur guides ou petites roulettes folles *h*, *h*. Une corde *d*, *d*, vient embrasser une petite noix à gorge *r* et passer sur une poulie de renvoi *n*, pour s'enrouler autour de la partie supérieure de l'arbre D de l'ourdissoir. Il résulte de cette disposition que l'action sur la manivelle M fait enrouler ou dérouler cette corde suivant sa direction, et donne alternativement un mouvement vertical rectiligne en sens inverse au plot, et par conséquent aux portées de la chaîne.

Il est essentiel que les distances entre les spires soient autant que possible égales entre elles, afin que la tension sur les fils ne varie pas trop; pour y arriver, on a muni la petite poulie *n* d'une roue à rochet et d'un cliquet qui régularisent à peu près la marche du plot.

Il est néanmoins nécessaire de faire remarquer qu'on ne peut complétement éviter les irrégularités de tension inhérentes à ce système, et résultant de l'augmentation successive du diamètre de l'ourdissoir par l'épaisseur croissante de la couche des portées superposées. L'ourdissoir long présente un avantage sous ce rapport, compensé néanmoins par des inconvénients, lorsque le travail n'est pas exécuté avec beaucoup de soin, et si l'ouvrier ourdisseur n'exerce pas toujours une tension uniforme, des causes d'irrégularités s'ajoutent alors à la lenteur du travail et à l'encombrement de l'appareil. On lui préfère, par conséquent le système circulaire.

Quant à la manière de calculer le nombre de tours nécessaire à une longueur de chaîne déterminée, elle est aussi simple que pour l'ourdissoir fixe : il suffit de connaître le développement correspondant au diamètre de l'ourdissoir et de diviser la longueur totale de la chaîne par ce nombre, pour avoir celui des spires nécessaires. Soient L la longueur de la chaîne, D le diamètre de l'ourdissoir, le nombre N de spires sera $\frac{L}{D} = N$, ou $\frac{L}{2\pi r} = N$, *r* étant le rayon de l'ourdissoir. Si, par exemple, la chaîne a une longueur L de 75 mètres et le diamètre D soit 1,50 ou r 0^{m},75; alors $2\pi r = 4^{m},71$, $N = \frac{75}{4,71} = 16,66$ ou 16 tours et 2/3 de l'ourdissoir. La cheville errante pour fixer l'extrémité de la chaîne sera, par conséquent, placée aux 2/3 du dix-septième tour de l'ourdissoir.

Quant au nombre de superpositions ou tours successifs, si on le désigne par *n*, et que la portée soit de vingt fils, pour une chaîne de 3,000 fils, par exemple, on aura $n = \frac{3,000}{20} = 150$, c'est-à-dire 75 tours alternativement dans les deux sens du mouvement de l'ourdissoir.

Ourdissage automatique. — Pour le tissage mécanique, au lieu de disposer les fils sur les ourdissoirs dont il vient d'être question, on les enroule directement autour de cylindres en les envergeant convenablement par des baguettes d'enverjure, comme cela se pratique pour le tissage automatique du coton. La fig. 4, pl. XXIX, donne une vue verticale de profil de la disposition la plus simple dans ce cas.

Deux rangées de broches parallèles B se trouvent placées, une de chaque côté, sur une tablette supérieure du bâti *a*, *b*, *c*. Ces fils, pour se dévider sous une tension uniforme, sont embarrés autour des galets *g*, *g'* *g''*, en se rendant dans des guides *i*, *i*, doués d'un mouvement de va-et-vient pour les enrouler régulièrement autour du rouleau R, actionné par le rouleau R' auquel ils sont amenés par les petits cylindres de pression *o*, *o'*.

Le mouvement du rouleau R lui est imprimé par entraînement par la pression de sa circonférence contre le cylindre R' par le poids *p*. Sur la commande générale de l'arbre du tambour R', est placé un appareil compteur ordinaire composé d'un pignon 1, d'une vis sans fin 2, d'un axe à cheville 3, agissant sur un ressort à sonnette pour avertir que la longueur voulue est enroulée.

On forme ainsi un certain nombre de grosses bobines R, destinées à concourir à la formation de la chaîne, dont la longueur développée est égale à celle demandée. Le nombre des rouleaux peut varier en raison de celui des fils dont la chaîne est composée : si elle en comprend par exemple, 2,500, on formera 50 rouleaux de 50 fils, plus ou moins, chacun. Lorsque la chaîne est disposée de cette facon ou enlevée des ourdissoirs précédemment décrits, elle est prête à être encollée.

Encollage de la chaîne. — Les entre-croisements rectangulaires au contact intime des deux systèmes de fils (chaîne et trame) dans le tissage des étoffes à fils serrés, sont pratiqués jusqu'ici par des mouvements brusques de lève et de baisse alternatives de la chaîne, en la déroulant successivement entre des boucles ou des anneaux, pour lancer rapidement la trame dans l'angle formé par les fils de la première, et enfin par des chocs énergiques exercés sur les fils des deux systèmes à chaque course ou entrelacement. Ils ne pourraient supporter ces diverses actions sans s'érailler, se désagréger et se rompre parfois, si on ne trouvait le moyen de lisser leur surface et de les consolider, lorsque cette surface est pelucheuse et que la matière n'offre pas assez de ténacité naturelle. Tous les fils de chaîne, excepté ceux de la soie, ont besoin d'une préparation préalable pour supporter les fatigues résultant du tissage. Les fils cardés, moins solides, toutes choses égales d'ailleurs, que tous les autres, par des motifs déjà indiqués, ne peuvent se passer de cette opération, nommée *encollage*. Il a lieu par des appareils différents dans le tissage à la main et le tissage mécanique. Quoiqu'on ait apporté des améliorations réelles au mode d'opérer dans ces derniers temps, il laisse encore à désirer. La solution de la question est d'autant plus délicate qu'elle concerne un travail en quelque sorte secondaire et accessoire, dont les traces doivent complétement disparaître ultérieurement.

Conditions à remplir. — Les fils doivent être enduits tous avec uniformité, de façon à rendre leur surface aussi lisse que possible, sans leur faire rien perdre de leur flexibilité et sans qu'ils adhèrent entre eux après leur séchage, avec une quantité minimum de substance, d'une nature telle que son application passagère ne puisse nuire ni à la laine, ni à la matière tinctoriale qui la recouvre, soit par son contact direct, soit par suite des transformations auxquelles elle est soumise pour l'amener à l'état d'étoffe, enfin qu'elle soit d'une extraction facile du tissu au moment voulu. La matière employée jusqu'ici, considérée comme la meilleure pour les lainages, est la colle de peau. Les rognures des peaux mégissées ou autres débris et matières gélatineuses du même genre, la colle de Flandres, de Gand ou la colle blanche sont généralement en usage. On les fait tremper dans de l'eau pour la dissoudre, la manière la plus sûre de ne pas élever trop la température et de la maintenir régulière, consiste à la liquéfier au bain-marie. Toutefois, la fixité de la composition, l'exécution et l'application de cette colle laissent encore beaucoup à désirer, tant dans le mode d'opérer du tissage à la main que dans le travail automatique.

Avant de décrire les moyens employés pour l'encollage, disons un mot d'une nouvelle colle qu'on cheerche à propager.

Glycérolle pour l'encollage. — M. Mandel, pharmacien à Tarare, s'est particulièrement occupé des inconvénients de l'emploi de l'ancienne composition des diverses colles en usage pour parer les fils de coton, de chanvre et de lin. Il est parvenu à en fabriquer une qui présente des avantages sous le rapport hygiénique et de la bonne fabrication. Il a également proposé la formule suivante d'un mélange applicable à la laine :

Colle gélatine (1re qualité)	500 grammes.
Glycérolle concentrée et perfectionnée	100 à 125 gram.
Eau de rivière	6 à 8 litres.

Faire dissoudre la gélatine au feu doux après l'avoir laissé macérer pendant dix à douze heures ; ajouter ensuite la glycérolle après l'avoir fait dissoudre dans un litre d'eau bouillante, délayer le mélange dans la quantité ci-dessus, et conserver le liquide collant ainsi formé dans un endroit frais, pour le maintenir à l'état de gelée. La meilleure manière de l'employer convenablement consiste à l'appliquer tiède, et à le laisser refroidir sur les fils avant de les brosser, lorsqu'on en a l'habitude. Cette colle, qui se caractérise par l'addition d'un corps gras très-onctueux, dont la glycérine, corps neutre et soluble dans l'eau lorsqu'il est pure, forme la base, nous paraît remplir toutes les conditions d'une bonne préparation, et mérite par conséquent d'être expérimentée avec soin.

Appareils à encoller. — Autrefois on procédait, et dans certains établissements on procède encore, par une simple immersion de la chaîne dans le vase contenant la colle tiède ; on a soin de bien la tremper pour l'imbiber parfaitement, puis on la sort en exprimant à la main et par le tordage l'enduit superflu. Ce moyen primitif est presque partout abandonné et remplacé par l'appareil suivant :

Fig. 7, pl. XXVIII. B est le bac ou vase contenant la colle, placé dans un bâti quelconque ; la chaîne H y est développée sur des rouleaux-guide *g*, *g'*, puis passée sous les rouleaux *r*, *r*, placés dans la colle. L'extrémité de la chaîne est engagée dans une espèce d'entonnoir *e*, puis embarrée autour des rouleaux *o*, *o'*, *o''*, *o'''*, les deux premiers sont animés d'une certaine vitesse correspondant à un développement de 15 à 20 mètres à la minute, au moyen de la commande de deux roues droites R, R', mises en mouvement à la main par la manivelle M. Parfois l'entonnoir est remplacé par des cylindres de pression, dont les tourillons peuvent coulisser dans des montants verticaux, et être rapprochés et serrés plus ou moins par des vis. A la sortie de cet appareil, la chaîne est plus ou moins bien encollée ; on l'étend alors à l'air ou dans un séchoir, on égalise encore quelquefois l'enduit à la brosse, et on fait sécher.

Appareil automatique. — Il suffit de connaître la méthode précédente et les conditions à remplir, pour comprendre tout ce qu'elle laisse à désirer : aussi a-t-on eu l'idée, depuis quelque temps, de s'inspirer des belles dispositions employées pour le parage et l'encollage des fils du coton et du lin, pour perfectionner celle destinée aux laines. La grosseur des fils, leur peu de résistance relative, la largeur considérable et par conséquent le nombre des fils d'une chaîne, ont nécessité des modifications importantes. Nous donnons l'une des encolleuses les plus généralement usitées, telles que les construisent MM. Houget et Teston de Verviers.

L'appareil comprend cinq parties essentielles : 1° la cantre ou étagère, porte-rouleaux; 2° la disposition pour imprégner la colle; 3° le cylindre sécheur des fils à mesure qu'ils se collent; 4° le tambour sur lequel la chaîne est enroulée par parties de fils plus ou moins nombreux, 600, dans l'exemple que nous avons supposé. On commence à enrouler les premiers 600 à la longueur voulue pour former la chaîne, sur une extrémité d'un tambour, puis on fait avancer ce tambour parallèlement à lui-même, pour une seconde série de 600, et ainsi de suite, jusqu'à ce que toute la chaîne soit enroulée. L'espace réservé à chaque série est circonscrit par des chevilles mobiles placées convenablement. Lorsque la chaîne est ainsi disposée et envergée, on la déroule et l'envide sur une ensouple destinée au métier à tisser, comme nous allons l'indiquer dans la description détaillée du système.

Fig. 1, pl. XXX, est une élévation de profil de la machine.

Fig. 2, — un plan horizontal vu par-dessus.

Fig. 3, — un fragment du peigne d'enverjure vu de face.

Une étagère rectangulaire porte-rouleaux, A, B, C, D, disposée suivant la direction indiquée dans le plan pour faciliter les mouvements des fils, contient deux rangées de 6 rouleaux R, formées par la machine à ourdir. Ces rouleaux ont leurs axes disposés dans des encoches et peuvent tourner librement par l'entraînement des fils. Afin d'obtenir de la régularité dans le déroulement, des lames élastiques *m* appuient à la surface de chacun d'eux.

FF sont les faisceaux, en général de 50 fils par rouleau, qui viennent se séparer et se ranger parallèlement au nombre de 600 résultant des 6 rouleaux, dans l'intervalle (on ne colle par conséquent qu'une fraction de la chaîne à la fois) des dents d'un peigne *p*, d'où ils se rendent sur un petit guide *t* pour pénétrer dans la colle, chauffée à la vapeur du bac B', sous le rouleau encolleur.

S est un cylindre recouvert de drap, plongé dans la colle par son diamètre inférieur. La chaîne passe sur ce cylindre et sous le suivant.

S', cylindre de pression pour exprimer la colle superflue. La pression est exercée sur ses tourillons par le poids *o*, agissant sur le bras de levier *l*, qui est relié à la tige *y*.

H, cylindre sécheur, chauffé à l'intérieur par la vapeur au moyen d'un tuyau quelconque. Le tuyau *u* amène l'eau de condensation dans le bac à colle B' pour économiser la vapeur.

F, F, les faisceaux de la chaîne dirigés régulièrement par un rouleau de tension *r* autour de la circonférence chauffée du cylindre H, après avoir fait un tour presque entier. La direction respective de ces faisceaux est indiquée par les numéros des deux séries de 1 à 6, placés sur le plan. Après avoir ainsi enveloppé le séchoir, les fils sont dirigés sous le rouleau de tension *i* pour revenir sous l'espèce de lanterne de tension T, et sont conduits entre les peignes P et P', pour être enfin enroulés.

E, tambour formé par des traverses assemblées de chaque côté entre des plateaux à rebords pour loger l'épaisseur des couches de fils superposées. Les traverses sont garnies de trous pour y planter des chevilles aux distances voulues pour maintenir le parallélisme des zones formées par chaque série de fils enroulés.

a, *a*, sont des rails sur lesquels glissent des galets placés aux parties inférieures du bâti D, D, du tambour porte-chaîne. A mesure qu'une série de fils est enroulée à la longueur voulue, égale à celle de la chaîne, le tambour avance parallèlement à lui-même, pour présenter un nouvel espace à la série suivante. La fin de l'enroulement de chaque série est indiquée par le son d'un timbre agité par un compteur *c* placé sur l'axe du tambour. Lorsque le nombre de séries correspondant à celui des fils de la chaîne est ainsi disposé sur le tambour E, on procède au transport de la chaîne totale sur l'ensouple destinée au métier à tisser.

X, ensouple du métier à tisser sur laquelle est envidée la chaîne du tambour. La régularité de tension nécessaire aux fils est maintenue pendant cette opération par un frein *y* et son levier à poids agissant sur l'arbre du tambour.

Disposition spéciale pour enverger les fils de la chaîne. — La figure 3 indique la disposition des dents *d*, *d*, du peigne P à travers lesquelles passent les fils. Les unes de deux en deux places sont espacées par un vide complet *d*, sur toute la hauteur; les autres, par conséquent, aussi à toutes les deux places, n'ont de vides que sur une portion du milieu de la hauteur, ce qui facilite la formation de deux plans avec les fils pairs et impairs, si on les suppose numérotés, et celle d'un angle en croix entre eux pour passer une baguette d'enverjure, que l'ouvrier conduit jusqu'au gros tambour E, où ils arrivent envergés comme dans les cas décrits précédemment.

Transmission de mouvement. — La commande a lieu par la courroie fixe placée sur la poulie *o*, à côté de la poulie folle *o'* et de la poulie *o"*, pour faire agir la transmission placée sur le bâti et l'ensouple E.

Production de l'ourdissoir. — Il est assez difficile de déterminer exactement la production de cet appareil; on ne peut l'établir d'après le développement des organes et la vitesse possible de la machine, à cause des nombreux arrêts occasionnés par la rupture de quelques fils, ou par toute autre cause qui se présente assez fréquemment.

Mais on peut compter en moyenne un rendement pratique de 27 à 30 mètres de chaîne encollés et séchés à l'heure.

Ourdissoir et encolleuse automatique de M. Lacroix.—M. Eugène Lacroix, constructeur à Rouen, au centre industriel des cotonnades, a imaginé une machine à ourdir et une encolleuse, dont le principe et les dispositions générales rappellent les belles machines employées dans le même but par l'industrie cotonnière.

La figure 1, pl. XXIX, est la projection horizontale, et la figure 2 un profil vertical de la machine à ourdir.

Elle se compose, comme toutes les machines de ce genre, de la partie fixe ou porte-bobines qui constitue le cantre, nommée également *banque* en Normandie, et de l'ensouple ou rouleau qui reçoit les fils à encoller pour constituer la chaîne, conformément à la description suivante :

A, banque garnie des bobines de fil; cette étagère est montée sur trois essieux S, S, garnis de roulettes *r*, *r*. La figure n'en montre qu'un avec une paire de roulettes, parce qu'on y a indiqué seulement une partie de la banque, la plus étroite, faute de place.

B, peigne dans lequel les fils sont dirigés pour se rendre sur l'ensouple.

C, D, E, rouleaux mis en mouvement par le passage des fils.

F, compteur commandé par le rouleau D, et servant à indiquer le développement des fils.

G, G, G, rouleaux en fer servant à rappeler les fils et à les faire revenir sur eux-mêmes, afin de pouvoir retrouver aisément et de renouer ceux qui cassent : à cet effet on laisse, au moment de la rupture, descendre les petits rouleaux dans des coulisses pratiquées dans ce but.

H, peigne ou rôt trapézoïdal pour maintenir les fils dans leur marche : cette pièce peut être montée ou descendue à volonté par des vis.

I, I', bâti en fonte à roulettes pour pouvoir être déplacé latéralement sur les rails K, K.

L, ensouple à compartiments disposés en un nombre correspondant à celui des rouleaux et des fils de la chaîne.

M, compteur de l'ensouple pour indiquer le nombre de tours de celle-ci et par conséquent le moment où les fils de chaque compartiment ont la longueur déterminée pour la chaîne.

Fonctionnement de l'ourdissoir. — Les explications générales données précédemment nous dispensent d'entrer dans beaucoup de détails nouveaux.

La banque A avec ses bobines vient ici se substituer à la cantre à rouleaux de l'ourdissoir précédemment donné. Le nombre de bobines à placer sur la banque et le nombre de compartiments de l'ensouple L seront naturellement déterminés par le nombre de fils dont la chaîne doit être composée. Soit, par exemple, une chaîne de 3,000 fils, on pourra la fractionner en dix compartiments sur le tambour L au moyen de 300 bobines placées sur la banque. Pour commencer, on disposera la banque A et le bâti I, I′, en face du premier compartiment 1 de l'ensouple; on dirigera les fils successivement dans le peigne B, et autour des rouleaux C, D, E, puis dans le peigne H réglé de façon à ce que la largeur occupée par les fils dans ce peigne soit égale à celle du compartiment 1. L'enroulement se fait sur ce compartiment jusqu'à ce que le compteur F, réglé en conséquence, indique qu'on est arrivé à la longueur voulue. On débraye alors le mouvement de l'ensouple L et on avance la banque et le bâti I, I′, en face du compartiment 2; on recommence la même opération jusqu'au dernier, qui complète les 3,000 fils demandés.

Ici, contrairement à l'ourdissoir précédent, l'ensouple est immobile, et la banque et le bâti du peigne sont mobiles.

L'appareil est également garni d'un mécanisme tendeur et régulateur de la tension des fils; il se compose d'un frein en bois 2 ayant exactement la longueur d'un compartiment. Il est fixé sur un levier 3′ ayant son point d'appui 4′ sur la traverse fixe du bâti. Un poids agissant à l'extrémité d'un bras de levier Q permet de régler à volonté la charge du frein.

Réglement de l'ourdissoir. — La poulie de commande tourne avec une vitesse de quinze tours à la minute. L'ensouple L garnie de fils ayant en moyenne 0m,40 de diamètre, il en résulte un enroulage de 18 mètres à la minute, à multiplier par le nombre de fils, pour avoir la production théorique.

Machine à encoller. — L'ensouple de fils qui vient d'être formée est directement portée à l'encolleuse, pour faire préparer les fils de la chaîne dont elle est garnie.

La figure 3 représente cette ensouple L à compartiments de la machine précédente ; elle doit donc avoir une largeur suffisante : elle est ordinairement de 2m,80, correspondant aux pièces les plus larges.

B, rouleau conducteur des fils.

C, cylindre baigné et tournant dans la bassine contenant la colle chauffée à la vapeur.

D, D, rouleaux de pression en cuivre garnis de drap dont le serrage est réglé au moyen du poids P suspendu à l'extrémité d'un bras de levier.

E, second rouleau conducteur des fils de la chaîne.

F, asple, ou tournette à six rayons terminés par des palettes lisses et polies pour recevoir les fils.

G, ventilateur pour projeter l'air chaud fourni par des conduites spéciales contre les fils à sécher à mesure qu'ils passent. La vitesse du ventilateur est d'environ 360 tours à la minute.

H, troisième rouleau conducteur fixé au plafond de l'atelier pour augmenter l'espace parcouru par les fils et assurer leur séchage complet.

I, peigne d'enverjure.

J, ensouple mue par une friction, sur laquelle les fils secs viennent s'enrouler. L'arbre de commande de cette machine fait en général 120 tours.

La disposition de cette encolleuse paraît très-rationnelle; elle fonctionne parfaitement dans les établissements de plusieurs manufacturiers en progrès. Nous ne pouvons cependant donner son rendement que sur des renseignements : les calculs, par les motifs précités, devant toujours être modifiés par un coefficient pratique, en raison de la nature, du genre et de la quantité des fils, et de leur solidité. Cependant, lorsque l'opération a lieu avec des fils convenables, la machine peut encoller et sécher, assure-t-on, 600 mètres de chaîne par jour, ou 50 mètres à l'heure, représentant la préparation pour environ 60 métiers automates doués de la plus grande vitesse, atteignant parfois jusqu'à 70 coups, si la qualité du fil et sa préparation sont parfaites.

Modifications à apporter aux machines à encoller en général. — Le point qui laisse le plus à désirer dans toute espèce d'appareil à encoller consiste dans la manière dont la colle est appliquée et égalisée. Tantôt les fils sont aplatis, et tantôt la colle n'est pas assez uniformément essuyée; leur surface reste irrégulière, et réclame un temps trop long pour le séchage. On pourrait remédier à cet inconvénient, selon nous, par l'emploi d'un cylindre presseur en caoutchouc, ou mieux encore en faisant passer les fils, à la sortie de la colle, dans une bande de caoutchouc mince tendue à ses deux extrémités. Chacun des fils, introduit à l'origine de l'opération dans cette bande au moyen d'une aiguille, serait soumis à la pression intime de la bande, qui constitue de cette façon autant de filières élastiques qu'il y a de fils. Ce moyen, que nous avons expérimenté dans plusieurs circonstances analogues, est aussi simple qu'économique et efficace.

Encolleuse d'un système mixte. — Nous avons vu employer en Angleterre et en France un appareil à encoller, composé d'une machine à imprégner la chaîne, analogue à celle de la figure 7, pl. XXVIII, si ce n'est que les fils, à la sortie du bac à colle, étaient régulièrement enroulés sur un tambour à claire-voie, disposé au plafond. Le tambour, animé d'un mouvement de rotation assez lent, avait à son intérieur, placé sur son axe, un ventilateur doué d'une grande vitesse, pour déterminer le séchage, qui était parfois accéléré encore par un chauffage particulier du séchoir, par l'un des moyens quelconques en usage à cet effet ; les fils à sécher étant disposés dans un espace assez petit, on le clôt autant que possible et on y fait arriver de l'air de 30 à 40 degrés.

CHAPITRE XIV.

MÉTIERS A TISSER.

Éléments et organes invariables. — Une étoffe à fils serrés, quelles que soient la nature de ces fils, les dimensions des pièces, et leur valeur, qu'elle soit tissée à la main ou automatiquement, sera toujours produite sur un métier dont les organes fondamentaux ne varient pas. Réduit à sa disposition la plus simple, le métier renferme toujours les éléments indispensables à faire les unis ou les plus riches tissus façonnés. Les systèmes propres à faire ces derniers genres, se composent du premier, plus d'un mécanisme additionnel. Il est donc rationnel d'exposer tout d'abord le système fondamental.

La figure 8, pl. XXVIII, représente la disposition d'un métier ordinaire, vue de profil.

La figure 9 est sa vue de face, du côté où l'ouvrier vient se placer.

Parties fixes. — Un bâti rectangulaire A, B, C, D, solidement assemblé et relié par des entre-toises convenablement disposées, maintient la rigidité et la solidarité de toutes les pièces. Le bâti immobile, point d'appui des divers organes en mouvement, est d'ailleurs fixé avec soin sur le plancher ou le sol, afin d'être complétement assuré contre les ébranlements que le travail pourrait occasionner.

Les organes et pièces mobiles supportées par le bâti sont :

1° *Support de la chaîne.* — Un cylindre ensouple C de derrière avec les fils de la chaîne.

2° *Les baguettes d'enverjure b, b*, pour établir la séparation des fils de la chaîne en deux séries.

3° *Lisses ou leviers des fils.*—*l*, *l'*, deux lisses, c'est-à-dire deux rangées parallèles de petites ficelles ou mailles enfilées sur des réglettes *e e*, *e' e'* et portant chacune sur le milieu de leur hauteur soit un orifice solide, soit une boucle ouverte pour laisser passer les fils de la chaîne. Ces deux lisses ou *lames* sont réunies, à leur partie supérieure, aux réglettes *e*, *e*, par une petite corde sans fin *r*, *r*, passant sur une poulie à gorge *p*. A la partie inférieure, chacune d'elles est fixée séparément, également par de petites cordes, aux leviers L et L'. Ces leviers sont assemblés sur une cheville commune A qui leur permet de se mouvoir indépendamment l'une de l'autre, et de façon à faire décrire un arc à l'extrémité opposée lorsqu'on agit sur elle.

4° *Battant ou levier de serrage.*—P est un peigne, formé par une série de lamelles ou dents verticales dont le nombre et l'espacement sont réglés sur le nombre, la grosseur et la distribution des fils de la chaîne. Ces dents, en une substance solide, rigide et polie, sont assemblées à leurs deux extrémités dans des pièces de bois ou règles transversales *o*, *o'*, et ont pour but de maintenir l'espacement régulier des fils dans les actions que le tissage leur fait subir. Les dents sont tantôt métalliques, généralement en fer, tantôt en roseaux, de là le nom de *rot* souvent donné au peigne. La nature et le fini de ces dents doivent être combinés de façon à produire le moins de frottement possible, et à éviter toute espèce d'action sur les nuances des fils. Le peigne est fixé au bas d'un cadre rectangulaire vertical *u*, V, *x*, *y*, dont l'écartement est maintenu par une pièce transversale X' reliée aux montants *u*, *y*. Les deux extrémités supérieures sont assemblées par une corde R tendue horizontalement. Une règle rigide R' passe dans une ouverture de cette corde et vient former ressort et s'appuyer contre la pièce transversale X'. Cet assemblage, dit *à claquette*, est identique à celui des scies à la main, et a le même but. Il permet de bander plus ou moins le système et de lui donner une certaine élasticité dans ses mouvements. Enfin, la partie inférieure, dans laquelle le rot est fixé, est une pièce plus ou moins lourde, et forme ce qu'on nomme la *masse*. Cette masse présente une saillie lisse, une espèce de tablette assez large en avant des dents du peigne, pour recevoir la navette, à laquelle elle sert de chemin. L'ensemble du système qui vient d'être décrit est désigné sous le nom de *battant*. Il est destiné à venir serrer la trame à chacun de ses entrelacements avec les fils de la chaîne. A cet effet, il est souvent articulé à la partie supérieure, et parfois à la partie inférieure du bâti. Dans les figures 8 et 9, c'est dans les petits arbres ou tourillons I, I, placés au haut du métier, que le battant est assemblé; il peut décrire un arc de cercle autour de ces deux points.

Temple, une règle plate, de la largeur de l'étoffe, garnie de piquants sur ses bouts, vient s'engager de cette façon dans les lisières, pour maintenir les dimensions régulières en largeur. Cette règle, appelée *temple* ou *templet*, se déplace à mesure que le travail s'exécute.

5° *Poitrinière ou support antérieur des fils.* — *p* est une pièce transversale ordinairement fixe, assemblée dans les deux montants verticaux C, D. Cet assemblage a lieu dans des coulisses par des vis, pour pouvoir faire varier au besoin la hauteur de la position de la poitrinière, parfois aussi de manière à lui permettre de céder sous l'action des chocs, afin de moins fatiguer la chaîne. Le réglage de la position de cette poitrinière détermine l'inclinaison de la chaîne; il est variable avec les genres de fils et le degré de serrage à exécuter pour obtenir tel ou tel effet et un grain plus ou moins accentué.

6° *Support de l'étoffe.* — Le cylindre ensouple E de devant, où le tissu fait vient s'enrouler, est monté sur deux tourillons *t*, *t*. Il reçoit à l'une de ses extrémités un mécanisme quelconque, à l'effet de faire tourner l'ensouple pour enrouler uniformément l'étoffe tendue à mesure qu'elle est exécutée. Ici, c'est un rochet *z*, dans les dents duquel entre un cliquet, pour opérer l'enroulement successif de la pièce.

7° *Systèmes de tension de la chaîne.* — A mesure que l'étoffe se fait et s'enroule sur l'ensouple E, celle C de la chaîne doit dérouler une nouvelle longueur de fils qui diminue par conséquent le diamètre de son rouleau pendant que celui de l'ensouple E augmente. Malgré ces changements de volume, la tension sur les fils de la chaîne doit rester constante. Il faut donc que l'ensouple de la chaîne soit également munie d'un mécanisme tendeur dont l'action puisse être modifiée au besoin pendant le travail. Ce mécanisme a son point d'appui sur l'ensouple C. On a imaginé un grand nombre de dispositions : nous représentons dans des figures à part les plus simples, appliquées au métier ordinaire.

La figure 40 représente les éléments du mode de tension désigné sous le nom de *valet de frottement*. L'ensouple C est embrassée par une courbe, espèce de sabot de frottement, dont l'intensité varie avec la longueur du bras de levier L, et le poids P qui agit à son extrémité. L'action de ce système étant directe sur l'ensouple tournante de la chaîne, il exige un poids généralement considérable.

La figure 11 donne une disposition qui permet d'arriver plus régulièrement au même résultat avec des poids moindres. La friction s'exerce sur des cordes *r*, *r*, enroulées en sens inverse, un plus ou moins grand nombre de fois, autour de l'ensouple à laquelle elles sont fixées. Chaque extrémité opposée de ces cordes est attachée à un bras des leviers L, L', ayant leurs points fixes en A, A', et leurs charges en P, P'. L'intensité du frottement est ici en proportion du nombre de spires des cordes, qui reste constant pour une même étoffe et peut varier à mesure des besoins avec le déplacement des poids, d'ailleurs moins lourds, en raison de leur disposition particulière.

La figure 12 donne le système connu sous le nom de *bascule à rouleau*. A la partie inférieure du métier, au-dessous de l'ensouple C de la chaîne, est disposé sur des tourillons un arbre A, avec une partie renflée T, au milieu de sa longueur. Ce manchon fixe T est percé de trous pour recevoir l'extrémité du bras de levier L, chargé du poids P. Des cordes *r*, *r* embrassent, comme précédemment, l'ensouple C de la chaîne, et leurs extrémités sont fixées chacune, d'une part à une traverse fixe J du bâti, et de l'autre à l'arbre A qui forme treuil. Ici, le frottement peut varier non-seulement par le déplacement du poids sur le levier, mais encore par le déplacement de ce levier dans le treuil pour augmenter ou diminuer le nombre des tours des cordes sur l'ensouple de la chaîne.

La figure 13 présente un système équilibré ayant ses points d'appui dans le mode de suspension des poids. Après s'être enroulées en sens inverse sur le cylindre C, les cordes *r*, *r*, *r*, *r* sont maintenues en équilibre par les poids *p*, *p*, *p*, *p*. Un coup d'œil suffit pour démontrer l'efficacité du système.

Appareil de la trame. — Le fil continu qui doit former la trame d'un tissu est enroulé parfois sous la forme d'un cône, et parfois sous celle d'un cylindre autour d'un axe; l'une des extrémités de cet axe est fixée horizontalement dans la cavité ou *chasse* d'une pièce ayant la forme d'une espèce de batelet, nommée *navette*. Celle-ci est destinée à incorporer le fil dans l'intérieur de la chaîne, par des translations de va-et-vient rapides d'une rive à l'autre de la pièce. Afin de faciliter ce mouvement, la navette est garnie de roulettes à sa partie inférieure, reçoit en raison de la grosseur de la canette qui lui est destinée, un poids proportionnel au chemin qu'elle doit parcourir, et une forme présentant un minimum de surface frottante contre les fils qu'elle doit traverser. Enfin, ses extrémités doivent être pointues, pour lui permettre de pénétrer plus sûrement dans les fils; ces pointes sont armées pour compenser la diminution de solidité des extrémités amincies.

Navette à défiler.—La figure 14 est une vue par-dessus, et la figure 15, planche XXVIII, une vue en dessous, du système. A B forme le corps de la navette; H, la partie vide ou *chasse;* N, le cône de fil ou *canette* enroulée sur l'axe ou la broche *o*, *o* (fig. 16 et 17). Cette broche, filtée à une de ses extrémités, vient se fixer sur la vis *e*. Le fil *f* vient se développer sur un petit guide crochu *h*, ou tout autrement pour passer par un petit orifice *o'*, garni en matière dure et polie, en agate, en porcelaine ou en verre. *r*, *r* sont des roulettes mobiles dont il a été question précédemment. Si on suppose l'extrémité du fil *f* fixée à la chaîne d'une façon quelconque, et les fils de celle-ci séparés en deux séries, il suffira de donner à la navette l'impulsion dans la direction voulue, pour que son déplacement entraîne le déroulement du fil suivant les génératrices du cône N, et l'abandonne sur son chemin; la forme conique de la navette à défiler étant celle qui se prête le mieux au dévidage ou défilage, toutes les fois que les couches de fils superposées sont de nature à adhérer entre elles, on l'a généralement employée dans le travail des lainages. Mais, lorsque les fils sont lisses et brillants, comme ceux de la soie, on modifie la forme de la navette, et on fait usage du système suivant.

Navette à dérouler. — La figure 18 donne la vue par-dessus, la figure 19 celle en dessous, de ce système, et la figure 20 un détail de l'axe de la canette. Il n'y a de modifié que la forme de la canette, qui est tantôt cylindrique et tantôt renflée dans le milieu, de manière à présenter la figure d'une olive.

Les autres parties de cette navette, celles marquées par les lettres données aux mêmes parties des figures 14 et 15, ne présentent pas de changement ; ceux-ci consistent : 1° dans la forme de l'axe *p* de la canette, composé de trois branches : celle du milieu est rigide et les deux autres en substances élastiques en baleine, par exemple. Ces trois branches, réunies à l'extrémité qui doit être fixée par l'encoche *e*, restent libres à l'autre, et forment ressort lorsqu'elles sont comprimées par les couches de fils et disposées comme l'indique la figure 18. Cette pression élastique intérieure contre les couches facilite le dévidage régulier. L'axe composé de ce système se nomme *pointizelle.* Le déroulement s'effectue ici par un œil, placé au milieu de la longueur de la navette, c'est-à-dire par le point naturel du développement du fil. F, F, sont les ferrures dont les navettes, quel que soit d'ailleurs leur système, sont souvent consolidées.

Quelquefois l'axe intérieur, au lieu d'être formé et fixé, comme il vient d'être dit, a l'une des formes des trois tubes *p*, *p'*, *p''*, des figures 21 et 22. Les différentes courbes extérieures des différentes navettes de la planche XXVIII ont pour effet, comme nous l'avons annoncé, de diminuer les surfaces frottantes.

Navette volante ou Caribary. — Nous avons déjà indiqué le but et l'étymologie de ce nom anglais ch. II, § 1.

La figure 23, planche XXVIII, présente le système vu de face. Les figures 24, 25 et 26 sont des détails de la navette volante.

A, B, C, D représentent le battant dans son ensemble, tel que nous l'avons décrit précédemment, sauf une légère modification pour régler sa rigidité : la corde est remplacée ici par la pièce transversale O, qui peut coulisser dans les directions opposées au moyen des deux vis V et V' qui traversent la pièce fixe S. Nous retrouvons d'ailleurs les autres éléments déjà décrits : le peigne P, assemblé dans une règle supérieure H, nommée chapeau à cause de sa place et de sa forme ; la règle inférieure placée dans une pièce plus forte M, désignée sous le nom de masse à cause de son poids et de sa fonction. Cette masse, qui déborde et forme rebord en avant du peigne, se prolonge de chaque côté en A et D des montants verticaux. Ces parties saillantes A et D sont creuses, et se nomment *boîtes* à cause de leur destination. Elles ont, de chaque côté, des rainures *n*, *n*, indiquées dans la figure 24. Ces rainures reçoivent les parties saillantes *s*, *s*, d'une pièce Q, nommée *taquet*, vue, figures 24, 24 *bis* et 25, l'une en projection directe et l'autre en perspective. Un mode d'attache quelconque *i*, reçoit l'extrémité d'une des cordes *r*. Une pièce semblable et semblablement attachée à la corde *r'* est placée de l'autre côté du battant. Les deux cordes, passant sur deux galets *g*, viennent se réunir à une seule poignée *p*, à la disposition du tisserand. Si nous supposons une navette placée sur la règle en saillie devant le peigne, et bout à bout avec le taquet, il suffira d'agir sur la poignée *p* pour faire mouvoir les taquets et pour que celui en rapport avec la navette lui imprime un mouvement brusque de translation. Voici d'ailleurs la succession des mouvements réalisés :

Fonctionnement du métier et tissage. — Nous supposons le cas le plus simple : l'exécution de la toile ou du drap lisse, qui se fait avec le métier tel qu'il vient d'être décrit.

La chaîne étant engagée par une de ses extrémités dans l'ensouple C, au moyen d'une réglette qui fixe les fils parallèlement à eux-mêmes dans une entaille, et enroulée autour de l'ensouple, ses fils suffisamment déroulés pour passer ceux pairs dans la lisse *l*, et la série impaire dans la lisse *l'*, ce qui est facilement pratiqué au moyen de l'enverjure *b*, *b*, puis tous régulièrement introduits à leurs positions respectives entre les dents du peigne P, pour venir passer sur la poitrinière et s'attacher à un morceau de tissu formé et tendu dans l'ensouple de devant, comme la chaîne l'a été dans celle de derrière : tout est prêt alors pour l'opération, si la navette garnie de sa trame est placée sur le battant. L'ouvrier s'assied sur une planche ou banc en avant du métier, appuie avec un pied sur l'une des deux pédales, sur L, par exemple. Ce mouvement abaisse la lisse l et fait monter la lisse l'; les fils qui y passent suivent les mêmes directions, les deux séries forment alors entre elles le parallélogramme 1, 2, 3, 4. Si à ce moment, on agit sur la poignée p du caribary, la navette sera chassée dans le sommet 3 de l'angle 2, 3, 4. Cette course de trame ou *duite* étant fournie sur toute la largeur, le tisserand attire le battant brusquement à lui par sa masse, les dents du peigne viennent serrer régulièrement le fil étalé au sommet de l'angle. Par un second mouvement sur le levier L', les fils forment de nouveau le même parallélogramme; seulement les positions relatives ont changé : ceux des côtés supérieurs dans le précédent mouvement sont devenus le côté inférieur, et réciproquement. Le fil de la duite se trouve par conséquent renfermé dans une série de fils successivement croisés. On chasse une nouvelle course, frappée et serrée à son tour, pour déterminer une nouvelle ligne de tissu, etc. L'enroulement de l'étoffe et le déroulement de la chaîne peuvent avoir lieu d'une façon continue à chaque coup de battant, ou d'une manière intermittente, comme cela se pratique généralement dans les métiers à la main.

Observations générales. — La simplicité de l'opération qui vient d'être décrite et qui résume le travail fondamental du tissage des articles dont nous nous occupons, ne paraît pas présenter de difficultés sérieuses. Cependant l'exécution parfaite, à la main ou automatiquement, n'est pas toujours facile. On le comprendra en se rappelant les caractères généraux que doivent offrir les résultats et les éléments avec lesquels il faut les réaliser.

Un article quelconque doit présenter une apparence d'une régularité parfaite sur toute sa surface, parfois de cent mètres carrés. Le nombre des croisements et par conséquent des fils par unité de surface ne doit pas varier. Le produit doit être exempt de tous défauts, inégalités, vides, clairières, bouchons, taches, etc. Il doit avoir des lisières très-droites, très-nettes et parfaitement parallèles. La ténacité, l'élasticité et les apparences du tissu doivent être identiques sur tous les points de la surface. Les divers effets, *hachures*, *grains*, *sillons*, et les dessins quelconques obtenus par les entre-croisements doivent démontrer la précision de tous les mouvements, et ceux-ci doivent être combinés dans le travail, de façon à économiser la force et à faciliter le résultat.

Tous les éléments qui concourent au tissage ayant une influence sur son exécution, il est indispensable de n'en négliger aucun dans la disposition du fil sur le métier, et d'embrasser à l'avance la conséquence de tel ou tel mode de montage. Ce sujet étant trop vaste pour être approfondi ici, nous le réservons au *Traité spécial du tissage*. Nous nous bornons pour le moment à la citation de quelques faits à l'appui de ces considérations.

Si le mode de tension de la chaîne n'est pas convenable, si elle est imparfaitement enroulée sur l'ensouple de derrière, elle pourra se dérouler dans des conditions variables, produire par conséquent des parties alternativement roides et molles, irrégulières de dimensions, d'apparence, et surtout de ténacité et d'élasticité. Si les fils n'étaient pas convenablement passés entre les dents du peigne, il en résulterait des inconvénients d'une autre nature. Au point de vue théorique, le moyen le plus efficace pour obtenir l'étoffe bien *fondue* au tissage, avec le moins de sillons possible, consisterait à passer les fils de la chaîne un à un entre les dents du peigne, c'est-à-dire à ne mettre *qu'un fil en dent ;* mais alors on multiplierait considérablement les points de contact et les frottements dans le tissage : il faudrait donc parfois des rots de 3,000 broches et plus ; le travail deviendrait plus difficile, les rapports des embuvages plus grands et les tensions relatives entre les fils des deux systèmes très-considérables ; il en résulterait des ruptures ou l'énervement des fils. On évite ces inconvénients en passant ensemble et parfaitement parallèles, un certain nombre de fils, de 3 à 4, entre chaque dent.

Le nombre des fils doit varier en raison de leur grosseur et ne pas dépasser une certaine limite, afin qu'on puisse mieux les étaler et éviter le rayonnement qui résulterait de leur surabondance. La réduction du peigne ou du nombre de dents par unité est donc déterminée par la largeur de la pièce et par le nombre de fils en dents.

La résistance, la flexibilité et l'élasticité du tissu ne devant pas varier d'un point à un autre, les apparences, hachures, grains, sillons ou d'autres effets déterminés par les entre-croisements devant accuser la précision de tous les mouvements, la difficulté d'atteindre la perfection se comprendra en rappelant que les fils sont souvent plus ou moins irréguliers, que la tension, pendant le déroulement, l'enroulement, le mouvement et le serrage, est susceptible de changer : 1° parce que les diamètres des deux ensouples et l'inclinaison de la chaîne changent à chaque moment; 2° parce que l'énergie avec laquelle le battant frappe la duite ne reste pas toujours la même ; 3° à cause de l'irrégularité naturelle et fréquente du travail à la main ; 4° par suite des distances variables sur lesquelles agit le choc, lorsque l'enroulement du tissu et le déroulement des fils n'ont pas lieu d'une façon continue avec une précision mathématique. On a cherché à remédier à ces diverses causes d'irrégularité par des mécanismes régulateurs, exposés plus loin, dans la description des métiers automatiques.

Régulateur. — Quant au métier à la main, il devient non

moins urgent de le disposer de façon à en tirer le meilleur parti possible pour le rendre d'une manœuvre facile et susceptible de donner un résultat précis. Le mode de passer les fils dans le peigne, de les faire mouvoir, de livrer la chaîne, de la tendre et d'enrouler le tissu, doit être l'objet de soins spéciaux. Au lieu de faire dérouler par une tension exercée sur l'étoffe faite, il est préférable de livrer la chaîne directement par une transmission à engrenage fort simple d'ailleurs. On peut lier à cette transmission un petit appareil régulateur imaginé par M. Brunet, représenté figure 8, planche XXVIII, mis en place du côté de l'ensouple de chaîne. Sur l'arbre de l'ensouple c, fixé au bâti, se trouve la roue à rochet, avec son cliquet mentionné précédemment; les roues et les pignons de 1 à 5 communiquent de proche en proche, d'après l'ordre des nombres, jusqu'à la roue 5 de l'ensouple de chaîne C. C'est sur le cliquet de la roue à rochet, et par conséquent sur le déroulement de la chaîne, qu'un petit mécanisme dit *contre-régulateur* vient opérer. Il consiste dans les parties suivantes :

a, *a*, tige mobile servant à limiter la prise des dents sur le rochet du régulateur par le levier *o*.

x, *x*, tringle flexible suspendue par son milieu et reliée à une de ses extrémités à la tige *a*, et de l'autre aux marches du métier. En agissant sur ces marches, on opérera par conséquent sur l'ensouple.

l, tringle horizontale mobile du contre-régulateur. Cette tringle est munie d'une petite branche à vis, au moyen de laquelle on règle l'ouverture que l'on peut donner à l'angle formé par la tige *a*. Sur cette petite branche ou curseur, dans l'axe de la vis, est tracée une flèche qui indique sur une échelle X un degré correspondant à celui d'une échelle *d* tracée sur le bâti même du métier.

d, échelle en question du bâti ayant pour point de départ l'axe de l'ensouple et servant à mesurer son rayon.

r, petite corde qui met la tringle *a* du contre-régulateur en rapport avec la tige *o* du cliquet de la roue à rochet qui doit déterminer le déroulement précis de la chaîne à mesure que le tissu se fait.

r', corde reliant la tige *x* aux marches.

Installation et réglage du mécanisme. — L'appareil ayant pour but de maintenir constamment le déroulement de la chaîne à une longueur et à une tension égales, malgré la diminution de diamètre de l'ensouple qui la porte et l'augmentation de diamètre du tissu, il faut que le développement de cette ensouple C aille en augmentant, suivant une certaine loi, après la formation de chaque duite : cette proportion est donnée par l'échelle *d*. A mesure que ce diamètre diminue, le nombre de degrés de ladite échelle compris entre le point tangentiel supérieur du rouleau C augmente d'une certaine quantité. Si alors on fait cheminer la règle *l*, *l* du contre-régulateur, d'une distance égale, l'angle de la tige *a*, *a* et sa course varieront dans le même rapport. Or, comme c'est cette course qui règle la livraison, celle-ci restera suffisamment constante. Ce mouvement de la règle glissante peut se faire soit à la main, soit par les marches, au moyen d'une corde. Ceci admis, le mécanisme, composé, comme on le voit, de quelques tringles, est installé de façon à faire varier la hauteur du triangle du contre-régulateur d'après la variation de celui de l'ensouple, dont il vient d'être question. A cet effet, on pose une règle sur la chaîne, aux deux extrémités de laquelle on suspend un poids pour la faire adhérer sur le rouleau C, contre l'échelle *d*, indiquant la hauteur de son rayon; maintenant, si on met l'extrémité de cette règle en rapport avec celle du contre-régulateur, en la faisant passer sur une petite poulie K, fixée à ce contre-régulateur, la tringle placée sur l'ensouple suivra nécessairement la variation de son diamètre : lorsqu'il diminuera, par exemple, de cinq millimètres, la règle qui lui est adhérente baissera d'autant, avancera la tringle *l*, *l* également d'une même quantité, déplacera le curseur en conséquence; l'angle formé par le levier *a* augmentera et il fera décrire un arc proportionnel à la roue à rochet chargée de dérouler la chaîne. Une inspection de la figure suffit pour démontrer le fait.

Il est presque inutile de faire remarquer que, pour commencer le travail, on placera la flèche du curseur du régulateur de manière à ce que l'échelle *d* et l'échelle de la règle *l*, *l* du contre-régulateur indiquent le même nombre de degrés. Cela fait, l'ouvrier n'a plus qu'à s'assurer que la règle placée sur l'ensouple reste bien adhérente pendant le travail. Le petit appareil rustique que nous avons vu fonctionner avec une précision remarquable sur des métiers à la main, demande moins de temps pour le faire saisir et juger à l'inspection, qu'il n'en faut pour le décrire.

Il peut s'appliquer à volonté, de façon à opérer sur l'ensouple de la chaîne ou sur le rouleau de l'étoffe. Il est bien clair qu'il doit être réglé chaque fois en raison du duitage cherché, au quart de pouce ou au centimètre; une fois déterminé par la position convenable de la flèche sur la règle *l*, *l*, la variation de mouvement de l'ensouple pour amener une régularité de livraison dans la chaîne a lieu spontanément.

On peut éviter le calcul à faire pour déterminer la prise des dents en rapport avec le duitage cherché au moyen d'une échelle graduée tracée verticalement sur le contre-régulateur, où chaque ligne indique le duitage obtenu en raison de la position du curseur. Si on agit sur le régulateur à chaque démarchement :

La 1re ligne donnera, par exemple		....	24 fils.
2e	—	—	28 —
3e	—	—	32 —
4e	—	—	38 —
5e	—	—	46 —
6e	—	—	56, etc.

Si on n'agissait sur le régulateur qu'après deux démarchements, le duitage serait double : au lieu de 24, la première ligne correspondrait à 48 duites.

La théorie de ce système repose sur le principe de la propriété des triangles semblables et sur la démonstration géométrique, que, *si on double la base d'un triangle rectangle et qu'on diminue de moitié la hauteur de son côté, on a un triangle semblable*. De même, si on double le diamètre de l'ensouple en diminuant de moitié la prise des dents sur le régulateur, le duitage pourra rester constant. En effet, dans le contre-régulateur, l'échelle horizontale X représente le diamètre du rouleau. La tige *a* forme l'hypoténuse du triangle, dont la base est représentée par la partie supérieure du contre-régulateur. Or, lorsque le curseur *l* indiquera un diamètre double à l'ensouple, le côté du triangle aura diminué de moitié ; et, comme la hauteur du côté se traduit en une prise de dents sur le régulateur, cette prise sera moitié moindre qu'au début, parce que le diamètre de l'ensouple du tissu aura doublé, et la livraison *a* de la chaîne reste constante. On a imaginé beaucoup d'autres dispositions, mais ou trop inefficaces, ou trop peu pratiquées et trop compliquées pour pouvoir être recommandées, surtout au tissage à la main.

De la production des armures au tissage. — Avec le métier monté comme il vient d'être expliqué, on ne peut produire qu'une sorte d'étoffe, celle de deux séries d'entrelacements de fils pour faire la toile ordinaire ou du drap lisse. Pour faire une étoffe sergée à sillons obliques, par exemple, ou toute autre combinaison, même des plus simples, il faut augmenter le nombre des lisses ou faisceaux des fils, et celui des marches destinées à les faire mouvoir. Les entre-croisements types qui forment les bases de toutes espèces d'étoffes, des plus ordinaires comme des plus composées, peuvent être circonscrites à quelques modes d'enchevêtrements principaux, dites *armures fondamentales*. Ce mot armure paraît provenir du terme *armer*, employé parfois comme synonyme de monter ou garnir : on dit armer ou monter un métier, pour indiquer les dispositions des éléments, du nombre de lames nécessaires et de leur mode d'assemblage avec les leviers destinés à les faire mouvoir. Avant d'entrer dans les détails susceptibles de rendre cette définition plus claire, nous allons donner la description des métiers automatiques qui se substituent peu à peu aux métiers à la main.

CHAPITRE XIV.

MÉTIERS AUTOMATIQUES A TISSER LES FILS CARDÉS.

Nous n'avons pas à revenir sur les organes de ce genre de machines, ils sont les mêmes pour un métier automatique quelconque que pour celui qui fonctionne à la main ou plutôt au pied. Nous y retrouvons les ensouples, les lisses, les baguettes d'enverjure, le battant et ses navettes, le temple et quelques accessoires identiquement disposés dans les deux systèmes et remplissant les mêmes fonctions ; seulement l'action, au lieu d'être transmise par le tisserand, l'est par une courroie passée sur une poulie. Cette modification en exige nécessairement dans les relations mécaniques et géométriques des organes et dans leurs transmissions. Plusieurs dispositions pouvant amener au résultat, le talent du constructeur consiste à les combiner de façon à ce qu'elles réalisent les conditions déjà énumérées de la façon la plus simple, la plus rapide, la plus favorable à la conservation de la matière, avec le moins de frottement et de dépense de force motrice.

C'est la chaîne qui supporte la plus grande fatigue dans le tissage ; aussi les étoffes en coton, et même en fils de laine doublés et retordus, se tissent-elles depuis longtemps automatiquement. Les métiers diffèrent à peine dans les deux cas. Mais les chaînes en fils de laine cardée simples ne peuvent être tissées que par un mouvement lent, pour éviter les ruptures occasionnées par les actions trop brusques. Ces accidents sont cependant moins fréquents lorsque la chaîne est particulièrement soignée et filée au continu, préparée et surtout encollée avec soin. Ne pouvant donner les différentes dispositions de métiers proposés, nous décrivons ceux qui nous ont paru les plus simples pour les unis et les façonnés : leur description suffira pour faire comprendre les modifications de toutes espèces ayant le même but.

§ 4. — Métier automatique à tisser les draps lisses.

La planche XXXII représente le métier de la construction de M. Mercier. La figure 1 est une vue de côté à un bout ; la figure 2, celle de l'autre bout du métier et la figure 3 le montre de face en long, du côté du battant, et par conséquent de l'ensouple de l'étoffe.

Disposition générale des organes.

a, *b*, *c*, *d*, bâti en fonte.

T est l'ensouple sur laquelle se trouve montée la chaîne ; à chaque extrémité de ce rouleau T se trouve un frein de serrage *f*, *f′*, afin de donner la tension voulue aux fils, en raison de leurs caractères et de l'article à tisser.

T′ est un cylindre sur lequel la chaîne vient se dérouler régulièrement pour se rendre dans les mailles des lames. Il remplit les fonctions de la poitrinière indiquée dans la description du métier ordinaire. Il est monté sur un levier vertical qui a son point d'appui au bâti.. Ce levier est susceptible de prendre un mouvement de recul à un instant donné, de manière à détendre un peu la chaîne afin de la moins fatiguer, au moment du choc qui lui est imprimé pour produire le serrage. Une bande de cuir S actionnée par l'épée A' du battant produit ce mouvement. L, L sont deux lames ou lisses assemblées à des cordes ou chaînes *h*, *h'* passant à la partie supérieure et inférieure sur des poulies *k*, *k* et *k'*, *k'*. Les chaînes ou cordes des poulies *k*, *k*, au haut du métier sont assemblées à des tiges ou tringles horizontales réunies à leur tour à des leviers verticaux C, C', *c*, *c*, qui servent à leur donner l'impulsion qu'ils reçoivent eux-mêmes d'un plateau circulaire excentrique décrit plus loin. Il y a autant de leviers semblables que de lames dans le montage.

A est le battant ou chasse avec son rot ou peigne et sa boîte à navette; ce battant est monté sur un levier vertical, courbe, A', ou épée, assemblé à sa partie inférieure à un arbre *i*, *i*, porté par ses extrémités ou tourillons dans le bâti. Le battant peut par conséquent décrire un arc de cercle autour de ces tourillons.

X', rouleau-ensouple où le tissu vient s'enrouler par l'action du rouleau *z'*, mis en mouvement par la roue d'engrenage *z*, commandé par la roue *o'* (fig. 1).

Commande des lames ou lisses L, L'. — L'impulsion leur est donnée au moyen des leviers C, C, *c*, *c*, à l'extrémité inférieure desquels vient agir le galet *g*, d'une gorge creusée en excentrique dans un plateau B. Il y a autant de plateaux semblables et de leviers disposés parallèlement, que de lisses à faire agir pour réaliser l'armure. Les plateaux sont placés sur l'arbre X mû par la roue B', commandée elle-même par le pignon *p* fixé sur l'arbre moteur E; le rapport entre les dimensions ou nombre de dents du pignon *p* et de la roue B' doit nécessairement varier en raison du nombre de lames à faire mouvoir, et par conséquent de celui des plateaux.

Commande du battant et de la navette. — Les fouets R, R, bandés à la partie inférieure et solidaire par le ressort R', sont fixés par des lanières correspondant chacune à un levier N, soulevé alternativement par un double excentrique O, auquel l'impulsion est imprimée par le pignon et la roue droite y, y' de l'arbre X de ces excentriques. Le mouvement du battant est obtenu par des galets fixés au montant A' A', entrant dans une gorge excentrée de plateaux U, U, placés aux extrémités de l'arbre D, recevant sa rotation par les roues d'angles F' F'', la première placée sur l'arbre moteur E, et la seconde sur l'arbre D des plateaux excentriques U, U.

Réglage des ensouples. — Ensouple de chaîne ; les fils de la chaîne, après avoir été enroulés aussi régulièrement que possible, au moyen d'une espèce de treuil ou *montoir*, sont maintenus tendus, pendant leur déroulage, par des freins *f, f'* placés chacun à l'une des extrémités du cylindre de chaîne; ces freins sont réglés à volonté et en raison de la tension variable à donner à l'article en tissage. Nous avons déjà dit que tous les fils de la chaîne, avant de passer dans les mailles des lames, viennent s'étaler aussi parallèlement que possible sur la poitrinière cylindrique T', douée de la faculté de s'infléchir au moment voulu, pour diminuer la tension et le nombre des ruptures possibles sans cette précaution.

Tension et mode d'enroulement de l'ensouple du tissu X'. — Sur l'arbre D, moteur du battant, se trouve, en outre, un petit excentrique *e*, qui dans son mouvement vient agir sur une extrémité d'un levier P ; l'autre extrémité du même levier met la roue en mouvement par trois cliquets *l, l, l*, mis en rapport avec les dents de la roue à rochet O'. L'action de ces cliquets est assurée par un contre-poids N' composé d'un plus ou moins grand nombre de rondelles pour maintenir constamment les cliquets dans leurs dents respectives, et entraîner le rouleau X' de l'étoffe dirigée sous un cylindre de tension *z'*, commandé lui-même par la roue *z*, engrenant avec la roue droite O'. Ainsi donc, à chaque tour de l'arbre D, il y a une action sur le levier P qui la communique à la roue et aux rochets *l* et à la roue O', et par suite à la roue *z*, qui déterminent l'enroulement de l'étoffe.

Embrayage et débrayage du métier. — En avant, à la partie supérieure de la face longitudinale du bâti *a*, *b*, *c*, *d* est placée une barre H qui communique par un levier ou tringle vertical à un galet H' mis en communication avec la fourchette de la courroie de débrayage G''. Le sens du mouvement de la tige place la courroie sur la poulie motrice F ou la déplace : le mouvement est ainsi imprimé ou suspendu.

Débrayage automatique spontané.— Lorsque, par la rupture d'un fil ou une autre cause quelconque, la navette n'arrive pas au fond de sa boîte, le métier s'arrête spontanément par un mécanisme généralement employé à cet effet : il consiste dans une pièce à crochet G, affectée par le passage de la navette au moyen d'une petite grenouillette ; lorsque la navette ne passe pas et ne fournit pas de fil, le crochet G' reste abaissé dans la position de la figure 2, et vient dans le mouvement du battant A agir contre la pièce horizontale G ; celle-ci en reculant opère sur l'équerre G'' de la fourchette, et déplace la courroie de la poulie F, dont le mouvement s'arrête.

Production.— La production d'un métier semblable se calcule comme celle de toutes les machines de ce genre, par le nombre d'entrelacements ou coups de battant effectifs dans un temps donné. Or, ce nombre varie, toutes choses égales d'ailleurs, avec les largeurs qui atteignent parfois près de 3 mètres dans le tissage de la draperie, avec la résistance, l'égalité et la netteté des fils. On peut néanmoins avancer que si les conditions sont convenables, un métier semblable chasse de 60 à 70 duites à la minute dans les grandes largeurs. L'arbre du battant doit donc recevoir les transmissions en conséquence. Nous revenons d'ailleurs plus loin sur ce point pour établir les prix de revient du tissage.

§ 2. — Métier automatique à navettes multiples.

La plupart des articles de fantaisie ou nouveautés dans les lainages sont réalisés par l'entrelacement d'une série de duites de couleurs diverses. Dans le travail à la main, le tisserand chasse successivement les navettes garnies de canettes de couleurs différentes dans l'ordre réclamé par le dessin. Ce travail, exigeant une attention soutenue, est payé plus cher que celui du tissage lisse. Dans le métier automatique, ce sont les transmissions mécaniques qui présentent, à chaque coup, à l'action du taquet, la navette voulue pour réaliser l'effet exigé. On a imaginé divers systèmes de boîtes à navettes multiples. Ils peuvent en général se résumer en deux classes au point de vue des principes : celle comprenant les appareils à mouvement de rotation, et celle à mouvements rectilignes alternatifs. La rotation d'une boîte cylindrique, représentant une espèce de lanterne circulaire divisée en un plus ou moins grand nombre de compartiments logeant chacun une navette, caractérise en général le premier système. A chaque mouvement correspondant à une course, un nouveau compartiment avec sa navette vient s'offrir au taquet, qui la chasse au moment et dans la direction voulus. Ce genre d'appareil, quoique pratique s'est très-peu répandu. Celui à mouvement de va-et-vient vertical est, au contraire, généralement employé. Il consiste dans une boîte rectangulaire ayant autant de divisions ou de compartiments, qu'il y a de couleurs nécessaires à un dessin donné. La boîte animée d'une marche ascensionnelle d'une amplitude égale à la hauteur de la division nécessaire à la navette correspondante, reçoit à chaque course de trame une impulsion, et lorsque le nombre des navettes nécessaires à un effet déterminé a fonctionné, l'appareil redescend dans le même ordre. Il est bien entendu que dans les deux systèmes, circulaire et rectiligne, la disposition est symétrique, que le battant possède à chacune de ses extrémités une boîte identique, que tous les compartiments, moins un, des deux boîtes peuvent être garnis de navettes. Il faut, en effet, que l'une des divisions soit vide pour recevoir la navette de la boîte opposée. Il s'ensuit qu'il est nécessaire que les deux porte-navettes aient ensemble une division de plus que le nombre des couleurs exigées. Ainsi, deux boîtes de trois divisions chacune ne pourront fournir que cinq couleurs pour leurs six divisions. Le métier construit par M. Mercier, que nous reproduisons, pour faire ce genre de travail est à boîtes rectangulaires à trois compartiments chacune, la description complétera ce qui a pu être omis dans l'exposé précédent.

La planche XXXIII donne deux vues du métier : la figure 1 le montre de face sur toute sa largeur, et la figure 2, en élévation, de profil, du côté des transmissions. Il se compose : 1° de tous les organes et éléments de celui précédemment décrit ; 2° de deux boîtes à navettes B, douées chacune d'un mouvement de va-et-vient vertical, qui, au lieu de n'avoir qu'une navette, en ont trois ; ainsi donc ce métier diffère du précédent par la substitution d'une boîte mobile à trois compartiments à la boîte à navette ordinaire à tisser les draps lisses ; 3° comme conséquence de cette partie spéciale du métier, on y remarque la transmission mécanique destinée à réaliser le mouvement des boîtes au moment voulu, conformément aux dispositions qui vont être indiquées après le résumé des organes du métier précédent, auxquels nous avons conservé les lettres employées pour la description du métier de la planche XXXII.

A, battant ou chasse, avec ses montants ou épées A'A'.

BB, boîtes à navettes à trois compartiments chacune.

RR, chasse-navettes.

L, balancier de la boîte.

NN, leviers, chasse-navettes.

T, plateau-ensouple de la chaîne, avec des rouleaux-supports T' T.

X' et Z', ensouples de l'étoffe.

Ces divers organes étant commandés comme dans le métier précédent, nous y renvoyons et passons à la description du mouvement spécial de la boîte à navettes.

Commande de la boîte à navettes. — Les boîtes B à chaque extrémité du battant sont placées dans un cadre rectangulaire à glissières verticales. Elles sont mises en mouvement par les tringles B' B', articulées à leurs deux extrémités pour pouvoir suivre les inclinaisons du battant. L'extrémité supérieure de ces tiges B' B' est fixée à une équerre C, pivotant autour d'un axe *t*. Le bras vertical de l'équerre est relié à des tiges D, D, aux extrémités opposées par des leviers E, E, mis en action par des crochets d'une mécanique armure M. Celle-ci est mue à son tour par le balancier L, la tringle K et le levier courbe J, commandé par un galet roulant dans la gorge de l'excentrique I.

La boîte et le battant, solidaires, se trouvent maintenus pendant le temps nécessaire, après chaque mouvement de descente de la boîte, par une espèce de cliquet ou crochet E', articulé en L', dont la partie courbe entre dans l'encoche de la pièce O', fixée au battant. La commande de ce mécanisme a lieu par les cordes F' des poulies C, agissant sur le contrepoids G' du bras de levier P', également articulé à son assemblage avec L'.

Commande des navettes. — Une fois le compartiment de la navette qui doit agir amené à la position voulue pour recevoir l'action, elle lui est imprimée par les chasseurs ou fouets R, R, agissant sur la corde *r*. A cet effet, ces chasseurs reçoivent le mouvement à la partie inférieure par l'entremise d'un taquet agissant sur des lanières l', fixées, d'une part, aux chasseurs, et de l'autre, sur les leviers N, recevant l'impulsion du galet placé sur l'axe d'un pignon P, mis en mouvement, par une corde K', le balancier L et les leviers articulés B', B'.

§ 3. — Prix du tissage à la main.

Le prix du tissage est généralement réglé en raison de la surface produite, de sa réduction en trame, de la facilité plus ou moins grande du travail, de la finesse, de la solidité des fils, et suivant que l'article est à deux ou plusieurs lames, à une ou plusieurs navettes. Toutes choses égales d'ailleurs donc, l'ouvrier doit être payé en raison de la longueur totale de trame qu'il a utilisé. Aussi en est-il généralement ainsi. L'unité prise pour base du cours, est l'échée ou la livre de compte, suivant la localité. Comme ces unités varient dans leur longueur, qu'elle est de 1,500 mètres dans les Ardennes et de 3,600 mètres en Normandie, et que le cours n'est pas toujours exactement proportionnel dans les deux localités, nous pensons donner des moyennes plus exactes en les établissant sur l'unité de 1,000 mètres de trame tissés. Ces prix sont en général les suivants :

Tissage des articles lisses, 3,000 à 3,600 fils sur 2m,78 de largeur.

Pour les 1,000 mètres de trame du n° 16,2 de........	0f,09 à 0f,10
Les articles satins, payés dans certaines localités, comme à Sedan à 0f,70 à 0f,75 le mètre, et pour les articles nouveautés montés sur des largeurs variables de 1m,70 à 2 mètres.	
Les 1,000 mètres de trame tissés à 2 navettes................	0f,236
Quels que soient les numéros des fils à 3 navettes............	0 ,250
A 4 navettes..	0 ,260
Pour un nombre au-dessus..................................	0f,277

A ces prix de façon payés au tisserand, il faut ajouter ceux de l'ourdissage, de l'encollage de la chaîne, et de l'usure des lisses et du peigne ou rot, qui sont :

Pour l'ourdissage à la main et à la bobine, pour 3,600 fils sur 80 mètres	1f,75
Pour l'ourdissage à la main et à la fusée	2,00
Collage à la main de la chaîne à raison de 0f,14 le kilogramme. Donc, pour une chaîne d'articles d'hiver à 28 kilogrammes	4,00
La chaîne d'été ne coûte que	3,00
Pour usure des lisses	0,02
Le séchage et le nouage ou tordage de la chaîne, aux frais de l'ouvrier, lui reviennent, par chaîne	1,25
Le nouage, depuis 1f,25 à	2f,00

Visite. — La visite consiste dans la vérification de la pièce tissée. Elle a lieu, en général, par l'employé qui a livré les matières, chaîne et trame, au tisserand, par conséquent, par le commis de comptoir et par le *monteur*, qui est chargé de disposer les articles au tissage et de composer les dessins, etc. Les aptitudes de ces deux fonctionnaires ne sont pas de trop pour s'assurer si le travail a été bien et surtout loyalement exécuté, et établir le compte du tisserand en conséquence. Quant à la constatation des défauts, elle ne peut présenter de difficultés sérieuses aux employés spéciaux. Ils s'assurent de la régularité et des qualités des résultats, de la netteté des lisières, de l'absence de taches, de bouts de fils, de trame, de rayures, de fils mal enchevêtrés, etc. Mais il n'en est pas de même pour contrôler si la quantité de trame remise au tisserand est bien entrée dans l'étoffe; car à l'huile de la filature, dont la présence modifie les titres, comme nous l'avons déjà dit, vient s'ajouter la colle des fils de la chaîne, et parfois de l'humidité provenant de la trame tissée mouillée et celle de l'atmosphère de l'atelier du tisserand.

Ainsi donc, au lieu de rendre en étoffe le poids total du fil qui lui a été confié, l'ouvrier doit restituer ce poids, plus celui de la colle, et moins celui des déchets qu'il a pu faire. Mais cette quantité additionnelle de colle n'a rien d'absolu, si le tisserand perd une certaine quantité de trame, par une cause ou une autre, il peut, pour se faire payer comme s'il l'avait employée complétement, masquer ce déchet par addition de colle ou d'humidité. La vérification du travail par la constatation du poids de la trame employée ne présente donc réellement pas de garantie équitable. Il vaudrait mieux payer en raison de la longueur de la trame, en tenant compte de la réduction, sachant qu'une étoffe d'une largeur déterminée doit être tissée à une réduction de... Il serait facile de compter de place en place le nombre de duites par unité de surface, et de se rendre compte ainsi non-seulement du développement de la trame employée, mais encore de la régularité du travail.

Nous indiquons ce moyen comme un élément accessoire et assez exact de contrôle, si on l'emploie avec intelligence.

Exemple. Supposons une étoffe tissée à 20 duites au centimètre, ou 2,000 au mètre sur une largeur de chaîne de $2^{m},80$ et une longueur de pièce de 80 mètres. Sans nous arrêter pour le moment à la diminution de longueur et de largeur par suite de l'*embuvage*, résultant de la courbure des fils aux entrelacements, nous dirons : La pièce se compose de $2{,}000 \times 80 \times 2^{m},80 = 448{,}000$ mètres. Si la trame était du 2,5 livre de compte, par exemple, ou du n° 18 kilogrammétrique, le poids contenu dans la pièce serait, par conséquent, $\frac{448{,}000}{18{,}000} = 24^{k},888$.

Or, si on a livré un poids plus considérable, il y a eu un déchet qui doit rester circonscrit dans une certaine limite pour des matières convenables et un travail normal. S'il est plus considérable, c'est une preuve d'une perte anormale dont les causes seront à rechercher. Il pourrait même se faire que le calcul accusât une longueur correspondant à un poids plus fort que celui livré à l'ouvrier : ce serait une preuve d'une surcharge exceptionnelle de colle ou d'humidité. Pour arriver aussi exactement que possible à la détermination de la longueur de la trame, il ne faut pas perdre de vue l'effet produit par l'*embuvage* (chap. XIII, § 2).

A ce moyen de comptage direct, et de calcul de la longueur de la trame, on pourrait ajouter un compteur automatique du nombre de duites chassées dans un temps donné; mais nous ne le mentionnons que comme un accessoire offrant peu de garantie. Ce genre d'instrument devient inutile lorsque le tisserand est loyal et délicat, et sans objet, lorsqu'il ne l'est malheureusement pas. Sous ce rapport les compteurs de duites ont beaucoup d'analogie avec ceux proposés pour les voitures publiques, dont les cochers infidèles se soucient fort peu. Quelque peu mécanicien que soit un tisserand, il trouvera toujours moyen de se mettre à l'abri du témoignage accusateur de son contrôleur automate.

§ 4. — Prix de revient du tissage automatique.

Quoique les données ne soient ni nombreuses ni constantes sur les rendements des métiers automatiques, les conditions du travail variant plus que dans la plupart des autres spécialités, nous allons chercher à nous rendre compte des dépenses nécessaires à un résultat déterminé.

Un tissage mécanique se compose des machines préparatoires, telles que ourdissoirs, encolleuses, trameuses, et des métiers à tisser.

Pour opérer économiquement, il est convenable d'avoir au moins un assortiment de machines, c'est-à-dire le nombre de métiers pouvant être desservis par un ourdissoir et une encolleuse. Quoique nous ayons précédemment rapporté qu'une encolleuse peut desservir 60 métiers, il est néanmoins prudent en commençant les travaux de ne compter que sur 40, par suite d'une foule de causes d'arrêt indépendantes du fonctionnement des machines de ce genre, provenant des ruptures des fils, très-fréquentes jusqu'ici dans le travail des encolleuses en général. Il sera d'ailleurs très-facile de voir à l'avance les modifications du prix de revient du tissage, si nous avions raisonné sur 60 métiers, au lieu de 40, comme nous allons le faire.

§ 5. — Prix de revient du tissage automatique du drap lisse avec un atelier de 40 métiers mécaniques.

Dépense du matériel.

Une machine à ourdir et à encoller	3,500	francs.
40 métiers à tisser, à 900 francs	36,000	
Pour accessoires, peignes, lames, etc.	3,000	
20 ensouples de rechange, à 50 francs	1,000	
Une machine à vapeur de 12 chevaux, avec chaudière et accessoires	12,000	
Construction d'un bâtiment pour les bureaux, magasins, la machine, les 40 métiers et machines préparatoires (500 mètres à 32 francs)	16,000	
Pour l'installation du chauffage, d'après les éléments indiqués pour le chauffage des filatures (ch. XII)	1,500	
Pour l'éclairage (50 becs à 32 francs)	1,600	
	74,600	francs.
Dépenses imprévues	2,400	
Ensemble	77,000	francs.

Frais généraux du tissage des 40 métiers.

Intérêts et amortissement à 15 pour 100 sur la somme de 58,600 francs du mobilier industriel	8,790	francs.
6 pour 100 sur les 16,000 francs de la construction	960	
Combustible pour la force motrice à raison de 2 kilo-		
A reporter	9,750	francs.

Report...............	9,750 francs.
grammes par force de cheval et par heure, 72 tonnes à 25 francs....................................	1,800
Garnitures et entretien.....	1,000
Pour le chauffage, d'après les éléments indiqués (ch. XII)....................................	350
Gaz pour l'éclairage (ch. XII)......................	1,500
Un contre-maître....................................	2,000
Main-d'œuvre : 2 ouvrières ourdisseuses et encolleuses à 2 francs chacune................................	1,200
Colle pour les chaînes..............................	1,000
40 tisserands à 3 francs l'un, pour 300 jours.........	36,000
Usure des courroies, graissage des machines et frais divers, impôts, assurances, etc..................	2,400
Total des dépenses annuelles................	57,000

Le métier pour faire du lisse pouvant donner 60 coups de battants et chasser, par conséquent, en moyenne 60 duites par minute sur une largeur de $2^m,78$, tissera $2^m,78 \times 60 = 166^m,80$ de trame à la minute, et par 12 heures ou 720 minutes, on aura pour les 40 métiers $720 \times 40 \times 166^m,80 = 4,803,840$ mètres par jour, ou 4,803 unités de 1,000 mètres. La production annuelle des 40 métiers sera, par conséquent, $4,803 \times 300 = 1,440,900$ écheveaux de 1,000 trames tissés.

Le prix de revient des 1,000 mètres sera, par conséquent, $\frac{57,000}{1,440,900} = 0^f,039$, soit 4 centimes, c'est-à-dire un prix de revient moitié moindre que celui du tissage à la main.

CHAPITRE XV.

REMETTAGES ET ARMURES.

La chaîne étant enroulée et disposée convenablement sur un cylindre ensouple du métier à tisser, il s'agit d'établir la communication entre tous les fils et les leviers qui doivent la faire mouvoir ; elle a lieu comme nous l'avons vu, par l'entremise des *lisses* ou *lames*. L'opération qui a pour but de faire passer les fils dans celles-ci, et de leur faire occuper les places convenables pour qu'on puisse effectuer des croisements déterminés avec la trame, se nomme *remettage*. Nous avons déjà vu également qu'il faut au moins deux lisses pour faire l'étoffe la plus simple, et que ce nombre va en augmentant, à mesure que l'on veut obtenir des dessins plus compliqués.

La réunion de lisses nécessaires à produire un effet déterminé est désignée sous le nom de *remise* ou *harnais*.

Le nombre des lisses est toujours infiniment moindre que celui des fils d'une chaîne, chacune d'elles en reçoit par conséquent une assez grande quantité. Celle-ci est généralement égale pour chaque lisse ; elle peut cependant varier dans certains cas, comme on le verra plus loin. Après le remettage, il faut établir la communication entre les lisses et les leviers ou marches, qui doivent leur transmettre le mouvement. Lorsqu'il y a plus de deux lames, on peut les faire mouvoir dans autant d'ordres différents que l'on peut obtenir de permutations avec le nombre de ces lisses ; mais les croisements possibles pratiquement sont assez limités et peuvent être déterminés *à priori*.

Les relations des lames avec les marches ont reçu le nom d'*armures*. Ce nom est également réservé aux entrelacements des fils qui en sont les conséquences.

Le remettage et la formation des armures reposent sur des principes du tissage qui ont tant de corrélation entre eux, qu'il nous a paru indispensable d'en donner une description simultanée; cependant, nous croyons devoir expliquer auparavant, avec quelques détails, la construction des *boucles*, des *mailles*, des *maillons* et des lisses. Une maille est une boucle formée par une petite corde verticale destinée à livrer passage à un ou plusieurs fils de la chaîne. Un maillon, qui a la même destination, est un petit orifice percé dans une plaque de verre ou toute autre matière solide, il est fixé également à une corde verticale. Une maille peut être formée de plusieurs boucles disposées les unes au-dessus des autres, et un maillon peut être percé de plusieurs orifices superposés. La figure 1, planche XXXI, représente différentes mailles et maillons en fil, tantôt de lin, tantôt de soie retordu et même en fil de fer; cependant les fils textiles valent mieux : *c* est une maille à une boucle, désignée sous le nom de maille simple ou à crochets; *c'* est une maille composée de deux boucles réunies, nommée *maille à coulisse;* celle *l*, *m*, est à grande coulisse, composée d'une seule boucle allongée dans laquelle le fil peut glisser de haut en bas et de bas en haut. On désigne enfin sous le nom de *maille à culotte* une demi-maille *n*, *o*, fixée par sa partie inférieure à la lisse, et qui sert dans certains cas spéciaux à rabattre ou à croiser les fils F et F' qui sont passés dans celle à grande coulisse. Le maillon C'' est figuré avec trois orifices *o*, *o*, *o*.

Une lisse, ou une lame, est composée de l'assemblage d'un nombre de mailles égal à celui des fils qu'elle doit recevoir, et réunies entre elles au moyen de deux petites règles en bois A, B, C, D, nommées *lisserons* ou *lamettes*.

Les lisses sont presque exclusivement réservées à la production des étoffes unies. On ne s'en sert que comme moyens accessoires dans le tissage des étoffes façonnées. Les maillons qui peuvent se mouvoir isolément servent au contraire à produire les tissus façonnés dont chaque série doit au besoin pouvoir agir séparément.

Nous allons d'abord décrire le remettage et les armures employés pour les surfaces unies ; ne pouvant nous étendre longuement sur cette spécialité, nous chercherons surtout à en faire saisir les principes élémentaires. Les détails sur lesquels nous revenons plus loin, à l'occasion du tissage façonné, compléteront d'ailleurs le sujet. Dès que le nombre de lisses dépasse une certaine quantité, une douzaine par exemple, il est plus avantageux de leur substituer les moyens usités pour la mécanique Jacquard, qui comprennent également ceux mis en œuvre dans les métiers à armures.

Armures fond de toile ou taffetas. — De tous les tissus les plus simples sont les toiles et la batiste pour le chanvre et le lin ; la mousseline et les cotonnades en général pour le coton ; le drap ordinaire pour la laine, et le taffetas pour la soie. Le tissage de toutes ces étoffes est exécuté absolument de la même manière. Il n'y a de différence entre elles que dans la nature et la finesse des fils, et par conséquent dans leur quantité. Si l'on examine ces étoffes à la loupe ou si on les défile, on s'apercevra facilement qu'elles offrent les croisements indiqués dans les figures 2 et 3, pl. XXXI. — La figure 2 donne la surface de l'étoffe ; on a représenté les fils *f*, *f* de la chaîne et ceux *t* de la trame écartés entre eux pour les faire mieux distinguer. On voit (fig. 3) leurs deux positions relatives après deux coups de battant successifs ; *r*, *r* représentent les baguettes d'enverjure qui divisent les fils de la chaîne en deux parties égales.

La figure 4 donne la disposition du remettage et de l'armure qui doivent être adoptés dans ce cas. Pour indiquer le premier, on trace autant de lignes horizontales *l*, *l*, qu'on doit employer de lisses, et autant de lignes verticales *f*, *f*, qu'il faut de fils pour le genre de croisement que l'on veut obtenir, avant de revenir à la première lisse. Le nombre de fils nécessaire pour exécuter le tracé d'un remettage est ce qu'on nomme un *cours* ou une *course*. Pour le cas dont il s'agit, la course se réduit à deux fils ; si donc on en avait dans la chaîne un nombre fort important, le tracé du remettage indiquerait que ceux considérés comme pairs doivent être passés dans les mailles d'une lisse, et ceux impairs dans celles de l'autre. Pour le tracé de l'armure où l'ordre du mouvement des lisses est déterminé, les lignes horizontales 1, 2 les indiquent encore ; mais les lignes verticales désignent les leviers ou marches.

Pour l'armure taffetas ou fond de toile dont nous nous occupons, chaque lame a sa marche. Il suffit donc d'appuyer sur l'une ou l'autre pour entraîner celle correspondante et les fils qu'elle porte ; rappelons seulement qu'ordinairement on réunit les deux lisses par une corde *c'* (fig. 5), passée sur la poulie *p*, en appuyant sur l'un des leviers *i* ; celle qui y est attachée descend pendant que l'autre monte, et les fils *f*, *f*, fixés par leurs deux extrémités aux cylindres, forment alors le parallélogramme G, H, I, K, dont l'angle *a*, près de l'ouvrier, est celui dans lequel on chasse la duite. La figure 6 indique le mouvement suivant. La lisse 1, qui, précédemment, avait été forcée de monter, a été foulée, tandis que celle 2 a été levée. Le même parallélogramme s'est reformé, avec cette différence que les fils qui, dans le premier mouvement, constituaient les côtés supérieurs, en forment maintenant les inférieurs, et réciproquement, comme nous l'avons indiqué.

Lorsqu'une chaîne contient une très-grande quantité de fils, comme, par exemple, pour certains taffetas, au lieu de deux lisses on en emploie quatre, afin que chacune ne porte que le quart des fils, et que le mouvement soit allégé. Leur division entre un plus grand nombre de lames donne plus de facilité pour arriver à une tissure régulière. Le remettage, dans ce cas, s'exécute comme l'indique la figure 7 : 1, 2, 3, 4 sont les lisses, et L, L, les marches. La course de remettage est alors de quatre fils, et chaque marche fait mouvoir deux lisses. 1 et 3 se meuvent ensemble dans un sens, pendant que 2 et 4 se dirigent dans le sens opposé ; car les lisses sont attachées deux à deux à une même corde comme les précédentes, et leur mouvement a lieu de la même manière. Il est évident que, pour ce genre d'étoffe, deux passages successifs de la trame suffisent pour que tous les fils de la chaîne aient été couverts et découverts de la même manière sur la largeur qu'elle embrasse. Il s'ensuit aussi que le tissu présente identiquement le même aspect des deux côtés, qu'il est par conséquent sans envers.

Armure batavia ou *croisée*. — Avec deux lisses, il est impossible d'obtenir une autre croisure que celle que nous venons d'indiquer. Lorsqu'on voudra produire des aspects plus compliqués, il faudra augmenter leur quantité. Nous venons de démontrer qu'avec quatre on peut exécuter l'armure fond de toile; nous allons voir qu'avec le même nombre, le même remettage et une modification dans leur mouvement, on parvient à réaliser une croisure différente et un effet nouveau. Si, au lieu de faire agir les deux paires de lisses alternativement, on donne l'impulsion aux quatre, de manière que chacune se meuve deux fois de suite, une fois avec la lisse qui la précède et une fois avec celle qui la suit, il en résulte un tissu connu sous le nom d'armure *croisée* ou *batavia*. Toutes les étoffes croisées dérivent de celle-là.

Les figures 9 et 10 indiquent la disposition des fils dans le tissu. On remarque que les baguettes d'enverjure *r*, *r* de la chaîne sont passées de manière à la séparer par moitié en croisant les fils. Les coupes de la figure 10 montrent comment sont disposés ceux de la trame par rapport à ceux de la chaîne après chaque mouvement. La figure 11 donne la disposition du remettage, et la figure 12 celle de l'armure. Quand le premier a été exécuté comme l'indique la figure 11, c'est-à-dire quand on a passé successivement chaque fil de la chaîne dans les lisses 1, 2, 3 et 4, et répété cette opération un nombre de fois égal à celui des fils de la chaîne divisé par 4, chacune d'elles est chargée d'une même quantité, et leur mouvement doit être effectué d'après les indications de la figure 12, dans laquelle L, L, indiquent les quatre marches. Les figures 13, 14, 15 et 16 montrent des positions qu'affectent successivement les lames entre elles. La figure 11 donne les coupes P, P', P'', P''', correspondant aux croisements opérés par les quatre positions P, P', P'', P''', de l'armure que nous venons d'indiquer.

Afin d'embrasser plus facilement ces quatre mouvements différents de l'armure, nous allons les indiquer dans un seul tableau.

POSITIONS DES LISSES DANS LES MOUVEMENTS.	LISSES LEVÉES.	LISSES BAISSÉES.
1 P.	2 et 1	4 et 3
2 P'.	1 et 4	3 et 2
3 P''.	4 et 3	2 et 1
4 P'''.	3 et 2	1 et 4

Il résulte de ces positions, combinées au remettage (fig. 11), que les croisements affectent une direction diagonale D E (fig. 9). C'est la succession de ces diagonales qui produit dans les tissus croisés les sillons parallèles qui les caractérisent. Ceux-ci peuvent être plus ou moins sensibles et diversifiés, suivant que la grosseur des fils varie ou que les entrelacements s'exécutent en les reculant d'un ou de plusieurs pas à chaque mouvement, et suivant qu'on fait usage de fils ordinaires ou de fils ayant reçu une torsion spéciale.

Armure sergée. — Si, au lieu de quatre lisses, on n'en emploie que trois (fig. 17) correspondant chacune à une marche L, L, L (fig. 18) et autant de fils remis suivis pouvant se mouvoir isolément, on produira encore un tissu croisé ; il suffira pour cela de leur imprimer successivement les positions représentées par les figures 19, 20 et 21. Les effets des croisements à chaque duite sont figurés en P, P', P'' de la figure 22, et la figure 23 donne l'entrelacement que les fils offrent à la surface des tissus. Cette armure a reçu le nom d'*armure sergée;* elle se reconnaît par des sillons plus petits et plus serrés que ceux de la précédente. Les étoffes sergées sont très-solides, puisque les liaisons ont lieu fil à fil ; aussi les emploie-t-on surtout pour les tissus communs qui doivent offrir une grande résistance.

Armure satin. — Lorsqu'au lieu d'opérer avec trois lisses, dans un ordre régulier, on agit avec un plus grand nombre, dans un ordre spécial, l'armure prend alors le nom d'*armure satin;* on ne fait guère de satin avec moins de cinq lisses. Cette quantité va ensuite en augmentant avec la richesse et le brillant que l'on veut donner aux tissus : on fait des satins de 5, de 7, de 8, de 12 et de 16 lisses ; on dépassse rarement ce chiffre. Nous donnons l'exemple d'un satin de 5 lames ; la figure 24 indique son remettage, qui est toujours suivi à la course ; la figure 25 représente le tracé de son armure ; les figures 26, 27, 28, 29 et 30 donnent les différentes positions des lisses qui en résultent à chaque mouvement de marche ; la figure 31 fait voir les croisements des fils de la trame et de la chaîne correspondant aux cinq positions P, P', P'', P''', P'''' ; enfin la figure 32 indique l'aspect que présentent les fils à la surface du tissu. Une armure satin d'un plus grand nombre de lisses ne serait pas plus difficile à comprendre. L'inspection des coupes de la figure 31 démontre que dans ce genre de tissu, ce sont les fils *t*, *t*, *t* de la trame qui sont les plus en évidence ; on dit alors que le satin est à effet de trame, l'apparence de la chaîne domine au contraire à l'envers.

Ce qui constitue le caractère de ces sortes de tissus, c'est la distance entre les points d'entre-croisement de la chaîne et de la trame ; il en résulte une surface d'autant plus lisse et plus brillante, que la matière elle-même réfléchit mieux la lumière, et qu'il y a plus de fils à la course ; aussi le satin de 8 et de 10 est-il plus éclatant et plus uni que celui de 5, et en général les satins pour la trame dont les fils sont moins tordus, sont d'autant plus éclatants qu'ils ont été produits avec le concours d'un plus grand nombre de lisses ; la quantité de trame devient alors de plus en plus dominante, et le nombre des solutions de continuité des liaisons visibles diminue. Si au contraire les rôles sont renversés, c'est-à-dire si le mouvement des lisses était tel que celles qui levaient restent baissées, et *vice versâ*, on aurait un satin à effet de chaîne.

Toutes les variétés de croisements ou d'armures obtenus par des lisses seulement, peuvent être ramenées aux quatre fondamentales que nous venons de décrire. Nous devons cependant dire quelques mots des effets divers qu'on parvient à réaliser en variant le remettage. Dans celui qui a été donné, on se borne à passer successivement les fils les uns après les autres dans les lisses, suivant l'ordre de leur position, en commençant à gauche de l'ouvrier par celle qui s'en trouve la plus éloignée, et en finissant par celle qui en est la plus rapprochée ; c'est ce qui lui a fait donner le nom de *remettage suivi*. On sait qu'après une course, on recommence de nouveau par la première lisse pour continuer dans le même ordre que précédemment.

Remettage par deux ou plusieurs remises. — Il y a trois cas principaux dans lesquels les tissus exigent plusieurs remises : 1° lorsque la chaîne contient une quantité considérable de fils, on les partage en plusieurs remises pour faciliter leurs mouvements ; 2° lorsqu'on veut produire des étoffes doubles ou à poils, il est nécessaire d'en employer deux, l'un servant à la manœuvre des fils de fond, et l'autre à celle des fils de la seconde chaîne ou du poil; 3° lorsqu'un dessin présente certains effets compliqués, chaque remise en produit une partie. Ce remettage a été désigné sous le nom de *remettage* sur *deux* ou plusieurs *remises*. Lorsqu'il a lieu par parties avec des maillons, on l'appelle *remettage à plusieurs corps*.

La description des moyens employés pour produire les étoffes velues ou à poils dont les velours de laine ou d'Utrecht offrent de si beaux échantillons, nous fournira un des exemples les plus simples d'un remettage sur deux remises.

Les tissus de velours les plus simples sont formés par la superposition de deux chaînes entrelacées l'une dans l'autre. Celle inférieure sert à composer le fond ou corps du tissu; la supérieure est destinée au poil de l'étoffe. La figure 33 donne une coupe faite dans l'épaisseur d'un tissu de velours pour faire saisir plus clairement les fonctions de chaque système de fils; *a*, *b*, représentent la chaîne; les petits cercles indiquent ceux de la trame dans la partie tissée; *c*, ceux de la seconde chaîne destinée à former le poil ou la peluche, se rencontrant avec celle du fond à l'angle d'entre-croisement. Le tisserand place dans la chaîne du poil une baguette en cuivre ou *fer* B, fig. 34; elle occupe toute la largeur de l'étoffe, elle est par conséquent disposée au-dessous des fils de la peluche, et au-dessus de la chaîne du fond; un des côtés de cette baguette est aplati; l'autre a une rainure sur toute sa longueur. L'ouvrier est muni d'au moins deux de ces baguettes placées et retirées successivement dans les boucles à mesure qu'on les exécute. Il est nécessaire de ne pas enlever les deux à la fois, pour que ces boucles ne puissent se défiler. Lorsque le velours doit présenter une surface à poil, on coupe, avec un petit couteau ou *rabot* spécial, le sommet des boucles *d*, *d*, fig. 34, avant de retirer la baguette. Lorsqu'au contraire on veut produire ce qu'on nomme des *velours épinglés ou frisés*, on ôte la baguette, et la boucle reste formée, comme on le voit en B, B. Les détails succincts que nous venons de donner sur la constitution des tissus de velours, doivent faire comprendre la nécessité d'opérer sur deux chaînes différentes. En effet, la première n'a besoin que de la longueur ordinaire que l'on veut donner à l'étoffe; mais la seconde doit être assez longue pour former l'étendue des boucles. Ce nombre est connu dans chaque cas particulier, la hauteur des baguettes étant également déterminée. Le produit du nombre des boucles par leur développement autour d'une baguette donnera la longueur totale de la chaîne nécessaire à la formation du duvet : on conçoit qu'elle sera variable avec la hauteur et le nombre de ces fils, qui sont en général proportionnels à la beauté de l'effet que l'on veut obtenir. Il n'est pas rare de voir des velours de soie ayant 25 boucles par centimètre. Le rapport le plus généralement établi entre la longueur de deux chaînes pour un velours de bonne qualité, est de 1 à 6, c'est-à-dire que la supérieure a 6 fois de celle du fond.

Nous n'avons donné l'exemple ci-dessus des moyens employés dans la production des velours en général, que pour indiquer un des cas où il est le plus indispensable d'user de deux jeux de lisses ou lames, ou, comme on dit, un *remise*, composé de deux jeux de lames correspondant à deux chaînes qui peuvent s'entrelacer et en même temps produire des effets différents, ce système pouvant trouver des applications surtout dans la confection des nouveautés. Nous renvoyons, d'ailleurs, pour tous les détails concernant ce sujet, au traité spécial du tissage, et revenons aux tissus spéciaux des lainages drapés.

Divers modes de remettages ou de rentrayages. — Nous n'avons fait qu'indiquer le but du remettage ou l'ordre dans lequel les fils sont passés dans les lisses. Les exemples que nous avons donnés concernent les remettages suivant un ordre régulier et suivi. Les fils de la chaîne sont alors également répartis entre le nombre des lisses, quel qu'il soit, de façon à ce que chacune en reçoive la moitié s'il y en a deux, le quart s'il y en a quatre, le cinquième s'il y en a cinq, et ainsi de suite, et de manière aussi à ce que l'ordre du passage reste le même, et que le premier fil, par exemple, passe dans la première lisse, et le dernier dans la dernière suivant un ordre constant arrêté. Mais il n'en est pas toujours ainsi, au lieu de passer les fils d'une manière régulièrement suivie, on les remet inversement, c'est-à-dire qu'au lieu de revenir à la première lisse chaque fois que le dernier fil du raccord est passé, on revient sur ses pas pour les fils de la nouvelle course, de l'avant-dernière à celle qui la précède, et ainsi de suite jusqu'à la première : c'est ce qu'on nomme le *remettage suivi* ou *à retour*. Parfois aussi, au lieu d'opérer régulièrement, on opère les passages dans un certain ordre irrégulier, dit *remettage interrompu*. Ces différentes manières de procéder ont leur cause dans les détails auxquels nous ne pouvons nous arrêter pour le moment.

Des apparences diverses que peuvent donner les armures fondamentales et leurs dérivés. — L'étoffe la plus simple dans ses entrelacements, celle exécutée par l'armure fond de toile, avec un remettage de deux fils mus par deux marches, peut donner avec les mêmes fils des effets variés, en raison de la plus ou moins grande torsion des fils, de leur nombre par unité et de la direction de la torsion. Ceci est surtout manifeste pour les nouveautés dont les systèmes d'entre-croisements ne disparaissent pas au foulage. Le rapport entre les réductions de la chaîne et de la trame, les changements réguliers ou irréguliers des deux systèmes de fils sont également des éléments qui peuvent faire varier les effets. Une étoffe tissée avec des fils tordus de droite à gauche, n'aura pas la même apparence que lorsque les mêmes fils auront reçu une torsion dans la direction opposée. Le résultat change encore sensiblement avec le changement de la torsion, et suivant qu'elle reste la même pour la chaîne ou le trame, ou qu'elle est moindre ou plus grande pour celle-ci que pour la première : le premier cas, la supériorité de torsion de la chaîne sur la trame, est le cas général des draps lisses ; le second ne se présente que pour les articles de fantaisie. Pour ceux-ci encore, on substitue souvent des fils doublés et retordus, d'une seule couleur, en laine pure, ou chinés de plusieurs nuances, et parfois même mélangés à de la soie, du poil de chèvre ou d'autres matières.

Ces fils, au lieu d'être doublés et retordus régulièrement, présentent quelquefois à dessein certains petits boutons ou des grosseurs obtenues artificiellement par les ralentissements périodiques et réglés à l'avance de la vitesse des broches à retordre, conformément aux indications données dans le chapitre des apprêts des fils. La simple modification de la constitution des fils peut donc produire des apparences très-variées, non-seulement en raison des caractères de ces fils, mais aussi parce qu'ils peuvent être tissés avec l'une quelconque des armures fondamentales et que chacune d'elles a son cachet propre.

Modifications des armures fondamentales. — Les modes d'entre-croisements des armures elles-mêmes peuvent être appliqués d'une façon spéciale en faveur de l'augmentation des divers effets à réaliser par la méthode des entre-croisements. Pour ne citer toujours que les applications les plus simples, prenons encore l'armure du drap lisse, ou fond de toile, pour exemple : au lieu d'établir un égal rapport d'entre-croisements entre les fils de la chaîne et de la trame, ces rapports peuvent être variés, les effets en reçoivent un caractère spécial, on les a désignés d'une manière particulière. Ces modifications de la même armure sont leurs *dérivées*. Chacun des systèmes d'entre-croisement fondamental se prête à des changements de ce genre. Les nombreux tissus à sillons obliques, depuis le sergé de 3, le plus simple, jusqu'au plus compliqué, peuvent être exécutés avec des modifications analogues et des combinaisons diverses de torsions, de finesses et de distances entre les points d'entrelacements. L'armure que nous venons de citer, est celle qui compte le moins de combinaisons. Il n'en est pas de même du Batavia, dont dérivent toutes espèces de croisés, de casimirs, de flanelles à armures, etc. Et l'armure satin déjà très-avantageuse par ces différences déterminées du nombre de fils compris dans chaque course de remettage, par ses effets glacés, a de plus l'avantage de pouvoir être établie dans des nombres assez étendus, depuis les satins de 4 jusqu'à ceux de 12 et plus si on le veut, soit en faisant dominer la trame ou la chaîne, comme nous l'avons vu. Parfois aussi on arrive à des effets particuliers par la combinaison de deux ou plusieurs armures fondamentales entre elles.

On peut faire varier ces combinaisons de plusieurs façons différentes et en obtenir un nombre proportionnel d'articles. Pour fixer les idées, reprenons par exemple l'armure lisse dite *fond de toile*, et au lieu de pratiquer les entrelacements ordinaires où la trame passe alternativement au-dessus des fils pairs et au-dessous des fils impairs, ou dans l'ordre inverse à volonté, passons cette même trame sur deux fils et sous un fil de la chaîne : on aura une apparence spéciale, qui constitue l'article dit reps, cannelé, ou côteline par la trame; en variant cet entre-croisement dans le rapport de deux à trois, quatre ou cinq fils, contre un, etc., on aura ce même article avec des effets d'autant plus saillants. Ce système d'entre-croisement peut se produire soit en laissant dominer l'apparence des fils de la chaîne : dans ce cas c'est un reps par la chaîne ou cannelé longitudinal. Il suffit d'indiquer ces modifications pour en faire saisir les conséquences. On remarquera que les résultats sont toujours obtenus au moyen de l'armure la plus simple.

Toutes les fois qu'il s'agit de déterminer une armure fondamentale qu'on pourrait appeler *classique*, ou un certain nombre de modifications ou de combinaisons du genre de celles dont nous venons de nous occuper, elles sont facilement caractérisées. Il suffit de les énoncer pour les faire saisir ; mais lorsque, aux entrelacements fondamentaux réguliers ou combinés qui entrent toujours comme base dans les tissus quelconques les plus compliqués, viennent s'ajouter des combinaisons de croisements à des places variables à chaque course de duite pour arriver à l'effet déterminé d'un *raccord*, ou d'un dessin donné, il faut alors tracer cet effet à l'avance sur le papier et y indiquer, pour chaque passage de navette, les fils de la chaîne qui doivent être levés et recouvrir la trame, et par conséquent ceux que celle-ci doit cacher sur le côté du tissu envisagé. Il est évident qu'après avoir déterminé ainsi tous les points de rencontre des fils des deux systèmes, on n'aura plus qu'à réaliser les indications au tissage, pour avoir le dessin formé par les fils. Le mode employé pour établir un dessin de ce genre, n'est autre en principe que celui indiqué précédemment pour tracer les remettages et les armures fondamentales. Seulement cette préparation plus compliquée du travail, prend le nom de *mise en carte*.

Principe de la mise en carte. — Sur un papier quadrillé dont les lignes longitudinales représentent les fils de la chaîne en rapport avec le nombre de ceux compris dans la largeur du dessin, et les transversales, ceux embrassés dans la longueur par la trame, indiquer par des signes les points où les entrelacements doivent être pratiqués, tel est le travail de la mise en carte. Nous y revenons plus loin en décrivant les opérations préparatoires du tissage façonné. Ces quelques explications ont seulement pour but de faciliter l'intelligence des exemples que nous allons donner de certains tissus façonnés, dérivés des armures et devenus en quelque sorte des articles types, parce qu'ils comprennent en général un nombre d'éléments identiques plus ou moins modéfiés dans les détails des entre-croisements, mais qui se retrouvent toujours dans les tissus dont les destinations varient peu. On peut les grouper, par exemple, dans les lainages en articles épais d'hiver, ou légers pour la saison chaude, et en produits de demi-saison. La nécessité d'y faire entrer plus ou moins de matières entraîne certaines conséquences de fabrication, et détermine les dispositions spéciales. On comprend que pour produire des articles lourds, il est possible de multiplier la chaîne et les trames, d'avoir deux séries de fils dans l'un ou l'autre sens, de varier ainsi les apparences, de produire des étoffes à double face, par exemple. Pour rendre le fait plus clair, nous allons donner quelques exemples de mises en cartes pour des types les plus nettement définis.

Tissu façonné dit articulé d'hiver. — Les figures 35 et 36, pl. XXXI, donnent une mise en carte sur quatre fils de chaîne et huit de trame obtenus par deux navettes pour un tissu double face, à effet identique à l'endroit et à l'envers, feutrant également bien sur les deux côtés.

Si on analyse les exigences de ces mises en carte pour arriver au mouvement des fils, en supposant les duites numérotées par la pensée de 1 à 8, on remarque que la duite n° 1 n'a qu'un carré noir; le carton ne sera piqué qu'une fois par raccord; il n'y aura donc qu'un fil sur quatre, ou le quart de la chaîne, levé, et la trame passera sur ce quart (le tissage ayant lieu à l'envers). Dans la duite n° 2, les trois points gris indiquent trois trous, trois crochets levés pour la seconde course; donc la trame passera sous les trois quarts des fils de la chaîne avec la seconde navette [1]. Pour la duite n° 3 les choses se passent comme pour la première, et pour la quatrième comme pour la seconde,

[1] Nous nous servons, dès à présent, de quelques termes exclusivement employés dans le travail des façonnés, dont toute la valeur est mise en lumière dans le chapitre suivant spécialement consacré aux moyens en usage pour la production de ces sortes d'articles, et, par conséquent, dans la description du métier Jacquard et des machines à lire.

quant au rapport relatif des fils levés et baissés, et des proportions de chaînes et trames respectivement vues et cachées; mais les points d'entrelacements changent de place, ils ont lieu inversement par un effet dit de *contre-semplage*. Une inspection des figures rend ce résultat plus clair qu'une description.

Coups lourds. — On remarque que le nombre des fils soulevés à chaque coup est variable : dans le cas dont il s'agit on en soulève alternativement le 1/4 et les 3/4 ; les mouvements les plus chargés constituent ce qu'on nomme les *coups lourds*. On a souvent cherché une disposition pour équilibrer la charge : au lieu de soulever alors l'une des deux séries des fils de la chaîne, en laissant les autres en repos, on a une disposition dite de *lève et baisse*, par laquelle l'angle est formé par une partie des fils soulevée, tandis que l'autre est baissée.

Armure pointillée à l'endroit et nattée à l'envers. — La figure 37 donne encore un article fréquemment produit avec deux navettes prenant toujours les carrés noirs comme indiquant le passage de la trame à l'envers, et les gris pour l'endroit. On verra, en y appliquant le raisonnement de la mise en carte précédente, que la trame ne s'entre-croise à l'envers avec les fils de la chaîne que de six en six places : il en résulte des brides ou flottés, généralement désignés sous le nom de *nattes* ou *nattés;* tandis qu'à l'endroit, il y a formation d'une espèce de croisé rapproché et contre-semplé, bien caractérisé par l'effet dit *pointillé*.

Article côtelé par la chaîne. — Les armures précédemment décrites sont surtout caractérisées par des effets de trame. La figure 38 donne une mise en carte où les fils de la chaîne jouent le rôle principal. Le mode d'entre-croisement ne se rapporte à aucune des armures fondamentales précédemment décrites. C'est cependant une espèce dérivée du satin à effet de chaîne, les fils longitudinaux y dominent dans l'apparence; mais la position des entre-croisements est modifiée ; au lieu de l'ordre régulier déterminé à l'avance pour les divers satins connus, c'est un mode varié d'enchevêtrement qui détermine les rapports de la chaîne et de la trame.

Tissu cannelé en diagonale. — Les figures 39 et 39 *bis* montrent également des articles où l'effet de chaîne domine, ils réalisent des côtes cannelées en diagonales. Cette direction oblique des points d'intersection entre les deux séries de fils différencie cet article des cannelés ordinaires.

Article articulé pour velours Montagnac. — Les carreaux gris de la figure 40 donnent la mise en carte d'un satin de 8 en dessous, tandis que les carrés noirs indiquent les points d'intersection de la trame en dessus. Cette combinaison produit un article du genre dit *articulé double*, dont l'endroit est favorable au développement du velours à poil droit par le battage, dit velours Montagnac, et l'envers satin est favorablement disposé pour être tiré à poil couché dans une direction uniforme. Sans les points noirs de liage, l'étoffe formerait deux tissus séparés.

Côtelé par la chaîne. — La figure 41 est la mise en carte d'une étoffe à côtes dont les carrés gris indiquent la position des fils qui forment des côtes en relief dans les tissus, et les points noirs les sillons creux qui caractérisent l'article parfaitement déterminé par son apparence.

Article ondé. — L'étoffe obtenue par la mise en carte de la figure 42 est tissée alternativement avec une trame grosse et une trame fine. Les points noirs donnent le passage de la première tissée en fond toile, et les gris celui de la seconde. La différence de grosseur de ces deux trames détermine un effet particulier : la grosse trame produit un certain relief qui se trouve recouvert aux apprêts par les fils voisins, de là l'effet spécial d'une surface lisse, avec des changements d'apparence, suivant les points, et par suite le nom caractéristique d'*ondé*.

Article capitonné. — Ce genre (fig. 43) est une espèce de tissu à armure croisée en diagonale, mais les raccords successifs, c'est-à-dire la répétition des effets reliés par des brides flottantes d'un raccord à l'autre, et désignés par la mise en carte à carreaux noirs, sont des brides peu liées qui disparaissent au foulage et aux apprêts, et laissent apparaître le fond général d'une manière sensible. Il ne reste plus alors que des effets très-circonscrits, représentant, par rapport aux places avoisinantes, des espèces de boutons ayant de l'analogie avec ceux du travail du capitonnage.

Façonné par des effets alternatifs. — La figure 44 représente la carte d'un article obtenu par deux trames de grosseurs différentes qui, au lieu d'être chassées dans un ordre régulier, travaillent au contraire successivement l'une à la place de l'autre; elles concourent, par conséquent, chacune à leur tour aux effets de l'endroit et de l'envers.

Genre anglais. — Les effets particuliers obtenus par la réalisation des mises en cartes (fig. 45 et 46) sont basés sur l'emploi de fils tordus réunis dans la chaîne, de manière à ce que la direction de la torsion de ces fils soit opposée, c'est-à-dire que si le premier est disposé de manière à ce que la torsion aille de droite à gauche, le second sera ourdi de façon à ce qu'elle se dirige soit de gauche à droite, et ainsi de suite, dans un ordre plus ou moins régulier. Presque tous les articles nouveautés des Anglais présentant des effets originaux sont basés sur des modifications de duitage et d'ourdissage de la nature de celles que nous venons de mentionner. L'intervention des fils doublés et tordus dans les sens les plus divers offre un vaste champ de variétés, comme nous l'avons déjà fait remarquer; les fabricants anglais ont tiré un très-grand parti de ces moyens d'ailleurs fort simples.

Natté double chaîne et double trame. — Cette étoffe forme de fait deux surfaces l'une sur l'autre, tissées séparément et reliées entre elles par des entrelacements ou liages spéciaux, comme cela se pratique pour les sacs sans couture. Les points noirs et gris de la figure 47 indiquent les deux chaînes. Il est clair que partout où les fils lèvent en masse, la trame passe dessous. Les petits carrés gris isolés de la figure indiquent les fils de liage réunissant les deux étoffes. Ainsi donc, si on fait abstraction de ces points, on aura deux chaînes superposées, dont on produit successivement l'entrelacement indiqué dans la mise en carte, entre la première chaîne et une première navette, puis avec la seconde chaîne, au-dessous de la première, au moyen de la trame d'une seconde navette; on obtiendrait ainsi deux pièces distinctes, si on ne les reliait au moyen d'un entrelacement d'une trame dont les intersections sont indiquées en gris. Ces duites passent en même temps dans les deux chaînes et les relient par conséquent de façon à faire un corps ou tissu, rendu ultérieurement plus intimement adhérent encore par le foulage.

La figure 48 est un article de fantaisie obtenu également par deux trames, mais agissant sur une chaîne seulement.

Tissu pour paletot. — La figure 49 offre la mise en carte d'un article à double face avec une chaîne et deux trames représentées toujours en gris et noir. L'une des surfaces, l'endroit, est une espèce de cannelé contre-semplé, et l'envers représenté par la mise en carte noire, est un satin de 15. La plupart des gros articles pour paletots ont un système d'entrelacement basé sur le principe d'une chaîne unique tissée à deux trames, réalisant un mode d'entre-croisement différent pour l'endroit et l'envers; les tissus dits *moleskine* rentrent dans cette catégorie; elle devient classique et uniforme dans sa fabrication, comme le drap lisse.

Double toile. — La mise en carte (fig. 50) donne une composition d'étoffe double à une chaîne, et à deux trames reliées par un fil indiqué par les carrés noirs, formé par une même armure fond de toile sur les deux faces.

La figure 51 présente un effet spécial de la part de la trame noire : au lieu de s'étaler d'une façon régulière en ligne droite, elle produit des contours rentrants et sortants, indiqués par des encoches qui simulent une espèce de grecque dans le tissu; on y arrive par une combinaison spéciale du dessin et l'emploi d'une trame sensiblement élastique et peu tendue dans le travail.

Moleskine chaîne coton.— Cet article est, en général, produit avec une chaîne et deux trames de grosseurs différentes, indiquées en carrés gris et noirs (fig. 52). La première a une grosseur double de la seconde. Ce tissu fort épais, est souvent employé pour chaussures.

Enfin, nous donnons (fig. 53), en A, la mise en carte; en B, le remettage ou rentrayage des fils dans les lisses, et en C, la carte développée ou plutôt le rapport réel des entre-croisements des fils de la trame et de la chaîne, tels que l'étoffe les présente. L'exécution d'un raccord réclame 50 fils; ces fils passent dans des lisses au lieu d'être rentrés isolément dans des maillons. (La draperie faisant, en général, de petits façonnés, on peut se servir de lisses au lieu de maillons isolés. Mais ces lisses sont manœuvrées par les crochets du mécanisme Jacquart absolument comme si c'étaient des maillons.) Seulement il faut choisir un ordre de remettage qui permette de simplifier le montage et de produire l'effet avec un nombre minimum de lisses. Le remettage B, où les lignes horizontales présentent les lisses et les verticales des fils, avec des signes indiquant l'ordre de leur passage dans les lames, démontrent que 18 lisses suffisent pour faire manœuvrer les 50 fils, grâce à l'emploi du remettage dit *à retour*, tandis que si on avait employé le système régulier ou suivi, il eût fallu autant de lisses que de fils, c'est-à-dire 50. On a donc simplifié le montage et économisé l'emploi de 32 lisses. Cet exemple démontre l'importance de bien connaître les divers procédés de remettage.

CHAPITRE XVI.

COMPOSITION D'UN CERTAIN NOMBRE D'ARTICLES FONDAMENTAUX DE DRAPERIE LISSE ET DE TISSUS FANTAISIE.

Le tableau des lainages a déjà donné les indications générales et les éléments essentiels d'un grand nombre d'articles, foulés et ras, pour les comparer entre eux et indiquer autant que possible leurs apparences et compositions caractéristiques. La revue d'un certain nombre de mises en cartes vient d'indiquer la méthode par laquelle on arrive à l'exécution des dessins par l'entrelacement des fils; nous allons maintenant entrer dans plus de détails sur la composition de quelques genres principaux, en rapport avec leur valeur intrinsèque. La partie désignée sous le nom de *montage* dans les fabriques comprend d'ordinaire le nombre, les numéros et le poids des fils de la chaîne; leur largeur, leur longueur avant et après le foulage, et le degré relatif de la force de la pièce, ce dernier caractère étant en rapport avec les quantités de fils pour une même surface. Ce nombre de fils d'une chaîne pour les différentes forces d'une même catégorie est monté sur des largeurs variables, la diminution de largeur ou *l'étroit*, comme on dit en termes de fabrique, correspond à l'espace occupé par 200, 400 ou 600 fils, ce qui veut dire que la chaîne est composée sur une largeur de 3,000, moins l'espace occupé par 200, 400 ou 600 fils. Nous faisons surtout cette remarque pour les praticiens. Nous mentionnons, par le même motif, le titrage des Ardennes et celui de la Normandie, dont la valeur et les transformations en numéros métriques ont été données dans le chapitre du titrage.

Tableau des montages des draps lisses sur une longueur de 72 mètres et une largeur variable sur le métier.

VALEUR NETTE au mètre.	LARGEUR de la chaîne.	NOMBRE DE FILS de la chaîne.	TITRE DE LA CHAINE		TITRE DE LA TRAME		POIDS de la chaîne.	POIDS de la trame.	TOTAL du poids des fils.	LONGUEUR après foulage.	LARGEUR après foulage.
			à Sedan.	à Elbeuf.	à Sedan.	à Elbeuf.					
fr.	m.						k.	k.	k.	m.	
9 à 9,50	2,60	3,000	4,1/2	7/4,1/2	4,2,3	7/4,3/4	16,65	24,00	40,65	51,50	1m,37 à 1m,38
id.	2,40	3,000	id.	id.	id.	id.	id.	22,20	38,85	52,00	id.
id.	2,22	3,000	id.	id.	id.	id.	id.	20,30	36,95	52,00	id.
10,50 à 11,75	2,60	3,200	4,8/10	8/4	5,1/10	8/4,1/2	id.	24,00	40,65	52,50	1m,38 à 1m,40
id.	2,45	3,200	id.	id.	id.	id.	id.	22,50	39,15	53,00	id.
id.	2,43	3,200	id.	id.	id.	id.	id.	20,80	37,45	52,50	id.
12,85 à 14,25	2,60	3,400	5,1/10	8/4,1/2	5,4/10	9/4	id.	24,00	40,65	52,50	1m,40
id.	2,45	3,400	id.	id.	id	id.	id.	22,60	39,25	53,00	id.
id.	2,29	3,400	id.	id.	id.	id.	id.	21,00	37,65	52,50	id.
15 à 16,40	2,62	3,600	5,4/10	9/4	5,2/4	9/4,1/2	id.	23,50	40,15	52,50	1m,40
id.	2,47	3,600	id.	id.	id.	id.	id.	22,15	38,80	53,00	id.
id.	2,31	3,600	id.	id.	id.	id.	id.	20,50	37,15	52,50	id.
17,25 à 18,75	2,63	3,800	5,3/4	9/4,1/2	6	10/4	id.	23,00	39,65	53,50	1m,40 à 1m,42
id.	2,48	3,800	id.	id.	id.	id.	id.	21,60	38,25	53,00	id.
id.	2,34	3,800	id.	id.	id.	id.	id.	20,40	37,15	53,00	id.
19,50 et au delà.	2,64	4,000	6	10/4	6,3/10	10/4,1/2	id.	22,70	39,35	54,50	1m,42 à 1m,45
id.	2,50	4,000	id.	id.	id.	id.	id.	21,50	38,15	54,50	id.
id.	2,36	4,000	id.	id.	id.	id.	id.	20,30	36,95	54,00	id.

Retraits et poids résultant des indications du tableau précédent.

RETRAIT SUR LA LONGUEUR.	RETRAIT SUR LA LARGEUR.	RETRAIT SUR LA SURFACE en mètres carrés.	POIDS DE L'ÉTOFFE PAR MÈTRE CARRÉ avant le foulage.	POIDS DE L'ÉTOFFE PAR MÈTRE CARRÉ après le foulage.
			k.	k.
20.50	1.23 — 1.22	116.59	0.217	0.574
20.00	1.05 — 1.02	101.50	0.224	0.543
20.00	0.85 — 0.84	88.34	0.231	0.517
19.50	1.22 — 1.20	114.25	0.217	0.557
19.00	1.05 — 1.03	101.29	0.224	0.530
19.50	1.05 — 1.03	101.99	0.214	0.513
19.50	1.20	113.70	0.217	0.553
19.00	1.05	102.20	0.222	0.529
19.50	0.89	91.38	0.228	0.512
19.50	1.22	115.14	0.215	0.546
19.00	1.07	103.64	0.219	0.523
19.50	0.91	92.82	0.225	0.505
18.50	1.23 — 1.21	113.58	0.209	0.525
19.00	1.08 — 1.06	103.83	0.214	0.512
19.00	0.94 — 0.92	93.75	0.220	0.497
17.50	1.22 — 1.19	111.87	0.207	0.503
17.50	1.08 — 1.05	101.79	0.212	0.488
18.00	0.94 — 0.91	92.43	0.219	0.477

Remarques sur les tableaux précédents. — Les nombres des tableaux démontrent que, pour la même surface d'étoffe de chaque catégorie, il n'y a de variable que le poids de la trame, c'est-à-dire de l'élément le plus influencé par le foulage (la trame étant moins tordue que la chaîne) ; le produit ne varie, par conséquent, que par la force. La différence extrême, suivant les catégories, est de 3^{k},50 à 3^{k},20 sur une longueur moyenne de 52 mètres environ, ou de 6 à près de 7 grammes au maximum par mètre, d'un poids moyen de 707 à 708 grammes. La variation de la force, pour chaque série, représente donc à peine 1 pour 100. Quant au rapport en poids de la chaîne à la trame, il est, en général, de 47 à 53 pour 100.

Les finesses des fils sont comprises entre 13,500 mètres à 18,900 mètres au kilogramme. Il est évident qu'il se fait un certain nombre de produits, plus communs et plus chers que ceux désignés dans le tableau. Dans les draps satins zéphirs, les fils ont parfois de 30 à 33,000 mètres au kilogramme. Nous avons surtout voulu donner le résumé des conditions régulières appliquées dans la fabrication la plus courante des draps lisses. Ces considérations ne sont plus les mêmes pour les articles de fantaisie, où de gros fils sont souvent employés à des articles chers et dans lesquels le nombre des fils, les rapports des quantités de chaîne et de trame, et même les qualités dans une même série de fils varient constamment; il y a cependant certaines relations constantes dans ces éléments, en raison des saisons en vue desquelles les articles sont établis; ceux pour la saison d'été sont naturellement plus légers que les articles d'hiver, et pour la demi-saison ils tiennent le milieu entre les deux précédents. Les poids de ces articles peuvent varier de 200 à 1,000 grammes par mètre. Les genres de fils employés sont également plus variés que pour la draperie lisse, où l'on ne se sert que de fils simples cardés. Pour les nouveautés on fait intervenir les fils retors, combinés à des fils simples cardés et parfois peignés. Les substances autres que la laine, les différents fils de soie sont aussi souvent mis en usage. Ainsi certains effets pointillés, dont il a été question dans les mises en carte, sont, en général, produits par de la grége ou de l'organsin. Les doubles chaînes et trames pour la plupart des articles précédemment énumérés, diffèrent, en général, de qualité, de finesse, de nuances, etc. La matière destinée à l'envers est naturellement plus commune que celle dont l'endroit est formé. C'est dans les combinaisons les plus variées et les plus originales de cette nature que résident les ressources de la fabrication de la spécialité. Quoiqu'il soit difficile de tracer des règles fixes, pour un sujet où la question de goût et d'originalité s'unit étroitement aux moyens techniques, nous allons néanmoins donner quelques montages de ce genre à titre de renseignements et comme preuves à l'appui des considérations précédentes.

§ 1. — Montage d'articles de fantaisie pour diverses saisons.

Afin de procéder aussi méthodiquement que possible en pareille matière, nous reprenons quelques mises en carte de la planche XXXII pour en faire des applications de montages; de cette façon, on sera mieux fixé sur les genres d'articles dont il est question, et dont les dénominations seules ne sont pas toujours suffisamment caractéristiques.

Montage des articulés à côtes transversales (fig. 35 et 36, pl. XXXI). — 4,600 fils de chaîne au titre 10 1/2 écheveaux, titrage de Sedan, sur une largeur de 2 mètres sur 60 mètres de longueur.

4,600 fils de trame au titre 10 écheveaux pour endroit.

4,600 fils de trame au titre 5 écheveaux pour envers.

La longueur de la chaîne et les taux étant donnés, on a les réductions et les poids. En les joignant aux indications de la carte, on a tous les éléments nécessaires à la confection de l'étoffe jusqu'après le tissage. En effet, l'article se composant de 4,600 fils de chaîne sur une longueur de 60 mètres, la longueur totale sera 4,600 × 60 = 276,000 mètres. Le taux étant 10 1/2 écheveaux ou 1,500 × 10 1/2 = 1,575 mètres au kilogramme. La chaîne pèsera par conséquent $\frac{276,000}{15,750} = 17^{k},52$.

Quant à la trame, sa longueur développée est égale à la longueur de la pièce multipliée par sa largeur et par le nombre des duites insérées sur la longueur, et le poids de la longueur ainsi déterminée sera établi comme précédemment par le taux ou le titre du fil. Nous n'avons donc qu'à rechercher la réduction en trame. Or, les mises en cartes des figures 35 et 36 démontrent une réduction égale en chaîne et en trame; celle de la chaîne étant 4,600 pour 2 mètres ou 23 duites au centimètre, ou 2,300 au mètre, et 2,300 × 60 = 138,000 pour la pièce n° 10, le poids total de la trame fine sera donc $\frac{138,000}{15,000} = 9^k,200$, et pour la grosse trame d'un taux de 5 ou 7,500 mètres au kilogramme, un poids de $\frac{138,000}{7,500} = 18^k,400$.

Donc le poids de la chaîne sera	....	$17^k,520$
—	de la trame d'endroit..............	8 ,200
—	de la trame d'envers...............	18 ,400
	Poids total des fils de la pièce....	$44^k,120$

Cet exemple suffisant pour démontrer la manière de calculer chacun des éléments qui concourent à l'étoffe, nous nous bornerons à leur énonciation dans les montages suivants.

Disons d'abord que l'article précédent peut être modifié par un simple changement dans la réduction. Ainsi, au lieu de monter les 4,600 fils sur une largeur de 2 mètres, on leur donne parfois seulement une largeur de $1^m,90$, toujours pour être ramenée de $1^m,36$ à $1^m,40$, qui est la laize ordinaire de ce genre d'articles. Il en résulte alors un tissu plus serré, des sillons plus creux et des diagonales dont le relief est plus saillant. Si on réduisait davantage encore en chaîne, l'effet serait de plus en plus sensible, mais le tissu deviendrait plus roide, sa souplesse et son élasticité s'amoindriraient.

Articulé avec côtes longitudinales. — Cet article peut être rangé dans la catégorie du précédent, où les côtes en travers sont remplacées par des côtes en long, de mille manières différentes ; cette disposition est la plus généralement employée pour articles d'hiver avec les éléments suivants :

6,200 fils de chaîne en fils retors. Taux 13.

6,200 fils de trame en fils simples. Taux 7.

On obtient ainsi un tissu très-épais, mais d'un prix assez élevé, variant, net, de 17 à 23 francs le mètre.

Nouveautés anglaises (fig. 45 et 46, pl. XXXI). — 3,300 fils ourdis sur 1^m,90, 2 fils simples à 9 écheveaux et 1 fil simple à 4 1/2.

3,300 fils de trame, 2 duites à 9 écheveaux et 1 fil en dent à 4 1/2.

La pièce de 30 mètres de fils pèse 24 kilogrammes et rend 26 mètres après foulage. Il y a des variétés de ce genre où les fils tant de la chaîne que de la trame sont à trois retors. L'ourdissage est alors généralement moins serré. Beaucoup de ces articles dont la mise en carte (fig. 43) donne une disposition n'ont que 1,800 fils en chaîne, sur une largeur de 2 mètres.

Velours d'été. — C'est un petit article léger pour lequel trois lames et quatre cartons suffisent pour l'exécution du raccord; il se fait à plusieurs réductions. En voici deux principales :

1° Ourdissage : 3,900 fils sur 1^m,80 à 18 écheveaux.
Trame : 36 duites au centimètre à 20 écheveaux.

Poids de la chaîne sur 50 mètres.......	7^k,200
Poids de la trame....................	10 ,800
Poids de la pièce foulée à 42 mètres......	18^k,000
ou 423 grammes au mètre.	

2° Ourdissage : 3,900 sur 1^m,80 à 14 écheveaux.
Trame : 14 duites au centimètre à 14 écheveaux.

Ces articles, surtout destinés à la confection pour dames, sont très-légers; ils pèsent : le premier, 0^k,425 le mètre, et le second, 0^k,490 après foulage et complétement terminés. Ces articles, veloutés, souples et élégants, pèsent à peine 300 à 320 grammes au mètre lorsque le tissu est apprêté et fini.

Articulé avec chaîne en laine peignée. — C'est encore là un article pour vêtements de femme. Il se fait en général de toutes les nuances en une espèce de croisé contre-semplé avec deux trames, une fine à l'endroit et une grosse à l'envers; 4 lisses et 8 cartons suffisent au tissage du dessin dont voici le montage :

4,400 fils ourdis sur 2^m,20 en peigné du n° 25 mille mètres au kilogramme.

4,400 fils trame. Taux pour l'endroit, 7 écheveaux.

4,400 fils trame. Taux pour l'envers, 4 écheveaux.

Malgré le mélange de laine commune, car l'envers est ordinairement en effilochage, l'article revient assez cher à cause de sa réduction et de son épaisseur.

Articles épais pour paletots d'hommes, dont la carte (fig. 49) représente les entrelacements.

Ils sont ourdis à 4,600 fils sur 2^m,50 du taux de 12.

En trame, endroit à 10.

En trame, envers à 5.

Nattés ras pour la saison d'hiver. — 3,300 fils ourdis sur 1^m,90, moitié en fil simple à 10 et moitié en retors à 4.

3,300 fils trame, moitié en fil simple et moitié en retors à 6 pour envers.

La mise en carte (fig. 47, pl. XXXII) qui donne cet article, démontre que son exécution exige 12 lames et 12 cartons par raccord.

Il n'y a pas d'intérêt à multiplier ces exemples, fournis surtout pour bien préciser les éléments qui interviennent dans les principaux genres des lainages drapés, et la manière dont ils peuvent être combinés et modifiés, sinon pour donner des compositions à imiter servilement. S'il est indispensable pour l'industriel d'être initié complétement à toutes les ressources de son art, d'en connaître les résultats acquis et de s'en inspirer : il serait fâcheux pour lui de se borner à les copier. Il doit au contraire s'ingénier à trouver des effets nouveaux par les combinaisons originales des nombreux matériaux dont il dispose.

Les éléments restreints en apparence peuvent varier à l'infini par la modification de leur groupement. Nous avons dit un mot à ce sujet, et pensons pouvoir y revenir en quelques lignes à cause de son importance.

Résumé des moyens dont la fabrication des nouveautés dispose. — D'un ensemble d'entre-croisements d'armures simples et régulières depuis la plus élémentaire jusqu'à la plus étendue, donnant avec les mêmes fils le fond de toile à deux lisses jusqu'à des satins de 15 et plus, s'il était nécessaire. De dérivées des armures précédentes, telles que les entre-croisements cannelés longitudinaux, transversaux et en diagonale, modifiables plus ou moins par l'étendue, les effets, la finesse des fils et les réductions soit en chaîne, soit en trame, soit des deux ensemble.

De la combinaison entre elles de certaines armures, ou de l'une ou plusieurs de celles-ci avec l'une ou plusieurs de leurs dérivées, ou encore ces dernières entre elles, au moyen de permutations et de combinaisons dont le nombre est presque infini, puisqu'il est proportionnel à celui des arrangements divers possibles avec les éléments qui constituent ces entrelacements fondamentaux.

Les effets ci-dessus et leurs variations peuvent encore être modifiés par les changements de torsion des fils simples de la chaîne ou de la trame, soit des deux à la fois, la torsion pouvant varier de sens et d'intensité depuis le fil floche jusqu'au grain le plus serré.

Les fils doubles, triples, etc., retordus à des degrés divers employés dans le sens longitudinal ou transversal ou dans les deux à la fois.

Les moyens précédents combinés soit avec deux chaînes et une trame, ou deux trames avec une chaîne, ou avec chacun de ces éléments doubles.

Les changements ou combinaisons avec des fils de natures

différentes, tels que les cardés et les peignés, les mixtes ou ourdis peignés, les feutrés, le cachemire, la vigogne, la gingerline, les soies, le coton, etc., simples, multiples, plus ou moins régulièrement ou irrégulièrement tordus.

A ces moyens, dont les combinaisons peuvent donner directement un nombre infini d'effets, on peut ajouter ceux de la teinture soit des fils, soit du tissu, pour arriver aux articles qui, sous le rapport des nuances, peuvent être mélangés, jaspés, chinés, unis, rayés en travers, en long, à carreaux, et ceux des apprêts, pour réaliser des tissus ras, secs, à grains, à poils droits ou couchés, ondulés, frisés, ratinés, etc., etc.

Chaque jour et surtout chaque saison nouvelle voit apparaître des articles nouveaux dont la vogue tient parfois à une simple modification soit de la constitution des fils, soit dans leur groupement et leur combinaison. Citons un des exemples les plus récents : c'est l'emploi de gros fils feutrés, retordus avec un fil fin d'une autre couleur. Le retordage régulier avec des hélices plus ou moins allongées, à été remplacé par le retordage irrégulier et en sens inverse en faisant revenir le fil fin sur lui-même ; on a ainsi des fils retors en quelque sorte ficelés en croix, produisant des effets inattendus. Ces fils fins, au lieu d'être en laine d'une couleur uniforme, pourraient être en laine jaspée ou en d'autres matières, telles que la soie, par exemple. Il suffit d'indiquer le procédé pour le faire saisir, et faire comprendre les effets originaux à en tirer. Quant à ces changements dans la torsion, ils peuvent être obtenus par une légère modification dans un pignon de commande, grâce à laquelle le métier ordinaire fera les nouveaux fils avec la même facilité que les retors habituels. On fait aussi des retors partiels, c'est-à-dire que le fil ou la mèche qui recouvre le fil principal lui servant d'âme, après s'être enveloppé par la torsion sur une petite longueur est fixé, puis coupé net ; il se retire pour revenir ensuite reproduire le même effet de retordage de place en place ; on obtient ainsi un fil orné de mouches, de spires, d'étincelles, etc., à des intervalles réguliers ou même irréguliers ; ces fils ainsi préparés sont employés dans le tissage comme à l'ordinaire.

CHAPITRE XVII.

QUELQUES CONSIDÉRATIONS SUR LE DESSIN ET LE COLORIS DES ÉTOFFES.

Le tissage façonné qui donne depuis les effets les plus simples jusqu'aux sujets les plus étendus, par l'entrelacement de fils de laine de couleurs et de tons plus ou moins variés, est soumis à des règles artistiques et techniques. Les considérations générales de l'art sur le choix et l'appropriation des dessins à leur destination, sur l'harmonie des teintes et des nuances, sur la précision de l'exécution, sur les effets de lumière et d'ombre, de reliefs et de creux, sont applicables au tissage. La composition des motifs ainsi que leur groupement d'après certaines règles innées du bon goût, qui se conçoivent plus aisément qu'elles ne peuvent se décrire, l'assemblage et la juxtaposition des couleurs et des nuances, la proportionnalité et l'étendue des effets, etc., sont à observer aussi bien dans les imitations artistiques que dans l'art proprement dit.

Mais tous les genres matériellement réalisables par l'une et l'autre de ces grandes branches ne leur conviennent pas au même degré. La peinture arrive à peine aux effets de quelques étoffes spéciales; les plus grands artistes, les coloristes les plus célèbres, n'ont vraiment rendu avec une certaine vérité que les tissus et les draperies qui n'ont qu'un reflet particulier, à couleurs vives, et c'est là sans doute le motif pour lequel ils réussissent mieux les moires de soie et les velours que les soieries unies et brillantes. Quant aux lainages en général, et aux lainages plus ou moins foncés à surfaces sillonnées ou grenues qui *éteignent* la lumière en l'absorbant, nous les avons vus rarement exécutés avec leurs caractères vrais dans un tableau.

Le tissage n'est pas plus heureux, en général, lorsqu'il veut absolument rivaliser avec l'art et qu'il cherche à rendre une tête humaine, par exemple, avec ses nuances parfois si délicates et l'expression qui constitue la physionomie. Nous n'avons certes pas l'intention d'amoindrir la valeur artistique des anciennes tapisseries et des magnifiques produits livrés de nos jours par les Gobelins. On pourrait nous répondre par l'admiration qu'ils excitent à chaque grande exposition. Si, au lieu de nous occuper d'un ouvrage concernant nos grandes industries courantes, nous avions la prétention de parler de cet établissement exceptionnel, nous commencerions par ajouter nos éloges à ceux dont le personnel de cette manufacture a été si souvent le digne objet, tout en maintenant notre observation sur la difficulté de faire rendre à des tableaux exécutés par une palette formée de fils de couleurs les effets obtenus par la peinture. N'ayant pas l'intention de discuter cette question, nous nous bornerons à signaler ici un seul fait, parce qu'il ne doit pas tenir à notre organisation individuelle et que d'autres ont dû également le remarquer. Les toiles de nos grands maîtres gagnent à être examinées de près, la vérité des détails apparaît alors d'une façon plus saisissante. Pour les tableaux en fils il faut au contraire se placer à une certaine distance, pour que l'illusion cherchée par les œuvres de ce genre se produise. Vus de trop près, les contours perdent de leur précision, et, malgré toute la perfection du mariage des nuances et on y remarque toujours une certaine crudité de tons particulière à ce genre de travaux. Cette différence tient évidemment aux matériaux employés dans les deux cas. Les moyens du peintre sont d'une délicatesse infinie, offrent une ressource de retouches et de dégradations impossible par l'entre-croisement de fils dont les plus fins sont relativement d'une grosseur considérable. Il faut donc, pour atteindre le degré de perfection particulier aux Gobelins, faire un véritable tour de force. Néanmoins, malgré toute la science et l'art qui concourent à ces travaux, ils sont frappés d'une cause de dépréciation résultant de l'effacement irrégulier des tons; car non-seulement les nuances passent inégalement en raison des différentes substances, laine et soie, du tableau (depuis quelque temps ces mélanges n'ont plus lieu), mais en raison de la forme cylindrique et de la torsion des fils, dont les parties sont plus ou moins exposées aux agents naturels, à l'air et à la lumière. Enfin les tableaux tissés ou brodés, étant hygrométriques, sont sujets à goder de la façon la plus fâcheuse, lorsqu'ils ne sont pas constamment dans des conditions atmosphériques convenables.

Si pour des établissements exceptionnellement organisés, comme les Gobelins, où la question économique ne doit être que secondaire, on rencontre des difficultés réelles lorsqu'il s'agit de concourir avec l'art pur, il devient évident que l'industrie doit chercher sa voie ailleurs et éviter ces copies serviles et onéreuses. Le seul genre artistique imité parfois jusqu'ici, avec un rare bonheur, par l'industrie du tissage est la gravure en taille-douce. Les galeries du Conservatoire possèdent un portrait de Washington, tissé en soie par la maison Mathevon de Lyon, qui est un véritable chef-d'œuvre; mais ici il ne s'agit que du blanc et du noir, sans aucune autre nuance, et de fils d'une finesse aussi grande que la soie peut la donner.

Ce qui prouve que, même les objets où l'on ne fait pas intervenir les éléments dont l'emploi présente les imperfections relatives des fils de laine teints, c'est la réussite douteuse dans l'exécution de beaucoup de tissus de soie genre taille-douce, dont peu sont irréprochables.

Ces articles ne forment d'ailleurs que des produits exceptionnels, dont l'exécution est en général provoquée par quelque circonstance accidentelle ou par un événement historique. Les façonnés du genre courant dans lesquels les effets sont caractérisés et spécialisés peuvent se diviser, en raison de leur destination et de leurs dimensions, en tapis et tentures, en étoffes pour vêtements de femmes et en tissus pour habillements d'hommes.

Ces catégories comprennent à leur tour les tapis et tentures de grandes et petites dimensions, les étoffes pour robes, manteaux et châles, et enfin les articles variables avec les saisons auxquelles ils sont destinés. Est-il nécessaire de faire remarquer que les tissus pour vêtements de femmes sont susceptibles d'ornementations que ne comportent pas ceux destinés aux hommes; que, dans les premiers, les dessins variant encore en raison de la destination, ils ne seront pas, pour l'étoffe drapée en plis plus ou moins amples, les mêmes que ceux destinés aux habillements ajustés? Pour les écharpes et les châles, par exemple, les effets peuvent être plus étendus, plus compliqués que sur les tissus employés aux vêtements dont il vient d'être question; il est toutefois difficile d'indiquer des règles fixes à ce sujet, attendu que certaines ornementations, impossibles avec la mode d'un moment, peuvent au contraire s'appliquer à une autre époque : c'est ainsi que le genre de façonné convenable aux robes étalées et tendues sur des cages rigides devient moins avantageux aux robes plus ou moins traînantes. La mode elle-même, malgré son empire tyrannique, aura à compter et à se modifier pour les tissus chez les femmes d'un goût épuré. Cette considération est vraie même pour les étoffes et les dessins les plus simples, comme pour les tissus quadrillés écossais, par exemple, qui perdent leur grâce s'ils ne sont convenablement employés. Ces dessins, en pantalons et gilets, ont eu une certaine vogue momentanée, surtout chez les Anglais et les anglomanes, mais ils n'ont pu passer à l'état d'articles de nouveautés courantes qu'en se modifiant de manière à devenir presque insensibles par la substitution des petits carreaux aux grands, et des tons doux et fondus aux couleurs et aux nuances éclatantes. Si de ces dessins nous passions à d'autres petits effets simples, tels que les pois, les mouches, les trèfles, les étoiles, etc., des remarques analogues leur seraient applicables. Ils sont possibles pour certains vêtements, et du plus mauvais effet pour d'autres. Ce serait une erreur de supposer que l'art du dessin n'est profitable qu'aux étoffes dites *haute nouveauté :* plus les motifs sont simples et moins leur choix et leur exécution souffrent de médiocrité. Les soins apportés à tous les détails de ces sortes d'articles en font souvent le principal élément de succès. Nous citerons à l'appui de ce fait une spécialité dans laquelle l'industrie anglaise excelle, celle désignée sous la dénomination de *linen drills*, comprenant les coutils pour vêtements, les piqués, les rayés, les quadrillés, les satins, les brillantés, les grains d'orge, les œils de perdrix, etc., et dont la perfection se révèle dans tous les éléments qui réalisent un ensemble irréprochable. Ils se font remarquer par le bon goût des petits dessins, les rapports de réduction entre la chaîne et la trame; les combinaisons des armures sont telles, que les effets mats et brillants des parties unies et en relief sont rendus de la façon la plus heureuse. Aussi cette branche de la fabrication anglaise, digne d'être étudiée, jouit-elle, à juste titre, d'une grande réputation de supériorité. Il nous semble que les fabricants de lainages, pour vêtements d'hommes surtout, pourraient trouver là quelques instructions et d'heureuses inspirations, tout aussi bien que dans les échantillons de la soierie.

Les bases fondamentales de tout dessin se réduisent à très-peu de figures primitives. Elles sont toujours composées de points, de lignes, de triangles, de rectangles carrés ou longs, de cercles, de polygones, etc., mais qui peuvent se combiner et s'assembler de façon à produire les variétés infinies que donne le kaléidoscope. Or, il en est de simples, de sobres, de compliquées, d'originales et de bizarres; le choix à faire est souvent embarrassant : si c'est un petit effet isolé qu'on recherche, la symétrie et l'harmonie des contours susceptibles d'être rendues avec précision par une armure déterminée mériteront en général la préférence. Pour des dispositions plus compliquées destinées à des tapis et à des tentures, ou à des étoffes pour dames, les compositions et la comparaison d'esquisses diverses deviennent indispensables; le choix a une valeur réelle lorsqu'il s'agit de la forme et des contours d'un effet, et à plus forte raison s'il doit être rendu par des couleurs.

Il y a pour l'emploi de celles-ci certaines règles positives résultant de l'observation consacrées à juste titre par le bon goût, et dont la science a su indiquer les lois. Les guides les plus sûrs, en pareille matière, sont cependant encore les plus intéressés à son influence; aussi les femmes de goût ne s'y trompent-elles pas. Bien longtemps avant que la science n'ait expliqué l'action réciproque du voisinage de telle et telle couleur ou nuance, elles avaient érigé certains faits en principes immuables qui, ceux-là, ne sont jamais transgressés ni même discutés. Qui oserait méconnaître la vérité de cet adage? *Le jaune est le fard des brunes et le bleu celui des blondes*. Mais à côté de ce *précepte*, il est beaucoup d'autres règles de la même valeur, moins classiques, et dont la divulgation et la vulgarisation auraient le même sort au profit de l'agréments des yeux. On verrait moins souvent alors de ces toilettes qui offusquent la vue, plus encore par l'union *contre nature* de certaines nuances que par leur éclat et leurs tons. Nous tromperions-nous, en disant que l'un des éléments de succès de nos grandes artistes parisiennes dans la confection des toilettes féminines dépend autant de ces connaissances approfondies concernant le mariage des couleurs et la savante fusion des tons, que de l'art de la coupe et des moyens techniques pour corriger les erreurs de la nature? Les observations et comparaisons journalières jointes au goût inné de certaines d'entre elles leur permettent de faire des prodiges d'harmonie en restant sobres dans la variété des tons, simples malgré les répétitions des mêmes dessins, et surtout en appropriant les parures *au sujet*. Un manufacturier, célèbre à Paris et à Lyon pour la création de ses nombreux articles de goût dans la nouveauté, avait toujours le soin de soumettre ses échantillons, avant de les produire, à quelques-unes de ces couturières habiles; il leur devait, nous disait-il, une partie de ses succès industriels.

Un de nos savants les plus autorisés a publié, en 1839, des études sur cette délicate question de la combinaison des couleurs. Le remarquable ouvrage, *De la loi du contraste des couleurs et de ses applications*, de M. Chevreul, n'est peut-être pas assez répandu. Il met en lumière bien des faits encore insuffisamment connus, et en explique d'autres généralement admis plutôt par une espèce d'intuition que par le raisonnement et la démonstration. On ne se fait pas toujours une idée nette de cette remarquable loi du contraste des couleurs; aussi le savant directeur de la teinture des Gobelins fait-il remarquer que le principe qui lui sert de base est l'inverse du principe du mélange; ainsi, lorsque le jaune et le bleu mélangés font du vert, une surface jaune, vue juxtaposée à une étoffe bleue, paraît plus orangée, et celle-ci paraît plus violettée. Les tons sont également modifiés dans ce cas ; si les deux couleurs juxtaposées sont à des tons différents, la plus foncée paraît plus foncée qu'elle ne l'est en réalité, et la plus claire paraît également plus claire que si elle était vue isolée. Ce sont ces modifications que l'auteur a nommées *contraste simultané des couleurs* dans le premier cas, et *contraste simultané des tons* dans le second.

Il n'est pas absolument nécessaire que les couleurs soient juxtaposées pour que les modifications se manifestent ; elles se produisent encore à distance, mais d'une manière moins sensible, de même que dans les couleurs contiguës l'effet va en s'affaiblissant, en partant de la ligne tangentielle qui réunit les deux couleurs. Si les couleurs appartiennent à des gammes différentes, elles nous affectent comme si la complémentaire de l'une s'ajoutait à l'autre[1].

M. Chevreul cite les dix-sept observations suivantes à l'appui de cette loi :

[1] Il n'est peut-être pas inutile de dire ici qu'on entend par *couleur complémentaire*, celle qui n'entre pas dans le mélange nécessaire pour former certaines autres, toutes, excepté le rouge, le jaune et le bleu, dites *couleurs primitives*, étant, en effet, formées par la combinaison binaire, deux à deux, ou ternaires, trois à trois, de celles-ci, sont des couleurs composées ; le blanc et le noir sont considérés plutôt, la première comme jouant le rôle de lumière et la seconde celui d'ombre, que comme des couleurs proprement dites. Ainsi, la couleur complémentaire du vert, formé d'un mélange de jaune et de bleu, est rouge. Celle de l'orangé, obtenue par du rouge et du jaune, est bleue ; le jaune est la couleur complémentaire du violet, formé de bleu et de rouge, et ainsi de suite. La *gamme* est l'ensemble des dégradations que peut présenter une même couleur modifiée par l'addition du blanc, du noir ou d'une partie d'une autre couleur assez faible pour que la couleur principale domine toujours. Les *tons* sont les modifications subies par une même couleur en y ajoutant du blanc ou du noir ; la première abaisse et la seconde rehausse le ton. Enfin, les *nuances* sont les modifications apportées à la couleur pure par l'addition d'une autre.

Couleurs mises en expérience d'intensités égales autant que possible.

N°	Couleurs		Modifications.
Nos 1.	Rouge	juxtaposés	tire sur le violet.
	Orangé		— le jaune.
2.	Rouge	—	— le violet, ou est moins jaune.[1]
	Jaune		— le vert ou, est moins rouge.
3.	Rouge	—	— le jaune.
	Bleu		— le vert.
4.	Rouge	—	— le jaune.
	Indigo		— le bleu.
5.	Rouge	—	— le jaune.
	Violet		— l'indigo.
6.	Orangé	—	— le rouge.
	Jaune		— le vert brillant, ou est moins rouge.
7.	Orangé	—	— le rouge brillant, ou est moins rouge.
	Vert		— le bleu.
8.	Orangé	—	— le jaune, ou est moins brun.
	Indigo		— le bleu, ou est plus franc.
9.	Orangé	—	— le jaune, ou est moins brun.
	Violet		— l'indigo.
10.	Jaune	—	— l'orangé brillant.
	Vert		— le bleu.
11.	Jaune	—	— l'orangé.
	Bleu		— l'indigo.
12.	Vert	—	— le jaune.
	Bleu		— l'indigo.
13.	Vert	—	— le jaune.
	Indigo		— le violet.
14.	Vert	—	— le jaune.
	Violet		— le rouge.
15.	Bleu	—	— le bleu.
	Indigo		— le violet froncé.
16.	Bleu	—	— le vert.
	Violet		— le rouge.
17.	Indigo	—	— le bleu.
	Violet		— le rouge.

Les modifications signalées dans ce tableau démontrent surabondamment qu'il ne suffit pas, pour obtenir un effet façonné, de déterminer et d'apprécier isolément les couleurs et les nuances, il faut pouvoir prévoir les modications que leurs voisinages et leurs juxtapositions leur feront subir. L'ignorance de ces faits peut causer bien des étonnements et des embarras. On peut, au contraire, faire son profit de ces connaissances pour la production de certains articles. La juxtaposition de duites de couleurs différentes, ou l'alternance des nuances dans l'ourdissage, conduiront à des effets plus ou moins heureux et sensibles en raison de la réunion des couleurs choisies. Les modifications seront, en effet, toutes choses égales d'ailleurs, d'autant plus marquées dans les juxtapositions, que la couleur complémentaire qui s'ajoute à chacune d'elles en différera davantage; lorsque la différence de la complémentaire sera peu sensible, c'est-à-dire si sa couleur est identique à celle à laquelle elle est juxtaposée, les modifications se borneront à une augmentation d'intensité de couleur.

Certains effets de tissage, produisant surtout dans les étoffes à reflet, telles que les soieries, des apparences changeantes dites gorge de pigeon, résultent en général de la juxtaposition de deux duites de nuances différentes, elles donnent des exemples pratiques du phénomène de l'action réciproque de leur contact. Les couleurs des tissus les plus remarquables par leur éclat et leur vivacité tiennent en général à l'assemblage rationnel du fond et de la partie façonnée. On arrive au maximum d'effet sans fatiguer l'œil, en donnant au fond, autant que possible, la couleur complémentaire des dessins. Il suffit d'indiquer les principales complémentaires entre elles pour s'assurer de ce fait. Sont complémentaires l'une de l'autre : *le rouge et le vert, le bleu et l'orangé, le violet et le jaune verdâtre, l'indigo et le jaune orangé*. Il y a donc en général avantage à réunir ces couleurs qui se rehaussent en quelque sorte réciproquement.

Nous ne citons ces faits que pour faire comprendre la valeur des connaissances qui les éclairent et les avantages que la pratique peut en tirer ; c'est au moyen des ouvrages spéciaux seulement que le sujet peut être approfondi avec l'intérêt qu'il mérite. Nous en avons dit assez pour justifier les principes précédemment énoncés sur l'assemblage des nuances dans la toilette. Le bleu, étant la couleur complémentaire du jaune orangé, d'où dérivent le blond des cheveux et la carnation de la peau, sera, par conséquent, parfaitement approprié à la toilette des blondes. Le rouge orangé et le jaune, contrastant par la couleur et le brillant avec le noir, et avec les couleurs complémentaires de ces nuances, qui sont le violet et le vert bleuâtre, sont les plus fréquemment et les plus rationnellement adoptés par les brunes. Et lorsque des personnes fraîches et roses emploient des couleurs également roses, elles ont en général le soin d'interposer du blanc, afin que les deux mêmes teintes rosées, qui ne sont pas complémentaires et qui produiraient un effet désagréable, ne réagissent pas directement l'une sur l'autre. Le blanc interposé, par son ton grisâtre résultant de la réflexion de la lumière et des ombres, est avantageux à l'harmonie générale. Dans les lainages, où les effets éclatants et les grands dessins sont rarement recherchés, l'application du mariage des couleurs complémentaires n'est pas toujours avantageuse, si elle n'a lieu avec soin et intelligence, pour limiter délicatement certains contours. On fait usage au contraire, de couleurs plus ou moins foncées, à des degrés diversement nuancés par la proportion des teintes qui entrent dans le mélange de chacune d'elles. Les nuances foncées pour vêtements d'hommes pour la saison d'hiver sont en général moins mélangées que les teintes claires pour habillements légers d'été; le noir et le blanc jouent dans ces derniers un assez grand rôle. Les conséquences de leur emploi sont constantes et indépendantes de l'état dans lequel se trouve la matière au moment où les couleurs sont appliquées. Tantôt elles sont obtenues par l'emploi de la matière tinctoriale primitive; tantôt c'est par le mélange des filaments teints diversement, et quelquefois c'est en juxtaposant les fils de couleurs différentes au tissage. C'est ainsi qu'un vert plus ou moins foncé, par exemple, peut s'obtenir également, par une certaine proportion de bleu et de jaune, aux préparations et au filage, ou en tissant successivement deux duites, l'une jaune et l'autre bleue. Ce dernier procédé n'est guère applicable que pour les couleurs mélangées à proportions égales, et pour des fils très-fins, comme dans la fabrication des châles, par exemple.

Voici d'ailleurs deux tableaux des couleurs les plus usitées dans les lainages, avec les proportions des différentes nuances qui les composent :

Couleurs foncées pour hommes.

Pensée	95	pour 100.
Gris perle	5	
Victoria	60	—
Lapis-lazuli	40	
Bleu de France	30	—
Violet	30	
Victoria	40	
Lapis	95	—
Amarante	5	
Victoria	90	—
Lilas	10	
Pensée	50	—
Bleu de France	50	
Bleu vif	80	—
Violet	20	
Victoria	60	—
Violet	35	
Orangé	5	

Nuances claires pour la saison d'été.

Blanc	65	
Gris perle	25	pour 100.
Noir	5	
Amarante	5	—
Blanc	50	
Noir	15	
Perle	25	—
Violet	5	
Orangé	5	
Blanc	50	
Noir	35	—
Violet	15	
Blanc	65	
Noisette	25	—
Amarante	10	
Blanc	40	
Noir	25	
Bleu	10	—
Violet	20	
Amarante	5	
Blanc	65	
Violet	25	
Noir	5	—
Amarante	5	
Blanc	65	
Gris perle	30	—
Violet	5	

Ces proportions dans les mélanges réalisés usuellement ne s'éloignent pas sensiblement de ceux reconnus les plus avantageux par les observations précises. Elles démontrent, en effet, que les assortiments les plus satisfaisants que l'on puisse faire avec les blanc, noir et gris, sont les suivants :

Blanc et bleu clair ;
Blanc et rose ;
Noir et bleu ;
Noir et violet ;
Noir et rouge ;

Gris et bleu;

Gris et violet;

Gris et orangé.

Or, les recettes manufacturières citées précédemment sont plus ou moins assorties avec les couleurs précédentes *rabattues*, c'est-à-dire mélangées d'une certaine proportion de noir ou de gris.

Ainsi, par exemple, les victoria ou bleus violettés ne sont que des bleus orangés mêlés de noir, ou des gris teintés de rouge, etc.

Pour les grands façonnés en laine, tels que les châles cachemires, on emploie en général six couleurs fondamentales, trois primitives ou simples, le rouge, le jaune et le bleu, dont on forme le rose, le vert et l'orangé, composés binaires; le noir et le blanc, combinés à leur tour entre eux en diverses proportions aux couleurs précédentes, donnent les gammes du gris, du bleu, du rouge brun, de l'orangé, du rose. Le nombre des fils de diverses teintes couramment en usage s'élève ainsi à une vingtaine environ. Rien ne serait plus facile que d'augmenter ce nombre en multipliant les nuances par des dégradations à proportions plus variées encore. L'harmonie des tons n'en serait que plus parfaite; mais alors chaque effet demanderait le concours d'un nombre de fils plus grand, et par conséquent, une plus grande dépense de cartons et entraînerait à une plus notable quantité de déchets par la production du façonné connu sous le nom de système au *lancé*. Cette considération va devenir plus claire dans le paragraphe suivant.

§ 4. — Des modifications de nuances obtenues par l'entrelacement des fils au tissage.

Pour comprendre le résultat économique et les effets variés que les connaissances précédentes permettent de réaliser parfois, il faut indiquer au moins succinctement, par quel artifice du tissage sont exécutés les divers genres de façonnés. Dans l'industrie courante, les figures, sujets, effets quelconques plus ou moins étendus et nuancés, sont toujours obtenus par l'entre-croisement d'un plus ou moins grand nombre de systèmes de fils (chaînes et trames), qui s'entrelacent, en général, à angles droits. Que l'un ou l'autre système ou tous les deux soient composés de plusieurs chaînes ou de plusieurs trames agissant pour arriver à des effets divers suivant les cas déjà mentionnés, le principe des entrelacements ne change pas : il reste conforme à ce qui est pratiqué pour les articles les plus simples formés d'une chaîne et d'une trame seulement. Nous pouvons donc les prendre pour exemple, pour caractériser les divers systèmes par lesquels on produit les façonnés. Ils sont désignés sous les noms : 1° de façonné par la trame; 2° de façonné par la chaîne. Le façonné par la trame comprenant le travail du tissage, *au lancé*, *au broché, spouliné* et *crocheté*, on pourrait y ajouter la broderie à la main et mécanique, qui trouvera une place plus rationnelle dans un autre traité.

Tous les façonnés obtenus par les effets précédents sont bien réalisés par la combinaison des effets de chaîne et de trame, mais toujours dans ces cas la trame remplit les fonctions de la palette, c'est par les diverses couleurs. tons et nuances des duites successives entrelacées aux points voulus et déterminés à l'avance, que les contours et le coloris sont exécutés. Cependant on ourdit quelquefois la chaîne par branche ou rayures de fils de couleurs différentes, afin d'obtenir certains effets par leur concours et d'économiser d'autant le nombre des nuances de la trame. C'est ainsi que grâce à l'ourdissage multicolore des châles, on arrive avec trois trames de couleurs différentes à former six effets divers.

Dans les façonnés par la chaîne, dont les velours et les peluches bouclés ou coupés sur le métier à tisser offrent le type le mieux caractérisé, ce sont les fils de la chaîne qui remplissent les fonctions de la palette ; ils déterminent les teintes et les nuances partout où ils recouvrent la trame, qui alors n'est employée que pour former le fond ou la charpente en quelque sorte.

Dans l'un et l'autre cas, pour les effets de chaîne comme pour les effets de trame, il est avantageux de connaître les conséquences du mélange et de la juxtaposition des couleurs. On arrivera ainsi à ne réunir au contact que celles dont le contraste est favorable, et à produire des dégradations de tons d'une façon économique. En chassant, par exemple, successivement une trame noire et une blanche, on obtiendra du gris dégradé par moitié ; si on chasse deux blanches contre une noire, le gris sera plus clair ; dans le cas contraire, avec deux duites noires contre une blanche, la teinte sera plus foncée, etc. Il en sera de même pour toutes les couleurs binaires et ternaires. Et lorsqu'au lieu de duites ce sont les fils de la chaîne qui forment la palette, les résultats resteront les mêmes si l'on opère d'une manière identique. Seulement ces modifications ont moins d'importance au point de vue économique pour les façonnés à effets de chaîne que pour ceux produits par la trame du système au lancé. Les raisons en sont évidentes, il suffit de dire un mot du principe de ce système pour les faire saisir.

Quelque peu étendue que soit la partie façonnée sur la largeur d'un tissu, il faut néanmoins dans le travail au lancé, de beaucoup le plus employé, se servir, sur toute la largeur de l'étoffe, d'autant de fils de trame qu'il y a de couleurs dans le dessin. Supposons une pièce de 2 mètres de largeur, et un ensemble d'effets façonnés de cinq couleurs, par exemple, embrassant seulement $0^m,50$, il faudra néanmoins chasser, pour chaque répétition, 5 duites sur 2 mètres, et employer, par conséquent, 10 mètres de fils, dont l'effet utilisé occupe seulement un espace de $0^m,50$, et qui ne devrait absorber que $0^m,5 \times 50 = 2^m,50$; il y a donc, dans ce cas, $7^m,50$ de fils inutiles à l'effet, qui doivent passer de l'envers d'une lisière à l'autre à l'état de *brides*, pour certains articles dont l'enlevage devient indispensable dans d'autres. Ces déchets payent à peine les frais du découpage. Ce procédé présente une grande perte de matières, et un défaut dans la solidité du tissu. Il y a donc un intérêt considérable aussi bien sous ce rapport qu'au point de vue de la multiplicité des éléments, du lisage, des cartons, etc., surtout pour les effets un peu compliqués, à produire un maximum de résultats avec un minimum de couleurs. De là les nombreuses recherches faites, dans les grands façonnés et surtout dans la fabrication des châles et dans l'article pour meubles, pour économiser le nombre des tons, et arriver à dégrader par le mariage rationnel des nuances. L'ourdissage en fils de couleurs différentes est venu, comme il a été dit plus haut, aider à la solution du problème. Le *brochage* est, au contraire, caractérisé par l'emploi des fils de trame seulement aux points où ils doivent apparaître. Si c'est par exemple une petite ligne de 0^m,10 sur la largeur du tissu de 2 mètres, on insérera la duite entre les fils qui comprennent ces 0^m,10; s'il y a plusieurs *chemins*, c'est-à-dire plusieurs lignes semblables à exécuter de place en place sur la même largeur, on passera successivement de l'une à l'autre, après avoir coupé et arrêté chacune de ces longueurs à ses 0^m,10. Ce travail est pratiqué, en général, à la main, quelquefois au moyen de petites navettes, *sepoules* ou spoules, de là le nom de *spoulinage*. Parfois c'est avec des broches portant les fils enroulés, que l'entrelacement a lieu; c'est ainsi qu'on opère aux Gobelins et dans l'Inde pour certains articles, de là sans doute le nom de *brochage*. Lorsque les petites duites tissées de cette façon ne sont réunies que par un entrelacement simple, c'est du *spouliné ordinaire*; mais lorsqu'elles se réunissent à leurs extrémités par une espèce d'agrafement rebouclé, on le désigne sous le nom de *crochetage*. Les châles de l'Inde sont, en général, exécutés par ce dernier mode d'entrelacement. Il peut servir à les distinguer au besoin des imitations de ce genre.

Ces explications suffisent pour faire comprendre les avantages et les inconvénients des divers systèmes. Le *lancé* a l'avantage de la simplification et de l'économie du travail, mais d'être limité à un certain nombre de couleurs, au delà desquelles les dépenses s'élèvent trop, et de n'avoir pas, en général, toute la solidité désirable. Le *broché*, quels que soient les moyens perfectionnés employés ou proposés jusqu'ici, est toujours plus onéreux de production, mais permet d'user d'un nombre indéterminé de nuances, sans augmenter sensiblement les frais, et présente plus de solidité tout en supprimant le déchet du découpage.

Les détails concernant ces divers moyens ne peuvent être abordés ici, et sont réservés au *Traité général du tissage*. Toutefois, il est un appareil brocheur primitif, depuis longtemps employé dans les cotonnades façonnées, qui n'est pas connu dans l'industrie des lainages, si nous en jugeons par son absence complète dans les fabriques de ce genre, et qui pourrait y rendre des services, nous voulons parler du *plongeur* employé en Picardie pour brocher des petits effets, nous croyons par conséquent devoir le faire connaître.

§ 2. — Appareil plongeur, ou boîte à brocher les petits effets, pour faire les mouchetés, ou imitation du plumetis.

Les figures 3, 4 et 5, pl. XXXIII, donnent les différentes vues de l'appareil, qui ne peut être appliqué qu'à produire de petits effets en relief. La figure 3 est une vue extérieure de la boîte ; elle est creuse et a ses parois latérales divisées sous formes de dents D ; leurs parties inférieures se terminent en pointes pour leur permettre de pénétrer plus facilement entre les fils de la chaîne, comme on le voit en A′A′, coupe (fig. 5). Cette boîte, fermée à ses deux bouts, est ouverte à sa partie supérieure pour recevoir l'espèce de râtelier à couvercle H, H, muni des cloisons ou palettes P représentées en coupe, ce râtelier entre librement dans la boîte (fig. 3), afin de pouvoir prendre un mouvement de translation de droite à gauche et, *vice versa*, de gauche à droite.

Lorsqu'il s'agit de se servir de ce système, on commence par le garnir de ses canettes, en un nombre en rapport avec les réductions et les effets à produire. Ces canettes sont de petits cylindres creux O O (fig. 4 et 5). La bobine de fil qu'ils contiennent est enroulée à l'avance sur un moule ou axe au moyen d'un petit rouet, puis entrée avec une certaine force dans son étui cylindique, ou encore, montée sur une broche, comme l'indique la figure 4, d'où il suffit de la défiler par une de ses extrémités. Lorsque les canettes sont ainsi placées dans leurs positions respectives, l'extrémité de chacun des fils attachée à un fil correspondant de la chaîne et le plongeur maintenu au-dessus, on introduit le couvercle pour pouvoir, en lui faisant prendre un mouvement latéral, le transmettre aux petits cylindres. En admettant que des faisceaux de la chaîne destinés à concourir au dessin soient levés et les cylindres ou canettes placés à leur gauche au moyen des palettes P, si on plonge la boîte dans la chaîne ouverte, chacun des groupes de fils levés entrera dans un vide correspondant de la boîte; en imprimant alors une action de gauche à droite au couvercle, toutes les canettes *o* passeront sous les fils levés et se trouveront à droite des entailles. On lève alors la boîte au-dessus de la chaîne, et on lance une ou deux duites de fond pour recommencer ensuite la même opération, en continuant à repousser les cylindres-canettes à gauche des dents avant de plonger de nouveau l'appareil entre les fils de la chaîne. On peut produire, au moyen de ce petit appareil d'un prix très-modique, un certain nombre d'effets subordonnés aux mouvements de translation dans les deux sens, en largeur et en longueur; les premiers sont réalisés par l'action du couvercle sur les canettes, et les seconds par le déplacement de toute la boîte dans la direction de la chaîne. On peut exécuter de cette façon des ornements susceptibles de rivaliser avec certains travaux à l'aiguille, surtout sur des étoffes destinées aux vêtements de femme.

CHAPITRE XVIII.

MÉTIERS A TISSER LES FAÇONNÉS, ET OPÉRATIONS PRÉPARATOIRES.

Dans le système qui vient d'être décrit, et dans tous les métiers d'armures, quel que soit le nombre de lisses mis en jeu, leurs effets sont toujours restreints relativement à ceux des façonnés en général : en effet, on ne peut réaliser, dans les métiers à lisses, que les dessins possibles avec des lignes droites, dont chacune aurait la longueur de l'étendue correspondant aux fils contenus dans chaque lisse. Il n'est par conséquent pas possible d'arriver à former une figure composée d'une suite de points, telle qu'un cercle, par exemple. Pour atteindre ce résultat, il est indispensable d'agir au besoin sur chaque fil isolément, et dans un ordre variable quelconque à chaque coup de trame. Soit une chaîne composée de 1,000 fils, numérotés de 1 à 1,000, il faut pouvoir soulever, s'il est nécessaire, l'un quelconque aux passages de la trame, et laisser tous les autres en repos, ou encore lever le millième et abaisser simultanément les 999 autres, et faire l'inverse dans la course suivante, c'est-à-dire reproduire le même angle que dans la course précédente, mais en soulevant, par exemple, le premier fil et en laissant tous les autres en repos, ou encore en abaissant ces derniers pendant que le premier se lève. De cette façon, si nous supposons la trame composée de fils noirs et la chaîne de fils blancs, on obtiendrait, par l'entrelacement de ces deux duites successives, un point noir à la lisière près du n° 1, et un autre près de celle du fil n° 1000. Nous citons ces exemples qui ne se présentent jamais en pratique, seulement pour faire comprendre les exigences extrêmes du problème. Il est résolu actuellement d'une façon si remarquable et si simple, qu'une fois le métier monté, ces effets exceptionnels pourraient être réalisés par des variations continuelles du même genre, sans autre effort et application du tisserand que s'il tissait du drap lisse ou de la toile. Il lui suffit en effet d'appuyer le pied sur la pédale ou marche unique de son métier, comme dans l'opération la plus ordinaire, pour exécuter en quelque sorte d'une façon inconsciente, les dessins les plus variés et les plus riches.

Ce résultat presque phénoménal est obtenu par l'addition à l'un des métiers ordinaires que nous connaissons, d'un mécanisme qui n'est pas plus compliqué que le clavier d'un piano; mais là s'arrête l'analogie, car il faut être plus ou moins musicien pour se servir du piano, tandis que les dessins d'un tissu sont réalisés par une action mécanique quelconque. Pour atteindre ce but on fait correspondre tous les fils de la chaîne à un levier unique en interposant entre ces fils et leur levier un moyen pour soustraire à volonté à l'action du levier tel ou tel fil, dans tel ou tel ordre, à chaque course de la trame.

Le principe général sur lequel repose le tissage façonné se compose, par conséquent, de deux parties : 1° d'un métier ordinaire avec un mécanisme additionnel spécial dont les éléments ne varient pas ; 2° d'une disposition particulière pour chaque cas, d'un moyen auxiliaire pour faire varier à chaque coup de trame la relation des fils avec le levier unique destiné à les faire mouvoir.

Autrefois ces fils étaient tirés à la main avec une lenteur et une fatigue dont il a été souvent question avant et depuis que Jacquart, en suivant les errements de Vaucanson, eût définitivement délivré l'industrie de ce moyen barbare et compliqué. L'invention qui a si justement illustré le nom de Jacquart donne à volonté l'étoffe la plus simple ou la plus riche en dessins. Son application est universelle et indépendante de la nature des fils. Ses résultats et son usage s'étendent chaque jour, dans les industries les plus modestes et dans les plus grandes exploitations. Son application permet de travailler à la main ou automatiquement, à volonté.

Quoique les opérations préparatoires précèdent le tissage, on ne peut bien comprendre le principe qui leur sert de base sans avoir compris les éléments dont se compose le métier Jacquart : nous passons par conséquent à sa description.

Métier Jacquart. — La figure 8, pl. XXXIV, représente une coupe verticale de profil du mécanisme qui constitue l'invention perfectionnée de Jacquart, telle qu'elle est généralement appliquée. Cette disposition, placée à la partie supérieure d'un métier ordinaire, le complète de façon à lui faire réaliser toute espèce de tissu façonné. L'appareil se compose de la répétition d'un plus ou moins grand nombre d'éléments en rapport avec celui des fils de la chaîne et de l'étendue des effets à produire. Examiné isolément, chacun d'eux se compose d'une aiguille verticale recourbée à ses extrémités *a* et *b*, (de là le nom de *crochet*) recevant un ou plusieurs fils horizontaux de la chaîne à sa partie inférieure, et d'une *aiguille* horizontale *h* avec un œil *o* pour y laisser passer le crochet vertical. Ces deux éléments sont solidaires, de façon à ce qu'un mouvement de translation imprimé dans sa direction à l'aiguille fasse dévier le crochet de la verticale en l'inclinant d'une petite quantité. La partie supérieure recourbée du crochet repose sur une lame *l* transversale, fixée à chacune de ses extrémités dans une pièce X qui peut prendre un mouvement vertical de va-et-vient. L'aiguille horizontale *h*, dans laquelle passe ce crochet, est maintenue dans son plan à sa partie antérieure par son passage dans un trou correspondant d'une pièce ou planche I convenablement divisée, et à sa partie postérieure dans une espèce de coulisse pratiquée dans la pièce fixe E. Le fond de cette petite coulisse est garni de petits ressorts en cuivre semblables à ceux dont on se servait autrefois dans la confection des bretelles élastiques. Lorsque l'aiguille est placée dans les deux orifices aboutissant à ses extrémités et le ressort abandonné à lui-même, elle a la position horizontale, et le crochet est maintenu verticalement : sa partie supérieure recourbée repose alors sur la lame *l*. Si on soulève à ce moment la pièce X, la lame et son crochet monteront ; mais, si on appuie au préalable sur l'aiguille horizontale *h* pour la repousser dans la coulisse de la pièce E E′, on fera suffisamment incliner le crochet pour le soustraire à l'action de la lame *l*, qui, soulevée par la pièce X, laissera le crochet en place. Les choses resteront en cet état, l'aiguille horizontale pressant sur son élastique et le crochet dévié, jusqu'à ce que la pièce X redescende, le ressort, par son élasticité naturelle, réagira alors sur l'aiguille pour la faire revenir à sa position initiale et ramener le crochet sur sa lame. On comprend que si ce crochet communique d'une façon convenable à un ou plusieurs fils de la chaîne, ils suivront ses mouvements. Si au lieu d'un crochet on suppose qu'il y en ait un certain nombre dans une rangée reposant sur une même lame, et autant d'aiguilles d'une disposition identique à celle dont nous venons de parler, leur jeu sera simultané, si l'action est la même sur toutes les aiguilles correspondantes. Si au contraire, certaines de ces aiguilles sont repoussées tandis que les autres sont abandonnées à elles-mêmes, il s'en suivra que les crochets levés et les fils correspondants seront soulevés, tandis que ceux déviés des aiguilles restées en place seront sans mouvement. On a donc ainsi un moyen pour soulever un certain nombre de fils et en laisser un certain nombre au repos, et pour former l'angle nécessaire à l'incorporation de la trame. On remarquera encore que le mouvement et le repos des fils peuvent se réaliser dans un ordre quelconque. On peut à volonté les soulever ou les laisser en repos tous simultanément, ou n'en soulever qu'un à une place quelconque, ou n'en laisser qu'un, et cela suivant qu'on opérera sur tels ou tels crochets, à chaque action de la lame de la pièce. C'est là le caractère distinctif de cette ingénieuse combinaison, et sa différence tranchée avec le mode d'action des lisses, où il faut faire mouvoir simultanément un nombre de fils d'autant plus grand que celui des lisses est plus limité. Avec deux, la moitié des fils de la chaîne se meut en même temps ; avec trois c'est le tiers ; avec quatre, c'est le quart, et ainsi de suite. Mais lorsqu'il faut les faire agir par petits faisceaux isolés dans un ordre quelconque, il est idispensable d'arrêter au préalable, par un tracé spécial, les rapports entre les entre-croisements de la chaîne et de la trame et l'ordre des mouvements de la première ; nous allons examiner les moyens conventionnels adoptés à cet effet.

§ 1. — Mise en carte.

La mise en carte, dont le principe a déjà été exposé, est une opération intermédiaire du tissage, appartenant en partie aux beaux-arts et en partie à l'industrie. Elle peut être considérée comme toute spéciale aux tissus façonnés. En effet, elle a pour but de faire à l'avance le portrait, qu'on nous passe l'expression, de l'étoffe qu'on veut créer, de rendre par conséquent sur le papier, autant que possible, tous les effets auxquels la quantité plus ou moins considérable de fils qui entrent dans un dessin tissé doivent concourir. On conçoit donc que l'on peut s'en dispenser pour des articles dont les combinaisons de croisements de fils sont assez limitées pour pouvoir facilement figurer au préalable leurs résultats ; mais elle devient indispensable pour *le tissage historié*. La mise en carte doit non-seulement donner les tons du sujet à tisser, mais également reproduire avec une précision mathématique les places de tous les fils qui doivent entrer dans l'étoffe dont elle est la représentation. Elle peut donc, en quelque sorte, être aussi considérée comme une espèce de lever de plan topographique où les points les plus déliés sont indiqués avec la plus grande exactitude.

Pour y arriver, on a recours au moyen suivant : on indique toutes les positions relatives des fils de la chaîne et de la trame dans la figure qu'on veut tisser, en la dessinant sur un papier quadrillé, de telle sorte que les interlignes verticaux figurent les fils de la chaîne, et les horizontaux ceux de la trame. En coloriant ensuite le dessin avec les teintes qu'on lui destine, on jugera facilement à l'avance de l'effet qu'offrira l'étoffe fabriquée, lorsqu'elle n'est pas modifiée par le foulage. C'est ce tracé produit sur le papier quadrillé qu'on a désigné sous le nom de *mise en carte*. Le dessin ou l'esquisse étant arrêtée, on divise sa surface en petits carrés qui doivent servir de points de repère pour la transporter sur la mise en carte[1]. Le nombre des petits carrés sur l'esquisse doit, par conséquent, être en rapport avec celui des grands du papier quadrillé nécessaire à la mise en carte du dessin. La figure 1, pl. XXXV, donne un exemple de dessin mis en carte, exécuté sur un papier quadrillé dit

[1] L'invention de la mise en carte remonte à 1770 ; elle est attribuée à Revel, peintre d'histoire assez médiocre, qui eut, le premier, l'idée de reproduire des fleurs sur les étoffes, et qui, après quelques essais, arriva aux moyens pratiqués aujourd'hui pour la mise en carte. L'idée de colorier la mise en carte se présenta bientôt. On en fit usage dès 1774, et on la doit à Philippe de la Salle.

du 10 en 10. On voit, en effet, que chaque carré principal est subdivisé en 10 parties sur chacun de ses côtés; ce sont les carrés principaux qu'on avait d'abord tracés sur l'esquisse de grandeur naturelle. Chacun des petits carrés occupe la place d'un fil; les interlignes horizontaux représentent les fils de la trame, et les verticaux ceux de la chaîne. La réduction du tissu, c'est-à-dire le rapport entre les nombres des fils de la chaîne et de la trame pour l'unité de mesure, étant déterminée, on comptera donc chaque petite division comme l'un de ces fils, et on indiquera sur le papier quadrillé la place de chacun d'eux dans le dessin à exécuter, comme on le voit figure 1. Il suffit de donner une teinte enluminée ou plus foncée à l'une des séries, à la trame par exemple, pour se rendre compte de la quantité de fils qu'elle embrasse. Comme chaque petit carré ne représente qu'un seul fil et qu'ils occupent toujours un espace bien plus considérable que celui qui leur est réellement nécessaire dans le tissu ou dans le dessin exécuté de grandeur naturelle, il en résulte que la mise en carte exige une surface plus considérable que celle du dessin exécuté; leur rapport est dans la proportion de l'intervalle des carrés à la distance entre les fils. Si donc la grandeur d'un carré est deux fois la distance entre les fils du tissu, la mise en carte occupera une place double de celle de la figure à tisser; ce rapport est généralement plus grand.

Il n'y a rien d'absolu dans la division des papiers quadrillés, on peut les faire établir suivant le besoin et les variations des réductions. Cependant on se sert le plus communément de celui dont chaque division principale forme un carré parfait divisé en 10 autres plus petits; c'est ce qu'on nomme du papier de 10 en 10, et la surface contient, par conséquent, 100 divisions. Les papiers quadrillés existent dans le commerce en différentes grandeurs, et portent les numéros 1, 2, 3, suivant les réductions. Ceux ayant les plus grands interlignes servent aux tissus dont les fils sont les plus gros ou les plus espacés. On distingue ensuite des divisions

De 8 en 5,
De 8 en 6,
De 8 en 20,
De 10 en 12,
De 12 en 15.

Au lieu de diviser le papier en carrés parfaits, on le divise en rectangles. Les nombres ci-dessus indiquent le rapport des côtés. Comme on emploie autant que possible les papiers réglés en correspondance avec les réductions en trame et en chaîne, si l'unité de surface, le centimètre carré, par exemple, renferme autant de duites que de fils de chaîne, il est clair qu'il faudra se servir de papier dont le nombre de carrés de la base sera égal à celui de la hauteur, afin de représenter plus fidèlement la configuration des fils tels qu'ils seront disposés dans le tissu; si les réductions varient, il faudra choisir un numéro et des di-vi[illegible]s le plus possible en rapport avec cette variation.

[illegible]t de convention d'énoncer toujours en premier les nombres présentant les fils de la chaîne; la désignation d'un papier de 8 en 10 indiquera donc que le rapport des fils de la chaîne à ceux de la trame sera : : 8 : 10, et ainsi de suite. — Le papier réglé en petits carrés n'est pas le seul employé pour la mise en carte. On se sert assez souvent, surtout pour la fabrication des châles, de papier briqueté. Les divisions, au lieu de représenter des carrés parfaits, sont des rectangles offrant la figure de petites briques disposées comme elles le sont ordinairement dans la maçonnerie, c'est-à-dire joints sur plein et *vice versa*. Cette modification du papier de mise en carte permet de *lire* deux cordes à la fois, d'économiser par conséquent la moitié du lisage et d'apporter par suite une économie proportionnelle dans le montage du métier[1].

[1] Pour tout ce qui concerne cette partie complexe de l'art, voir le *Traité général du tissage*.

La mise en carte ne servant que comme moyen intermédiaire au tissage du dessin, pour désigner d'une manière exacte et détaillée les points où les fils de la chaîne et de la trame doivent être vus ou cachés, et indiquer tous les contours à déterminer dans leurs entrelacements, il s'agit maintenant de démontrer comment on parvient à résoudre le problème posé, c'est-à-dire comment on réalise ce que demande la mise en carte.

Remarquons d'abord que tous les points foncés ou noirs marquent les fils de la trame ou les parties du tissage dans lesquels elle doit être apparente, tandis que tous les autres, d'une nuance plus claire, désignent la chaîne.

Il faut donc que tous les fils de la chaîne correspondant aux points noirs soient recouverts par la trame, et que celle-ci soit cachée par les fils de la chaîne apparents. Il est nécessaire par conséquent que, dans le premier cas, les fils de la chaîne soient baissés ou restent immobiles pour se laisser recouvrir par la duite en cet endroit, tandis que dans le second ils doivent être soulevés, pour laisser passer la trame au-dessous d'eux; le travail se borne, d'après cela, à faire mouvoir ces différents fils aux places déterminées par la mise en carte. Quant au passage de la trame, il reste toujours le même; à chaque course, la duite traverse toute la largeur de l'étoffe. Les effets variés qu'elle produit ne proviennent que du plus ou moins grand nombre de fils sur ou sous lesquels elle passe : seulement, lorsqu'il s'agit de tramer en diverses couleurs, on emploie autant de *canettes* qu'il faut de nuances, en ayant soin de bien observer leur ordre, tel qu'il a été indiqué par la lecture du dessin.

Pour pouvoir faire agir au besoin, d'une manière indépendante, tous les fils de la chaîne, chacun d'eux est fixé à une aiguille verticale (la description des métiers à tisser a démontré comment la communication est effectuée). Chacune de ces aiguilles a par conséquent son petit carré correspondant sur la mise en carte; toutes celles dont les places correspondantes indiquent l'apparence des fils de la chaîne seront actionnées avec des crochets qui y sont fixés; il est évident que l'effet sera obtenu, puisque les fils qui n'auront point été levés se laisseront recouvrir par la trame.

Mais on conçoit que s'il fallait opérer en manœuvrant chaque fil à la main, le travail deviendrait long, compliqué, coûteux et sujet à bien des erreurs; aussi a-t-on trouvé depuis bien longtemps des moyens plus sûrs et surtout plus économiques. Ils ont été graduellement perfectionnés; nous indiquerons, pour le moment, le principe sur lequel est basé celui qui est exclusivement employé aujourd'hui et qui constitue l'élément principal de l'invention de Jacquart, précédemment annoncé. Il consiste dans une bande de carton sur laquelle sont marquées toutes les places des aiguilles qui portent les fils de la chaîne; cette bande est percée de petits trous à tous les points où ils doivent être soulevés, tandis qu'on laisse le carton intact aux points où il s'agit de les laisser immobiles, pour laisser voir ceux de la trame. On perce ainsi, pour chaque duite, autant de bandes de cartons qu'il y a de couleurs dans cette duite.

L'ensemble des cartons nécessaire au nombre des couleurs sur une même ligne, est désigné sous le nom de *passée*.

Si maintenant on présente une bande de carton ainsi préparée en regard des aiguilles de la chaîne, il s'ensuivra que celles correspondant aux petits trous les traverseront et resteront dans leurs positions, tandis que celles qui rencontreront des parties pleines seront repoussées par le plus léger effort, et feront par conséquent dévier les fils qu'elles portent. La course de la trame, ne variant pas dans sa direction rectiligne horizontale, les recouvrira nécessairement, et on obtiendra de cette façon une ligne du dessin, celle tracée sur une rangée des petits carreaux pour une couleur. Si donc on a autant de bandes de cartons semblables qu'il y a de rangées de petits carrés et de couleurs dans le dessin, et qu'on les présente successivement aux aiguilles dans l'ordre indiqué par la mise en carte, on exécutera tout le dessin de la même manière; chaque carton est pour ainsi dire la matrice nécessaire pour former la partie du dessin comprise dans la largeur d'une duite.

Les choses ne se passent pas tout à fait ainsi dans le métier à la Jacquart : les communications de mouvements entre les cartons et les aiguilles sont mieux appropriées, comme nous le verrons lorsque nous décrirons la machine; nous ne voulons ici que bien faire saisir le principe de cette ingénieuse invention.

L'opération préparatoire pour arriver au percement des cartons dans l'ordre exigé par la mise en carte, est nommée *lisage;* les moyens en usage ont été considérablement perfectionnés depuis l'emploi du métier à la Jacquart, dont ils sont devenus une conséquence forcée; les machines à lire sont aujourd'hui à la hauteur du métier lui-même, par les remarquables combinaisons mécaniques qu'elles présentent et par les importants services qu'elles rendent. L'une des plus complètes est représentée fig. 2, 3, 4 et 5, pl. XXXV. Son principe repose sur celui du métier Jacquart lui-même; nous y reviendrons par conséquent plus loin.

Lorsque le dessin est lu, on procède au montage du métier à tisser, c'est-à-dire qu'on dispose la chaîne sur l'ensouple de derrière; on la déroule ensuite pour exécuter le remettage des fils, l'assemblage des lisses ou des maillons avec les parties qui doivent les faire mouvoir, la distribution de ces fils entre les dents du peigne du battant, pour aller enfin la fixer au cylindre ensouple du devant. L'exécution de ce travail est fort délicate et demande une connaissance parfaite de tous les organes du métier, surtout lorsqu'il s'agit de produire des effets compliqués, ce qui n'est guère le cas de la draperie lisse. Il est donc rationnel de revenir immédiatement à la description du métier universellement employé à tisser les articles façonnés.

Métier Jacquart. — Rappelons que toutes les aiguilles verticales *a*, ou crochets, qui sont en nombre égal à celui des *arcades*, ou ficelles auxquelles les fils sont attachés, reposent à leurs extrémités supérieures, sur autant de lames fixes *l* qu'il y a de rangées d'aiguilles. Il y a autant de ces crochets verticaux, et par conséquent d'aiguilles horizontales correspondantes, que de trous dans la planche d'arcade P ; ils sont disposées en rangées dans le même ordre et en rapport avec celles de la planche à collet *c*, D. L'inspection de la coupe (fig. 8), suffit pour démontrer l'ensemble de la disposition des crochets, des aiguilles, des lisses et des planches. Les aiguilles horizontales *h* entrent toutes par l'une de leurs extrémités dans les creux ménagés dans une espèce d'étui fixe formé par des diaphragmes assemblés par un boulon K, qui traverse les deux pièces E, E que l'on peut démonter à volonté. Il y a autant de ces creux qu'il y a de rangées d'aiguilles horizontales, et dans le fond de chacune d'elles on a disposé le ressort mentionné précédemment. Ces vides sont destinés à recevoir une partie courbée des aiguilles horizontales et toutes sont passées dans une tige verticale. Les parties étant dans l'état que nous venons de décrire, démontrons par quel artifice les aiguilles horizontales sont repoussées et, par suite, comment les crochets verticaux correspondants laissent les fils en repos ou les font travailler.

En regard de l'étui se trouve un prisme carré en bois R, percé d'autant de trous qu'il y a d'aiguilles; chacun de ces trous correspond à une aiguille ; contre les faces du prisme viennent se présenter successivement des bandes de carton *t*, *t*, dont chacune a une largeur égale à l'un des côtés du rectangle, et se trouve percée par des trous aux places correspondant aux aiguilles horizontales des crochets qui doivent être soulevés. L'ensemble des trous représente donc le nombre de crochets verticaux à soulever sur la même ligne, et par suite, ceux nécessaires à faire mouvoir pour former la partie d'un dessin comprise dans une duite. On voit en un mot, que les cartons sont percés de façon que les trous correspondent aux crochets et aux fils à soulever, les parties pleines du carton aux crochets et aux fils qui doivent rester immobiles.

En effet, les aiguilles horizontales qui se présenteront aux trous pénétreront dans le prisme, et les crochets correspondants resteront sur leurs lames respectives pour être soulevés. Celles, au contraire, qui rencontrent les parties pleines du carton, seront repoussées dans les creux contre les ressorts, et les crochets verticaux qu'elles portent seront enlevés des lames *l* et laisseront les fils qui y sont attachés en repos.

Il nous reste à indiquer maintenant comment s'opèrent les mouvements et leurs différents temps.

Toutes les lames horizontales inclinées *l*, *l* sont assemblées à la pièce mobile X déjà indiquée et constituant la *griffe*, pouvant monter et descendre des deux côtés dans des coulisses à l'intérieur de petits montants. Cette partie mobile X porte une pièce en fer A terminée par un galet G. Lorsqu'elle monte, et cette pièce avec elle, la roulette G est obligée de s'appuyer contre les courbes du ressort *o*, dont l'extrémité d'une des branches est fixée contre le levier qui porte le prisme et les cartons, et peut prendre un mouvement autour du point V. L'ensemble de ce système, levier et ressort, est nommé *la presse*. Lorsque le galet G en montant exerce une pression contre la courbe *o*, il force le prisme à s'écarter des aiguilles et à prendre alors la position indiquée par les lignes ponctuées, fig. 8. Lorsqu'au contraire la griffe redescend, le levier et le prisme reviennent de nouveau à leur position primitive, indiquée par la figure en lignes pleines.

La commande générale du métier est des plus simples. L'ouvrier en posant le pied sur une marche, fait enrouler une corde autour d'une poulie, et fait tourner le petit arbre sur ses tourillons *r*. Celui-ci porte deux petits manchons dans des boîtes, autour desquelles s'enveloppent les chaînes ou courroies attachées à la griffe X, qui reçoit par conséquent son mouvement ascensionnel et enlève les crochets qui n'ont pas été repoussés par le prisme R et son carton. Pendant que la griffe monte, l'ouvrier chasse la navette comme à l'ordinaire et bat la trame par le battant. On laisse redescendre le système; lorsqu'il est revenu à sa position primitive, les ressorts de l'étui E, E, agissant sur les aiguilles horizontales, font par conséquent prendre la direction verticale convenable à leurs crochets correspondants.

Mais à chaque mouvement c'est un nouveau carton qui se présente pour repousser les aiguilles dans l'ordre voulu. Afin que cette succession de cartons se fasse bien régulièrement, ils sont enlacés les uns aux autres, de manière à former une chaîne sans fin, comme on le voit en *t* dans la figure 8. Cette espèce de chaîne a à ses extrémités des trous, dans lesquels s'engagent de petites cames ou pedones que porte le prisme. Le quart de révolution que ce prisme lui-même doit faire pour présenter un nouveau carton est commandé par des mâchoires ou loquets articulés qui le saisissent par des fuseaux disposés à son extrémité. Cette impulsion est donnée par une corde passant sur une petite poulie qui se trouve sur l'arbre du levier de la presse.

Nous ne nous arrêtons pas aux autres dispositions de ce métier, qui n'offrent rien de particulier.

Lisage, exécution et perçage du carton. — Si on a bien saisi ce qui précède, on aura compris le mouvement des crochets et des fils de la chaîne qui y sont attachés dans l'ordre voulu, et qu'à chaque ascension de la griffe correspond l'entrelacement d'une course de la trame ou *duite*, résultant du carton et des positions relatives des pleins et des vides qui y sont pratiqués. Toutes espèces d'étoffes, les plus simples aussi bien que les plus compliquées, pouvant être exécutées par ce moyen, examinons le cas le plus facile, celui du tissage d'un article uni fond de toile. Supposons, par exemple, une chaîne de douze cents fils numérotés suivant l'ordre naturel des nombres. Pour réaliser l'armure en question, il faudra former à chaque mouvement un angle dont le côté supérieur est alternativement formé avec les fils pairs et impairs, et *vice versa* pour le côté inférieur; la trame chassée dans l'ouverture de l'angle près du sommet ainsi formé s'entrecroisera de la façon voulue avec les fils de la chaîne. Supposons que la garniture du métier se compose de quatre cents crochets. On fixera trois fils à chaque crochet; tous se trouveront ainsi répartis entre le nombre total de la garniture. Les choses étant ainsi disposées, on prend deux bandes de carton de la largeur occupée par les aiguilles et on marque par des points et des nombres, de 1 à 400, aux places correspondant à chacune d'elles, conformément à la méthode de Jacquart à l'origine de son invention. Cela fait, il suffira de percer sur l'un de ces cartons toutes les places des numéros pairs, et sur l'autre celles des impairs, puis de les présenter successivement en avant des aiguilles avec une certaine pression et d'opérer chaque fois le mouvement ascensionnel de la griffe avec ses crochets, pour que l'angle nécessaire au tissage de la toile s'effectue. Maintenant, s'il s'agissait d'un sergé de trois, ou d'un croisé, ou d'un satin, on y arriverait de la même façon par trois, quatre, cinq ou un plus grand nombre de cartons convenablement percés. Il suffit d'avoir autant de cartons que l'armure à exécuter nécessite de marches. Mais les cartons et le métier Jacquart sont rarement employés pour des articles aussi simples, nous ne les mentionnons que pour faire bien saisir le principe du perçage des cartons.

Règle générale : il faut autant de cartons que de coups de trame pour réaliser un effet ou dessin donné. Ces cartons, dont chacun a la surface exacte du prisme R, percé d'autant de trous qu'il y a de crochets dans la garniture, sont assemblés sous forme de chapelet ou de chaîne sans fin, dans l'ordre où ils doivent agir, et placés ainsi sur le prisme, dont la révolution les présente chacun à son tour. Lorsqu'il y en a peu pour réaliser un sujet, comme dans les dessins de la draperie, après les avoir découpés tous aux dimensions voulues, on les place et les serre un à un entre deux plaques ou matrices métalliques de la mesure de l'une des surfaces du prisme, et dont la supérieure est percée d'autant de trous semblablement disposés et espacés que le prisme en a lui-même. Puis avec un poinçon on perce les trous aux places correspondant aux aiguilles qui ne doivent pas être déviées, c'est-à-dire à celles où les crochets doivent soulever les fils de la chaîne. On se rappelle que ces points sont déterminés par la mise en carte, placée sous les yeux de l'opérateur. Mais lorsqu'un dessin exige un grand nombre de cartons, la méthode dont nous venons de parler serait beaucoup trop lente et sujette à des erreurs, aussi a-t-on imaginé les moyens plus expéditifs que nous allons indiquer.

Lisage au xemple et perçage accéléré. — Au lieu de manœuvrer un poinçon à la main pour percer les trous un à un sur chaque carton; supposons un appareil analogue à un métier Jacquart garni d'un nombre de ficelles égal à celui des crochets du métier, et l'extrémité de chacune de ces ficelles convenablement tendue sur un rouleau T à la partie inférieure, et sur des petits cylindres *r*, *r* à la partie supérieure. La figure 2 présente une coupe verticale du système. A chaque ficelle est attaché un poinçon, de façon à ce qu'en agissant sur toutes ou sur certaines d'entre elles, on agisse simultanément sur leurs poinçons. Si on presse contre ceux-ci un carton, on percera par conséquent en même temps tous les trous qu'il doit recevoir, et on y ménagera les parties pleines à réserver. Le travail dont nous venons de parler est scindé en deux périodes : la première comprend le *lisage* proprement dit, c'est-à-dire la séparation des ficelles dans l'ordre voulu pour établir leur relation convenable avec les poinçons, et la seconde a pour but de fixer les ficelles aux poinçons et d'exécuter le perçage.

Opération du lisage. — Sur un bâti vertical (fig. 2) sont tendues verticalement autant de ficelles que le dessin à réaliser comprend de fils de chaîne *c*, *c*, par raccord, le lisage consiste à exécuter sur ce jeu de gros fils nommé *xemple*, les entre-croisements a réaliser. Supposons qu'il s'agisse de tisser le dessin déterminé par la mise en carte figurée en *a*, *b*, *a' b'*, fig. 4, pl. XXXV. On place cette carte devant le bâti E, E, D, D du xemple, dans une fente pratiquée à cet effet dans la traverse *x*, *y*, où elle peut glisser; on commence par la remonter jusqu'à la première ligne quadrillée *a*, *b*, correspondant à la première duite du tissu à former. Les teintes des carrés indiquent les fils qui doivent être soulevés, et les vides correspondent aux fils de la chaîne qui doivent rester en repos ou en fond, dans le tissage de cette course de la trame. Il s'agit donc de les séparer en deux parties distinctes pour les faire concourir différemment au résultat. On y arrive en prenant à la main toutes les ficelles correspondant aux carrés teintés d'une ligne, et en établissant entre les deux plans ainsi formés par une rangée de ficelles, un gros fil transversal ou *embarbe*, *e*, *e*. En agissant successivement de la même manière pour chaque ligne du haut en bas du dessin, on simulera le tissu à exécuter sous la forme d'un gros canevas, attendu que les ficelles *c*, *c* sont maintenues dans l'ordre voulu par les baguettes d'enverjure *g*, *g'*. Lorsqu'une carte est lue sur le xemple, il suffit de mettre les extrémités supérieures *l*, *l* des ficelles en rapport avec des poinçons correspondant à chacune d'elles; en les tirant, on agira sur leurs poinçons de façon à faire mouvoir dans une plaque disposée *ad hoc*, ceux destinés à percer des trous. On porte alors cette plaque sous une presse à balancier où les bandes de carton préparées aux dimensions voulues sont disposées;

un coup de levier percera simultanément tous les trous d'un carton. Cet effet est également produit par les machines à percer les cartons, dont nous allons décrire le système le plus complet.

Machine à percer les cartons.—La planche XXXV donne, fig. 2, une vue de profil; fig. 3 est une vue de face; fig. 5 et 6 sont des détails de la machine. Trois parties essentielles constituent le système : 1° le xemple X, vu de face dans la figure 4; il est donné ici de profil, et mis en rapport avec les poinçons; 2° une boîte à poinçons, vue en détail fig. 6; 3° une machine Jacquart J, dont les crochets communiquent également aux poinçons par des ficelles ou *arcades*. Le but de ce dernier mécanisme est de pouvoir reproduire les mêmes cartons à un nombre quelconque d'exemplaires. Cette reproduction, désignée sous le nom de *repiquage*, a par conséquent de l'analogie avec le *tirage* de l'imprimerie ordinaire.

La boîte Q contient un nombre de poinçons égal à celui des crochets de la machine; la disposition des uns est semblable à celle des autres. La figure 6, coupe verticale, n'en indique qu'une seule rangée de 12. Si on avait les cartons d'une mécanique de 408 crochets à percer, la boîte en contiendrait par conséquent 34 semblables. Chacun de ces poinçons *s* est maintenu verticalement dans une plaque P, P, que l'on voit en coupe à la partie inférieure des poinçons. A la partie supérieure, sur la tête de chacun d'eux, se trouve une tige horizontale *h* qui peut passer à travers un trou réservé dans une plaque I, I'. Cette dernière est disposée de telle façon que, lorsque la tige horizontale *h* la traverse, elle se trouve sur la tête d'un poinçon vertical correspondant et l'empêche de monter. Chaque pièce *h* se prolonge par une aiguille *g*, autour de laquelle se trouve un ressort R; il s'ensuit qu'en comprimant légèrement celui-ci, la tige *h* passera dans son trou correspondant de la plaque I, I' et empêchera le poinçon vertical qui se trouve au-dessous de monter. Si à cet instant on presse suffisamment un carton en *n*, *n*, *n*, sous le poinçon ainsi retenu, il sera percé, si, au lieu d'un, les ressorts en poussent simultanément un plus grand nombre en avant, il y aura autant de trous percés à la fois que l'on aura empêché de poinçons *s* de monter.

Assemblage du xemple avec les poinçons. — Les cordes du xemple sont fixées à leur extrémité supérieure à de petits crochets ou collets *t*, *t*, que portent celles *c*, *c*, tendues sur des séries de cylindres ou de petites poulies *r*, *r*, *r*, par des plombs *p' p' p'* pour les tenir verticalement. Il résulte de cette disposition un premier système de cordes enroulées d'un côté sur le cylindre T, et de l'autre, tendues par les plombs *p' p'*. A celui-ci vient s'en réunir un second ; chacune des petites cordes que nous venons de mentionner est attachée à une plus fine *c'c'*, qui passe sur une première série de cylindres *r'*, *r'*, pour se rendre sur une seconde *v*, *v*, en verre après avoir été fixée à une aiguille horizontale *h* correspondante ; elle se termine à sa partie inférieure par un plomb *p* destiné à la maintenir d'aplomb. Quant à la disposition de la machine Jacquart, elle n'offre rien de particulier, si ce n'est que chaque crochet communique à chacun des poinçons verticaux *s* par l'intermédiaire des aiguilles *h* attachées à une corde *l* qui passe sur le cylindre *v*. Ces cordes sont aussi tendues par des poids qui dans la figure se confondent avec ceux *p*, *p* ; mais il est essentiel de comprendre que chacune d'elles est fixée isolément de manière à recevoir un mouvement indépendant. Celles de la machine Jacquart sont équilibrées à leur autre extrémité par les plombs *p" p"*.

Il résulte de l'ensemble de cette disposition que les poinçons de la boîte Q communiquent en même temps avec les cordes *c*, *c* du lisage proprement dit, et avec celles *l*, *l* du repiquage. Au-dessous de la boîte, se trouve une plaque en fonte F qui peut glisser verticalement dans le montant du bâti lorsqu'on lui donne une impulsion au moyen du levier L, fig. 5, pour le faire tourner autour du point I.

Usage de la machine. — La bande de carton à trouer est placée en F sur la pièce de fonte mobile qui reçoit une plaque motrice percée d'autant de trous qu'il y a de poinçons, et disposée de manière à ce que chacun corresponde à l'un d'eux ; si après avoir soulevé un certain nombre de plombs *p*, *p*, qui agissent sur les cordes *c*, *c*, et les ressorts R, on fait monter la plaque F avec la bande, elle rencontre un même nombre de poinçons qui présentent une résistance, puisque tous ceux dont les plombs correspondants ont été soulevés ont reçu à leur partie supérieure les tiges horizontales qui les empêchent d'être repoussés verticalement et les forcent d'opposer une action suffisante pour percer le carton. La plaque inférieure F est munie de chaque côté d'espèces de guides entre lesquels la bande est placée, et qui s'engagent en même temps dans des trous correspondants de la pièce fixe P, fig. 3, pour la maintenir à sa place pendant le perçage, afin de pouvoir exécuter l'opération bien régulièrement et avec netteté.

Pour dégager le carton, on a disposé la partie P de manière à lui laisser prendre un léger mouvement de va-et-vient dans le but de faciliter son enlèvement.

La machine à lire que nous venons de décrire est dite *machine accélérée*, parce que le piquage des cartons a lieu avant leur enlevage. Parfois les machines ne servent qu'à disposer les poinçons au moyen des ficelles du xemple ; ces poinçons convenablement sertis dans des plaques matrices, sont portés avec celles-ci et le carton à percer sous une presse à balancier. Le travail a lieu alors moins rapidement lorsqu'on a un grand nombre de cartons à percer.

Lisage à touches. — Lorsque le nombre des cartons à percer n'est pas considérable, on se sert parfois d'une petite machine à lire et à percer simultanément qui a une grande analogie par sa disposition avec un piano, et qui pour ce motif a reçu le nom de *lisage à touches*. Si on suppose la mise en carte à la place du papier de musique et des poinçons à percer à la partie inférieure des touches, et celles-ci disposés de façon à ce qu'en appuyant sur l'une d'elles on perce un trou correspondant sur un carton placé au-dessous, on aura l'idée du principe. Quant aux détails de la machine, on les trouvera décrits dans notre *Essai sur l'industrie des matières textiles.*

Lisage électrique. — On a eu l'idée dans ces derniers temps de se servir du courant électro-galvanique utilisé à la télégraphie, pour établir ou interrompre au moment voulu les relations avec les poinçons à percer; ceux-ci, en communication avec une carte formée par des carrés en matière conductrice, les attirent dans une position spéciale où le mouvement d'une espèce de grille vient les retenir le temps nécessaire à la pression d'un carton contre leurs pointes. Cette idée nous paraît aussi pratique et aussi fructueuse appliquée à une opération lente et vétilleuse comme le lisage, qu'elle nous a paru peu avantageuse comme moyen de tissage, nous reviendrons en détail sur ces inventions dans le *Traité spécial du tissage*. Nous examinerons également alors les différents systèmes en présence pour substituer le papier ou d'autres substances aux cartons. Il y a là une question qui intéresse surtout le tissage des grandes nouveautés, telles que châles, soieries, damassés, etc., plutôt que les lainages drapés.

§ 2. — Métier automatique ou à la main avec mécaniques d'armures à lames multiples.

Lorsque le nombre des lisses ou lames nécessaires pour exécuter soit une armure fondamentale, soit un petit dessin, se multiplie, on ajoute au métier ordinaire à la main ou au métier automatique un mécanisme spécial chargé de faire agir les lisses dans l'ordre voulu. La disposition de ce mécanisme n'est pas toujours la même, ni combinée de la même manière sur le métier : tantôt c'est par une série de plateaux, espèce de poulies à gorges multiples placées à la partie inférieure du métier, que les lames sont commandées : c'est le système le plus généralement adopté par l'industrie anglaise : tantôt c'est à la partie supérieure à la place où l'on dispose ordinairement le mécanisme Jacquart; le plus souvent c'est au moyen de ce mécanisme réduit à la plus simple expression, dite *mécanique-armure*, que les petits façonnés sont tissés. Nous allons décrire une disposition assez simple, imaginée par M. Postel, et donner la construction du métier mécanique et du métier à la main exécutés par M. Bruneaux, de Rethel.

Description du métier, pl. XXXIV.

La figure 1 est une vue de face d'un métier mécanique sur lequel est appliqué le mécanisme d'armure.

La figure 2 est une section transversale par l'axe du même métier.

La figure 3 est une coupe longitudinale de la mécanique d'armure, dessinée sur une échelle double de la figure précédente.

La figure 4 est une section perpendiculaire de cet appareil.

La figure 5 montre en détail le mécanisme qui fait mouvoir le *roule à gorges*, moteur des armures.

La figure 6 fait voir un cadran indicateur, dont on se sert pour retrouver la trace d'une fausse duite ou d'un fil cassé.

Mécanique d'armures. — L'ensemble de cette mécanique forme un petit appareil complet, dont le bâti en fonte A est fixé sur une traverse B de même métal, assemblée au métier par des consoles B', que celui-ci soit un métier mécanique ou un métier à bras.

Cette mécanique commande les lames L du métier à tisser; elle est munie du roule H dans lequel sont pratiquées les gorges circulaires qui reçoivent les cames ou saillies en fer H'. L'axe de ce roule est porté par deux paliers fondus avec un petit châssis *h*, qui peut glisser à volonté sur le bâti principal A.

L'axe G, garni des poulies *g*, *g'*, sur lesquelles sont fixées les chaînes g^2, est porté par deux paliers dont on peut régler la position sur le couronnement B. Le châssis en fonte G' muni de la lame double c^3 formant griffe, qui doit enlever les crochets *c* ou *c'*, est commandé par les chaînes *o'* guidées par les poulies *o*; chacune des chaînes *o'* est terminée par une tringle filetée, attachée par des écrous à oreilles à la traverse F qui relie les chaînes g^2. Comme celles-ci sont attachées aux poulies *g'* fixées aux extrémités de l'arbre G (fig. 2 et 4), si l'on imprime un mouvement de traction à la chaîne *p* et à la poulie *g*, également fixée sur cet arbre (fig. 1), on produira la descente de la traverse F, et par suite l'ascension du châssis à griffe G', qui emmènera avec elle les crochets engagés sur la lame double c^3.

Le mouvement de traction de la chaîne *p* est obtenu de la manière suivante : Sur l'arbre moteur J du métier se trouve une came Q, qui agit sur le galet *q* de façon à faire osciller le levier P au point *p'*. Le levier P, oscillant de droite à gauche (fig. 1), entraîne avec lui la chaîne *p* fixée à la poulie *g*, laquelle fait tourner à son tour l'arbre G et par suite les poulies *g g'*, qui, enroulant les chaînes g^2, attirent la traverse F, en même temps qu'elles soulèvent le châssis à griffe G. Quand la came Q n'agit plus sur le levier P, ce châssis, par son propre poids, ramène tout le mécanisme à sa position normale.

Dans la position de repos, ce châssis à grille s'appuie sur le clavier D, qui porte autant d'aiguilles ou lames *d* qu'il y a de crochets doubles à commander, pour faire monter les lisses L. Chacune de ces lames *d* est constamment repoussée d'un côté par un ressort méplat *d'*, et de l'autre côté elle est munie d'une entaille dans laquelle pénètre une touche D' (fig. 3). Toutes les touches sont montées sur un axe commun *e*, et leur amplitude est réglée par la tringle e'. On pourrait également établir la tringle e' à la partie supérieure des touches D'.

Le roule H est commandé à chaque ascension de la griffe c^3 par le mécanisme suivant : un levier S (fig. 5), fixé sur le châssis de cette griffe, porte un galet s qui appuie à chaque descente sur le levier R', monté fou sur l'axe du roule. Le cliquet r, engagé dans une des dents du rochet R, s'abaisse aussi en entraînant par conséquent le rochet et le roule ; le ressort à boudin r' ramène toujours le levier P à la position élevée, de telle sorte que le cliquet puisse toujours aller chercher une dent du rochet.

On change le nombre des dents du rochet R suivant le genre de tissu qu'on veut produire ; pour cela, on fait varier la position du levier S sur la griffe, afin d'avoir la course voulue pour correspondre avec l'avancement du roule H.

Pour retrouver une fause duite ou l'endroit d'un fil de trame cassé, sur le devant du roule H est disposé un cadran divisé X (fig. 6) sur l'arbre duquel est fixée une aiguille double X', garnie de deux boutons. Aussitôt que le métier est arrêté par l'effet du désembrayage produit par le casse-trame, le tisserand doit regarder le chiffre où l'aiguille s'est arrêtée ; en tournant cette aiguille en sens inverse de son mouvement, jusqu'à ce qu'elle soit à deux divisions près de celle où elle était, le roule étant déplacé ainsi que les cames, on peut remettre le métier en marche et continuer le tissage juste au point où l'on était resté.

On peut produire instantanément un changement de dessin, en déplaçant longitudinalement le roule H ; dans ce cas, les touches D' viennent s'appuyer sur les cames des rainures immédiatement placées après celles dans lesquelles elles fonctionnaient primitivement. Ces déplacements et changements de dispositions peuvent avoir lieu presque instantanément.

Les dessins très-compliqués peuvent être obtenus très-aisément : il suffit simplement de substituer au roule H un cylindre de Jacquart avec les cartons nécessaires. La mécanique se comporterait exactement de la même façon en supprimant les touches D'; les lames *d* agiraient alors comme les aiguilles horizontales du Jacquart sur les cartons du cylindre, qui serait toujours mis en mouvement par l'ascension du châssis à griffe G.

Avec la disposition de la mécanique et des balanciers L' (fig. 1) montés sur un support *l*, on obtient le mouvement monte-et-baisse des métiers ordinaires, mais avec une course réduite de moitié. On a donc ainsi l'avantage de moins fatiguer les fils de la chaîne.

Pour obvier en partie au relâchement des lames lors de l'ascension du châssis à griffe G', la planche à arcades E monte, par l'effet de ressorts, jusqu'à la distance réglée par les écrous V (fig. 3). Ce relâchement est reconnu très-utile dans le tissage des laines pour que les nœuds de chaîne, les boutons et les fils faibles n'aient pas à résister aux lisses trop tendues. La mollesse des lames laisse passer toutes ces imperfections à travers l'œillet. Ce réglage de la planche, guide les lames selon la nécessité du plus ou moins de tension que l'on veut obtenir.

Le monte-et-baisse peut toujours être produit par le double mouvement de la traverse F et de la planche à arcades E. Dans ce cas, le crochet *c* est relié par des cordes aux lames par la partie supérieure *m*, tandis que ceux *c'* sont attachés aux balanciers L' et ceux-ci aux lames L par les baguettes *m'*.

L'auteur substitue quelquefois avec avantage le tirage, au moyen de fils de fer, des lames reliées aux crochets, aux ficelles, cordes, etc. A cet effet, les lames ou lisses sont garnies de pitons à crochet dans lesquels viennent aboutir les crochets des fils de fer reliés à la mécanique d'armures. Dans le cas de l'emploi de la mécanique Jacquart, il substitue aux lames L et aux balanciers L', des lisses et des poids. On en met alors un certain nombre à chaque lisse, et le châssis-griffe est construit de façon à excéder du double l'ensemble de ces poids, de telle sorte qu'une fois l'ascension de la griffe exécutée, cette dernière redescende par sa propre pesanteur en tirant sur les poids des lisses.

L'un des deux crochets étant toujours enlevé par la griffe, tandis que l'autre reste au repos, si c'est le crochet *c* qui est enlevé, la lame correspondante se lève; si c'est au contraire le crochet *c'*, la lame se baisse.

Dans le métier représenté sur le dessin, la chaîne N passe de l'ensouple sur un rouleau N', puis entre les lames L, et ensuite par le peigne du battant, pour aller s'enrouler en tissu sur le rouleau *n*, dont la rotation est obtenue par un régulateur ordinaire de métier à tisser; le rouleau *n'* appuie sur l'étoffe par la disposition du levier à contre-poids n^2 (voir fig. 2). Ce dernier mécanisme n'est pas absolument nécessaire, et on peut employer n'importe quel système d'enroulement.

Les épées de chasse I du battant oscillent sur l'axe *i* porté sur des supports qu'on peut relever ou abaisser à volonté, suivant le montage nécessaire au tissu qu'on veut obtenir.

Les figures 1 et 2 présentent quelques simplifications à remarquer. Ainsi : l'arbre à cames K ne porte plus que les excentriques *k*, qui font mouvoir les axes *k'* des fouets K'. Les cames de fonte, les marches, les grilles sont donc complétement supprimées. L'arbre à cames *k* est commandé par une roue Y montée sur l'extrémité et en dehors du bâti; elle engrène avec une autre roue calée sur l'arbre moteur J. Pour simplifier encore, on peut supprimer le rouleau R, et ne mettre qu'une traverse polie, qui servirait en même temps d'entretoise, pour relier les deux flasques du bâti du métier.

Le nombre de lames figurées sur le dessin est de 12, mais il peut être indéfiniment augmenté jusqu'à concurrence de 30 à 40, même plus, suivant les dimensions des métiers et les articles auxquels on peut faire l'application de cette mécanique à armures.

Afin de parer aux inconvénients qui résultent, pour certaines parties du mécanisme, des chocs produits par la marche des cames qui commandent les fouets K', l'extrémité de chacun des axes k' porte un petit plateau k^2 armé de dents. Un second plateau semblable, fondu avec les joues qui reçoivent le manche du fouet, est ajusté dessus et fortement boulonné; les efforts se trouvent donc répartis sur la série de dents des deux plateaux. On évite ainsi le déclavetage des organes de cette partie du métier, qui serait produit par les mouvements saccadés et successifs des cames de commande.

De même, la tête ou partie travaillante de chacune des cames K est rapportée et ajustée sur le moyeu, par une crémaillère circulaire ou couronne dentée qui donne exactement le même résultat que celui que nous venons d'énoncer plus haut, c'est-à-dire qui divise l'effort.

Le petit galet x, sur lequel agit la came K, est monté dans une coulisse pratiquée à la partie inférieure de l'axe k', de manière à faciliter le montage à la place qu'il doit occuper par rapport à cette came. On peut alors déterminer facilement le moment exact du coup de fouet.

L'axe k' repose à la partie inférieure, dans une crapaudine rapportée sur le bâti, et il est retenu à la partie supérieure par un collet également rapporté. Le régulateur, ou mouvement servant à faire enrouler progressivement l'étoffe au fur et à mesure de son tissage, est obtenu au moyen du mouvement d'une des épées de chasse.

Pour cela, l'épée porte un goujon qui pénètre dans la rainure d'un levier dont le point d'appui se trouve sur le bâti.

Ce levier est muni d'un cliquet qui agit sur la denture de la roue R qui donne le mouvement par un pignon à une série d'engrenages R', dont le dernier est monté sur le rouleau n.

Quant au mécanisme de désembrayage, il ne diffère pas sensiblement de ceux construits jusqu'ici; il obéit toujours au mouvement d'un casse-trame ordinaire qui fait arrêter le métier aussitôt qu'une duite se casse, ou ne passe pas.

On peut aussi arrêter facultativement la marche du métier, en faisant osciller le levier L du déclanchement, auquel est directement attachée la fourchette de désembrayage, qui sert à guider la courroie de commande sur les poulies.

L'application de la mécanique d'armures à un métier à la main permet de supprimer les marches, marchettes, contremarches, cordes, etc., en donnant la facilité au tisserand de se tenir assis sur un siége quelconque en dehors du métier.

Il évite ainsi la fatigue qu'il éprouvait, lorsqu'il était forcé de se tenir dans l'intérieur du bâti, pour donner le mouvement aux différentes marches en usage dans le tissage à la main.

Métier à bras. — La figure 7 montre cette disposition de la mécanique d'armures appliquée sur un métier à tisser non mécanique.

Les mouvements de la mécanique sont exactement les mêmes que ceux décrits pour le métier mécanique.

Ainsi, par exemple, le châssis à griffe G′ est enlevé par la même combinaison de chaînes ou cordes commandées par les poulies g g' de l'axe G, qui oscille dans les paliers fixés sur le couronnement B, supporté lui-même par des consoles B′.

Le mécanisme étant identique à celui de la mécanique d'armures décrit plus haut pour le métier mécanique, nous ne nous occuperons que de la commande produite par la marche du battant.

Sur la traverse T qui porte les épées de chasse I du battant, est rapporté un levier *i* dont on peut régler exactement la place. Ce levier reçoit l'extrémité d'une corde ou courroie J, se rattachant de l'autre bout à la poulie X, montée sur le même axe que la poulie X' qui commande le rouleau H à l'aide de la chaîne ou corde *x*.

Chaque fois que le tisserand rapproche le battant du tissu, la courroie J se détend, et le châssis à griffe G tombe par son propre poids à la partie inférieure, afin que les crochets puissent s'y attacher lors de l'ascension.

Le restant du métier est composé d'un simple bâti en bois, relié par des traverses qui servent en même temps de supports aux différents accessoires, tels que mouvement du régulateur pour l'enroulement de l'étoffe tissée, contre-poids formant freins, supports des rouleaux qui portent la chaîne, etc., etc.

Pour donner une idée de la manière d'obtenir les dessins qui indiquent la mise en rouleaux de telle ou telle étoffe, nous avons représenté, sur la figure 8, l'une des nombreuses combinaisons que l'on peut imaginer.

Ainsi, dans cet exemple, le dessin nº 1 permet d'obtenir des carreaux fantaisie par effet de trame ; par le dessin nº 2 on obtient des rayures diagonales, dessin ottoman. Ces deux modèles sont à 12 lames et 24 emmarchements.

Nous pourrions multiplier ces exemples, mais nous pensons que celui-ci suffit comme application de la description qui précède des dispositions particulières de l'appareil. Il est facile de comprendre que l'on peut, dans un certain ordre d'idées, varier les dessins des étoffes.

Quoique ce métier soit plus employé pour les lainages de la Picardie et du Nord que pour la draperie, nous l'avons néanmoins donné, parce que rien ne s'oppose à son application à cette dernière spécialité, où cependant les petits mécanismes Jacquart sont en général préférés, surtout dans le travail à la main.

CHAPITRE XIX.

DÉGRAISSAGE, ÉPINCETAGE ET RENTRAYAGE.

Dégraissage des pièces en écru. — Les fibres de la laine n'ayant été graissées que pour faciliter les opérations de la filature, et l'encollage des fils n'étant qu'un auxiliaire du tissage, le liquide gras, la colle et les impuretés entraînés accidentellement pendant les transformations devenant désormais un obstacle dans les opérations constituant les apprêts, il est nécessaire de débarrasser l'étoffe des substances qui masquent sa pureté, et de réparer les défauts provenant d'un travail imparfait ou de quelques accidents. L'épuration du tissu est produite par un dégraissage et un lavage, et l'*épincetage* et le *rentrayage* à la main sont chargés des réparations et de faire disparaître les imperfections que le produit peut présenter[1].

Le dégraissage doit donc rendre une toile de laine *ouverte* sur toute sa surface avec des lisières très-nettes et sans aucune odeur. L'entrelacement des fils doit être aussi apparent que dans un tissu ras quelconque. C'est assez dire que le feutrage doit être évité autant que possible dans le travail de l'épuration. Les moyens consistent dans l'emploi d'une substance liquide ayant

[1] Le dégraissage ne précède pas toujours le foulage pour les articles très-communs, où l'épincetage et le rentrayage n'ont pas besoin d'être parfaits, et encore pour les étoffes teintes en pièce et qui sont toujours blanches après le tissage et présentent, par conséquent, assez de facilité à la constatation des défauts à réparer ; on dégraisse et l'on foule simultanément, à cause de l'économie résultant de cette manière de procéder et surtout parce qu'elle ménage davantage la matière et la préserve plus sûrement contre l'action mécanique du foulage.

de l'affinité pour les corps gras dont le tissu est imprégné, dans des lavages pouvant entraîner les matières qui se forment dans l'opération et la colle préexistante. L'action mécanique à laquelle on a recours a pour but en même temps, d'imprégner plus sûrement et plus intimement l'étoffe du véhicule dégraisseur. Lorsque le liquide gras est une huile végétale quelconque insoluble dans les alcalis, on est obligé de se servir d'une bonne terre argileuse. On la délaye avec soin, et on s'assure qu'elle n'est mélangée à aucun corps dur étranger qui puisse détériorer le tissu. On ajoute parfois à la terre une certaine proportion de liquide alcalin, soit de potasse, de soude ou d'urine. La dissolution argileuse étant préparée, on la verse dans le fond de la dégraisseuse où les pièces à traiter ont été introduites sous la forme de toile sans fin, pour être entraînées par les rouleaux de la machine qui constituent l'organe principal de l'appareil fort simple que nous allons décrire.

Machine à dégraisser. — La figure 1, pl. XXXVI, donne une seule vue, une coupe verticale de la machine, suffisante pour la faire comprendre dans ses détails. Elle se compose d'une caisse rectangulaire A, B, C, D plus *ou moins* volumineuse, d'une hauteur d'environ 2^{m},60 à 3 mètres. Cette caisse est fermée de toutes parts. Une porte P à charnière *h* lui permet de s'ouvrir comme un volet, pour que l'on y introduise le liquide et l'étoffe. On y verse le premier au commencement de l'opération. Après y avoir engagé le drap, celui-ci est passé autour du cylindre L et assemblé aux deux extrémités de sa longueur, de manière à envelopper ce rouleau comme le ferait une toile sans fin flottante. Audessus repose un rouleau de pression L′ en contact tangentiel du premier. Le tissu se trouve par conséquent pressé entre eux, avec une intensité plus ou moins considérable résultant de l'action d'une vis agissant sur l'axe du presseur, et plus ordinairement d'un poids suspendu à l'un des bouts d'un bras de levier dont l'autre, recourbé, vient reposer et former frein sur le tourillon de l'arbre de ce cylindre L'. Les tourillons peuvent monter et descendre au besoin dans des coulisses, afin d'établir une distance entre les deux cylindres en raison de l'épaisseur de l'étoffe à dégraisser.

La longueur de ces cylindres sur le sens des génératrices est telle qu'on puisse y dégraisser deux et parfois trois pièces simultanément l'une à côté de l'autre. Le résultat est néanmoins plus régulier avec deux qu'avec trois draps, le contact étant difficilement le même sur les trois tissus.

Le diamètre des rouleaux dégraisseurs peut varier de 0^{m},70 à 1 mètre, et leur vitesse doit être de 45 à 50 tours à la minute; avec plus de rapidité, on déterminerait un commencement de feutrage qu'il faut éviter par les motifs susénoncés concernant la difficulté que présenteraient les opérations de l'épincetage.

La dégraisseuse reçoit d'un tuyau placé à sa partie supérieure l'eau propre lorsqu'elle devient nécessaire au lavage, et une valve à sa partie inférieure la fait écouler lorsque le dégraissage l'a sali.

On a déjà compris la marche de l'opération. Le tissu et le liquide argileux étant introduits dans l'appareil, la courroie passée sur la poulie placée sur l'arbre du rouleau L, pour le faire tourner et entraîner le cylindre par son contact avec C, l'étoffe est forcée de cheminer par ce mouvement d'une manière continue dans le liquide dégraisseur. De cette façon, elle reçoit la dissolution argileuse un peu alcalinisée quelquefois, et en est imbibée par une pression aussi énergique que possible à son passage entre les rouleaux de pression. Il se produit alors sous l'influence de l'action mécanique une véritable absorption du corps gras par la substance argileuse. La lenteur de l'opération est une preuve qu'il n'y a là qu'un effet de ce genre; il faut en moyenne pour une pièce de 40 kilogrammes, contenant au maximum 8 kilogrammes d'huile, *râper* le drap pendant quinze heures. Le travail est divisé en plusieurs périodes : on commence en général à faire marcher le tissu *en terre*, comme on dit, c'est-à-dire dans la dissolution argileuse, pendant quatre heures environ, puis on fait arriver de l'eau pure, et on le lave à grande eau durant une heure; on donne ensuite une seconde dissolution argileuse pendant six heures encore; on termine enfin l'opération par un nouveau lavage de quatre heures. On arrive ainsi aux quinze heures déjà annoncées, pendant lesquelles il faut dépenser une quantité considérable d'eau, qu'on ne se procure facilement que dans les établissements près des rivières, et dans les vallées, où la plupart des établissements de dégraissage sont relégués. Pour les dégraisseuses établies dans les manufactures des villes, on a cherché une disposition pour économiser l'eau. Dans ce cas, afin de ne pas mélanger l'eau pure qui arrive avec le bain et l'eau déjà salie, on place une espèce d'enveloppe à claire-voie, formée de latteaux, derrière le cylindre travailleur L, de façon à rejeter le drap en arrière, pour l'empêcher de se prendre sous ce cylindre et pour que l'eau propre arrivant l'atteigne directement avant de se mélanger au bain. Cette espèce de rouleau léger, nommé *volant*, est commandé par une poulie placée directement sur son axe; il tourne avec une vitesse un peu plus grande que celle des cylindres L, L', afin que l'effet recherché, d'éloigner la pièce du cylindre, soit plus sûrement atteint. Cette disposition, qui n'a pu se faire adopter par les usiniers qui ont de l'eau à discrétion, a l'inconvénient d'exiger un passage de 1^m,50 derrière la dégraisseuse pour pouvoir engager convenablement le tissu et de compliquer un peu une machine d'une grande simplicité. Malgré tous les soins et la réalisation des conditions exposées, le dégraissage est une opération délicate; il a été souvent l'écueil des centres de fabrication qui marchaient au second rang. Aussi prenait-on des précautions inouïes pour réussir; pendant longtemps et jusqu'à ces dernières années, on soumettait le drap à un trempage préalable dans l'eau courante.

On y a peut-être encore recours dans les usines placées près des cours d'eau. La pièce est alors exposée pendant huit ou dix jours dans la rivière et maintenue immergée dans sa longueur, en la fixant par l'une de ses extrémités autour d'un pieu. Quelquefois aussi on empile plusieurs pièces les unes au-dessus des autres dans un atelier pour provoquer un commencement de fermentation. En Angleterre, nous avons vu séjourner les tissus, il n'y a pas vingt ans encore, dans un mélange de fiente de porc, dont l'odeur empoisonnait tout le voisinage : le tout, répétons-le, pour enlever quelques kilogrammes d'huile à une cinquantaine de mètres de lainage. Tel était l'état des choses en général jusqu'au moment où nous avons fait appliquer le graissage à l'oléine. Les préparations surannées et dégoûtantes ont été supprimées, dès lors, en Angleterre, et en France les fabriques qui se servent de l'oléine mettent à peine deux heures là où il en fallait quinze, comme nous l'avons déjà dit dans le chapitre concernant le graissage. A cette économie de temps, on a ajouté celle de l'eau et de la bourre résultant d'un frottement de quinze heures. On évite en outre le ramollissement extrême qu'on reproche au tissu soumis à une espèce de pétrissage trop prolongé. Les emplacements les plus restreints dans les usines de l'intérieur des villes renferment aujourd'hui des dégraisseuses qui donnent les résultats voulus avec une précision mathématique, grâce à la substitution de *l'huile de suif* aux autres liquides gras. Il suffit de connaître approximativement la quantité de matière grasse dont le drap est imprégné pour arriver à l'extraire avec une rapidité extraordinaire; si c'est 8 kilogrammes d'oléine, par exemple, on emploie 4 kilogrammes de cristaux de soude délayés dans une eau de 35 à 40 degrés, et marquant de 1 à 1 et 1/2 à l'aréomètre. Ce liquide, substitué à la dissolution argileuse, se combine instantanément à la graisse de l'étoffe, une mousse de savon concentrée se manifeste aussitôt à la surface du tissu; ce résidu savonneux peut servir au foulage, si on le recueille par la valve inférieure avant de procéder au lavage à grande eau.

On pourrait s'étonner qu'un procédé si rationnel, si avantageux et d'origine française, soit plus généralement employé en Angleterre et en Belgique que par les industriels de notre pays, si nous n'en avions expliqué les motifs (chap. v, § 1). Nous n'avons, par conséquent, pas à y revenir.

Dégraissage au sulfure de carbone.— On est en voie d'essayer le dégraissage des pièces par l'emploi du sulfure de carbone ou de la benzine. La disposition fondamentale des appareils est celle que nous avons indiquée pour le dégraissage des débourrages (chap. v, § 7). Les modifications sont la conséquence seulement de la différence d'état entre les substances à traiter, l'une se présentant en une masse de fibres agglutinées, et l'autre en étoffe. Nous n'avons pas par ce motif à insister sur ce point, car il ne s'agit pas là d'une machine ou d'un procédé à monter dans chaque fabrique, mais bien d'un établissement central travaillant, s'il y a lieu, pour tout un groupe industriel, si toutefois un agent comme le sulfure de carbone, et dont le soufre est par conséquent l'un des éléments, peut être appliqué impunément sur des lainages; nous le désirons, dans l'intérêt des résultats que l'industrie pourrait en tirer, et à cause des efforts persévérants et intelligents des inventeurs pour amener cette application délicate à bien.

Seconde inspection ou visite. — L'étoffe dégraissée est de nouveau examinée afin de constater son état de pureté, si l'opération a été bien faite et n'a pas occasionné d'accidents ou d'avaries pendant le dégraissage. Les pièces sont ensuite séchées soit à l'air libre, soit dans un séchoir établi *ad hoc*, où elles sont simplement étendues.

Épincetage, ou épinçage. — Cette opération est longue et réclame une certaine habileté, une grande attention et des soins. Elle est pratiquée à la main par des femmes au moyen de petites pinces, de là son nom; c'est une espèce d'épilage. Les ouvrières opèrent sur le drap étendu au jour sur des perches afin de bien voir les corps étrangers, les ordures, les bouts, les défauts d'où qu'ils viennent, et d'en débarrasser le tissu. Les épinceuses les saisissent convenablement avec le petit outil en question pour les extraire; c'est une opération assez lente et délicate; quoique accessoire et simple en apparence, elle entraîne, en général, à une dépense de 20 centimes par mètre, ou de 10 à 12 francs par drap. On a quelquefois tenté la substitution de moyens mécaniques à cette main-d'œuvre pour obtenir un résultat plus économique et surtout plus prompt. On s'était imaginé, lorsqu'on est parvenu il y a une dizaine d'années à substituer une machine à l'opération manuelle dans l'*épeutissage* qui est aux tissus ras ce que l'épincetage est aux articles drapés, qu'on pourrait en faire autant pour ceux-ci; on se trompait : quoique le but et les résultats soient les mêmes dans les deux cas, il est irrationnel de songer à des moyens identiques. Pour les étoffes lisses, on a pu se servir d'une espèce de peigne à dents de scie convenablement disposé et animé d'un mouvement de va-et-vient contre l'étoffe à épurer. L'action ainsi dirigée râpe en quelque sorte le tissu, en enlève les aspérités et en extrait les corps durs et les impuretés, en produisant la bourre sous la forme de tontisse ou de sciure de laine, qui n'a pas d'inconvénient pour les étoffes rases où toute espèce de duvet doit disparaître de la surface. Pour la draperie, toute la bourre, la plus fine surtout, doit, au contraire, être précieusement conservée pour être utilisée au foulage. Les conditions du problème changent par conséquent et deviennent très-complexes dans la fabrication des lainages drapés. Ce sont des différences de ce genre insuffisamment appréciées qui causent souvent les mécomptes des chercheurs et des inventeurs.

Rentrayage en écru. — C'est encore une opération manuelle accessoire, mais indispensable; elle a pour but de réparer les défauts provenant du tissage ou de l'épincetage ; des fils cassés, des vides par des causes quelconques, etc., se manifestent alors dans l'étoffe ; la rentrayeuse doit les corriger par un travail à l'aiguille, elle fait de véritables reprises où elle imite, autant que possible, les entrelacements du tissage. Cette opération est précédée et suivie d'une visite de toute la pièce : la première a pour but de s'assurer si l'épincetage, et la seconde si le rentrayage ont été soigneusement faits.

Arrivé à cet état, le tissu est prêt à être soumis au foulage, c'est-à-dire à l'un des traitements les plus importants de la fabrication, destiné à changer intimement la constitution du produit. Pour donner la théorie de cette opération et en expliquer aussi clairement que possible les détails, les anomalies apparentes, les divers procédés en présence, suivant la nature des matières, les errements et les moyens en usage en vue de tel ou tel résultat, il est nécessaire d'examiner simultanément et *à priori* les phénomènes généraux du feutrage et du foulage.

CHAPITRE XX.

DU FEUTRAGE ET DU FOULAGE.

§ 1. — Définitions et considérations générales.

Feutrer, c'est produire l'agrégation intime des filaments isolés et sans adhérence d'une nappe pour en former, soit des fils, soit des surfaces ou étoffes flexibles et solides, sans le concours des moyens ordinaires qui transforment les fils et les tissus. Fouler, c'est feutrer des fils tissés, ou terminer le feutrage de surfaces qui ont subi un commencement d'agrégation.

Le feutrage détermine non-seulement une transformation mécanique de la masse en augmentant l'épaisseur du produit en raison de la diminution de la surface, mais aussi un changement de volume de la substance, déduction faite de l'air et des vides interposés. Le rapport des volumes, avant et après le feutrage, correspond à une quantité particulière de retrait qu'il est convenable de désigner sous le nom de *retrait physique* ou *du feutrage*, pour le distinguer du *retrait mécanique* ou *embuvage*, résultant du rapprochement exclusif des fibres et des fils dans les diverses transformations ordinaires. Le retrait physique ne commence que lorsque l'*embuvage* produisant le retrait ordinaire est arrivé à sa limite.

Les substances non feutrables ne sont affectées que par le retrait mécanique. L'action prolongée au profit des substances susceptibles de feutrer détériorerait celles qui ne sont pas douées de la propriété feutrante. Le rapport entre les surfaces avant et après leur confection est en moyenne de 1/10 au tissage (chap. XIII, § 2), tandis que le rapport du retrait au feutrage dépasse souvent 50 pour 100. Le poids de l'unité de surface est plus que doublé par le feutrage, et il change à peine par l'embuvage. Les fibres animales en général, excepté les soies, sont feutrables à divers degrés; les unes ont besoin d'une préparation pour feutrer régulièrement et rapidement, les autres n'en ont pas besoin; les poils en général sont dans le premier cas et les laines dans le second.

Les filaments comparés avant et après avoir subi l'action du feutrage ne présentent aucun changement dans leur composition chimique; leur état physique seulement s'est modifié, leur opacité a diminué, la demi-transparence de la surface intérieure s'est étendue jusque vers les bords, les spires ou hélices se sont rapprochées, les brins se sont raccourcis, ils se sont concontractés et sensiblement affinés.

Les tranches d'un feutre obtenues par des sections faites dans son épaisseur offrent une constitution identique, et la cohésion de la pièce d'où ils proviennent; c'est une substance ductile formée de fibrilles vrillées ou frisées, tellement condensées, liées et unies entre elles, qu'elles rompent plutôt que de se désagréger. Cette incorporation intime des parties élémentaires pour former un tout, se réalise même pour les parcelles de laine les plus fines, des poudres ou tontisse animale foulée avec un tissu y adhérant complétement. Cependant, lorsqu'on a incorporé dans le feutre quelques-unes des substances autres que de la laine ou des poils, telles que des fragments de soie, certains duvets végétaux dont il a été question dans notre *Traité du Coton*, on arrive à les séparer des matières feutrantes. Il est beaucoup plus facile de désagréger et de compter les fils de l'étoffe la plus résistante et la plus solide non feutrée, que d'effilocher un feutre pur formé seulement par l'agrégation des brins. La ténacité relative des deux produits est également en faveur du feutre pour un même poids de substance.

Les feutres résultant d'une même quantité de filaments et produits dans des conditions identiques sont plus serrés, plus clos, plus compactes et plus tenaces, mais moins flexibles et moins élastiques, lorsqu'ils sont faits avec des poils qu'avec de la laine. La surface serait moins rigide encore, plus souple et plus élastique, si les brins avaient été filés et tissés avant d'avoir subi l'action du feutrage et du foulage.

Le retrait ou changement de volume de la matière résultant du feutrage, toutes choses égales d'ailleurs, est en raison de la finesse et de la feutrabilité des brins; il est, en général, plus grand pour les poils que pour les laines, et plus considérable pour les matières feutrantes pures, que lorsqu'elles sont mélangées à certains filaments végétaux ou même à de la soie. Employés seuls, ces derniers ne pourraient constituer un feutre, mais seulement une pâte cassante et friable, sans flexibilité ni souplesse, analogue à celle dont on forme le papier et le carton.

Envisagés au point de vue de leur transformation mécanique directe en surface, les matériaux fournis par la nature peuvent par conséquent se diviser en deux grandes catégories : en substances filamenteuses susceptibles d'être amenées à l'état de pâte qui n'acquiert sa consistance et sa surface rigide particulière que par une disposition des fibrilles élémentaires analogue à celle du réseau ligneux des plantes, où les fibres sont entrelacées ou unies par des filaments capillaires qui les lient les unes aux autres. La liaison ayant lieu par l'entre-croisement juxtaposé et superposé des brins lisses droits, non contractiles ni élastiques, la surface ne peut être que rigide, friable, et sans aucune souplesse, ni propriété nécessaire aux étoffes. Les substances feutrables animales de la seconde catégorie, mises dans les conditions des précédentes par le rapprochement intime des brins au moyen de procédés convenables, déterminent, au contraire, un produit plus caractérisé par la flexibilité et la souplesse relative très-prononcée dans les feutres minces et dont sont doués les feutres même les plus épais et les plus cartonneux. La cohésion de ce corps résulte d'un engrènement ou espèce de pénétration réciproque des aspérités de la surface des filaments et de l'entre-croisement simultané de leurs spires. L'adhérence de deux fibres contiguës repose par conséquent sur le double effet de la propriété voluble de leurs petites hélices et de l'engagement de la denture microscopique de leur périphérie. De là la difficulté de les séparer, et leurs caractères élastiques résultant de leur constitution particulière et de la nature ductile de la matière dont ils sont formés.

Si ces observations sont exactes, l'élasticité d'un feutre et sa ténacité seront, toutes choses égales d'ailleurs, en raison directe du nombre d'hélices et d'aspérités pour une même longueur de brin. Lorsque l'un ou l'autre de ces deux caractères dominera, sa propriété correspondante sera dominante. Les feutres résultant d'une même quantité de fibres feutrantes d'origines et de finesses différentes seront donc d'autant plus résistants et plus élastiques que les brins qui les composent seront plus fins, plus striés et plus vrillés. A finesse égale, l'élasticité dominera pour celui dont les filaments sont les plus frisés, et la ténacité pour celui doué du plus grand nombre d'aspérités. Ces faits sont démontrés par la pratique journalière. Les poils employés dans la chapellerie, en général très-fins, très-dentelés sur leur contour, mais peu vrillés, comme on peut s'en assurer par les figures des planches II et III, donnent des feutres clos, carteux, résistants, mais peu flexibles et élastiques; ceux de la laine, dont les brins réunissent la propriété du vrillement aux aspérités des contours, fournissent des produits plus moelleux, moins carteux et sensiblement plus élastiques; aussi, lorsqu'on veut arriver à combiner les propriétés des deux articles, a-t-on soin de faire des mélanges des poils et de la laine, et choisit-on dans celle-ci la plus feutrable, *la laine d'agneau* par exemple, c'est-à-dire la plus fine et la plus vrillée.

§ 2. — Opérations préparatoires du feutrage et du foulage.

En principe et d'une manière absolue, les poils, les laines et les duvets animaux dont les formes sont mis en évidence dans les figures des premières planches de l'atlas et qui présentent des aspérités plus ou moins sensibles à leur surface, sont susceptibles de se lier et de se former en corps lorsqu'on les soumet dans un milieu convenable à une action mécanique susceptible de les rapprocher et de les presser dans tous les sens. Pour obtenir le maximum d'effet et la régularité désirable dans les opérations pratiques, il est nécessaire de leur faire subir certaines préparations variables avec l'origine et la nature des matières. Pour les filaments ou brins de laine, en général naturellement vrillés, les préparations préalables se bornent à des épurations déjà décrites et à la transformation de la masse des fibres en nappe régulière, c'est-à-dire à la confection d'une surface uniforme au moyen du cardage. Les poils droits, au contraire, sans vrillements naturels sensibles, ne feutrent régulièrement bien, en général, que lorsqu'on imprègne leurs pointes ou extrémités sur environ les deux tiers de la longueur d'un liquide chimique. Cette opération pratiquée à la brosse sur les peaux en poils, et par conséquent avant la coupe de ceux-ci, a été désignée sous le nom de *secretage*, parce que la composition du liquide le plus efficace était gardée secrète à l'origine de son emploi, et peut-être aussi parce qu'on ne s'est jamais expliqué le rôle exact de cette opération.

Pendant longtemps, jusque vers 1750, la préparation des poils pour les prédisposer au feutrage consistait dans une espèce de lubréfaction avec ce qu'on nommait la *tisane des chapeliers*: c'était une décoction ou le résultat de la macération suivie d'une ébullition de certaines plantes styptiques, astringentes, telles que les racines d'orties, de la patience, de la bardane, et surtout de la grande consoude; on y ajoutait parfois de la racine de guimauve ou autres liqueurs mucilagineuses, sans doute pour mitiger au besoin l'effet de contraction auquel les premières paraissaient destinées. Un habile fabricant de chapeaux, M. Guichardière, membre du conseil général des manufactures, dans un opuscule publié en 1824, dit avoir essayé la composition ci-dessus; les résultats obtenus par lui méritent d'être signalés, ils expliqueront peut-être le motif réel du délaissement de ce procédé.

« J'ai additionné, dit-il, la décoction des plantes styptiques et mucilagineuses qui, je crois, formaient la tisane que les chapeliers employaient avant la découverte du secretage par le nitrate de mercure; comme eux, j'ai touché les poils des deux tiers de leur longueur, et par ce moyen, d'après la comparaison, j'obtiens les mêmes résultats; mais je dois dire que ce système de fabrication est plus pénible que le procédé ordinaire; mais aussi il donne un grand avantage à employer le poil commun du ventre de lièvre, qui ne sert ordinairement que pour de très-mauvais chapeaux communs, et en mélange avec le poil de chèvre d'Abyssinie et celui du lapin, etc. » Suivent des chiffres sur les avantages économiques résultant de l'emploi convenable de certaines parties de poils qui acquièrent par cette préparation végétale des propriétés feutrantes plus avantageuses que par l'usage des sels mercuriels; mais malheureusement le travail est plus laborieux, comme le fait remarquer M. Guichardière, c'est-à-dire que l'effet est moins actif par les décoctions de racines que par les sels minéraux.

Quoi qu'il en soit, il est évident que les plantes astringentes constituent un moyen de préparation au feutrage; l'effet produit paraît consister dans la contraction du poil sur la partie de la longueur sur laquelle on l'applique, et, par conséquent, dans une différence de concrétion entre la base ou la racine non préparée et le sommet du brin. De là dans l'opération ultérieure du feutrage, c'est-à-dire dans le mouvement et le rapprochement des fibres par les frottements continuels sur leur substance ramollie, une tendance d'autant plus grande de la pointe à se recourber et à se vriller, qu'elle est naturellement plus fine et plus voluble que le reste de la tige. L'opération se pratique par conséquent sur une masse de poils plus ou moins fins, dont les extrémités en pointes se vrillent par une différence de densité, pour affecter la forme de ressorts à boudins microscopiques. On cherche à les prédisposer au travail, comme nous le démontrons plus loin, de manière à ce que leur direction soit autant que possible opposée, et que la partie en pointe de l'un vienne s'unir à la base de l'autre, et ainsi de suite, de proche en proche, sur toute l'étendue et l'épaisseur de la surface.

Les propriétés des dissolutions végétales employées et les résultats précités ne peuvent laisser aucun doute, selon nous, sur le rôle de la préparation au feutrage ultérieurement désigné sous le nom de *secretage*. Malheureusement, répétons-le, l'action des plantes ne paraît pas assez active, assez prompte, surtout en présence de celle qu'on lui a préférée, même au détriment de certains avantages signalés plus haut, et surtout celui de l'innocuité sur la santé de ceux qui l'emploient. Examinons donc le procédé de secretage généralement usité.

Secretage. — Les recettes de la composition actuellement employée varient quelque peu dans leurs proportions, et dans l'addition de certains éléments accessoires, mais elles reposent toujours sur l'usage du nitrate de mercure. Voici d'abord les formules les plus employées :

On dissout 8 parties de mercure dans 64 parties d'acide azotique (acide nitrique ou eau-forte), on y ajoute 4 parties d'arsenic blanc et 2 à 3 parties de sublimé corrosif, et on étend le tout de trois fois son volume d'eau, ou encore, d'après Robiquet : acide nitrique, 500 grammes ; mercure, 32 ; eau, de moitié à deux tiers, suivant la concentration de l'acide. Quelquefois on emploie 7 parties de mercure qu'on fait dissoudre à chaud dans 25 parties d'acide sulfurique, et on étend ensuite de la quantité d'eau.

A la suite d'un concours ouvert par la *Société d'encouragement pour l'industrie nationale* en 1810, dans le but de faire établir la théorie du secretage et de faire rechercher un moyen aussi efficace mais moins nuisible que le nitrate de mercure, elle accorda, en 1816, non le prix qu'elle avait proposé et ajourné à plusieurs reprises, mais une médaille d'or, à MM. *Malard* et *Défossés*, pour un procédé qui consistait dans le secretage, opérant à la manière ordinaire par le liquide suivant :

250 grammes de soude brute, dite d'Alicante. On ajoute 125 grammes de chaux vive qu'on éteint en la plongeant dans

l'eau avant d'opérer le mélange, et qu'on filtre après avoir mis assez d'eau pour que la liqueur marque 15 degrés à l'aréomètre d'Assier-Pericat, ou 19 à 30 degrés à l'alcalimètre de Décroisilles. Ce liquide renferme, comme on le voit, de la soude et de la chaux caustique (chaux sodée). Un rapport fait par une Commission dont M. Bréant était l'organe, et inséré (p. 297, dix-septième année) au *Bulletin de la Société d'encouragement*, prouve que si le procédé n'a pas rempli toutes les conditions imposées par le programme, il a cependant donné des résultats satisfaisants, et avait fait faire un pas sérieux à la question. Le rapport est, en effet, terminé par les remarques suivantes :

« Après avoir comparé attentivement les résultats contradictoires des expériences qu'il a fait répéter plusieurs fois, votre comité est demeuré convaincu :

« 1° Que, par le procédé *Malard et Défossés*, on parvient à secreter les poils au point de les rendre propres à faire d'excellents feutres ; mais ce procédé ne communique pas aux poils toute l'énergie feutrante que leur donne le nitrate de mercure ;

« 2° Que le succès de ce procédé tient à des circonstances tellement délicates, qu'il est difficile de pouvoir en répondre constamment.

« D'après cet exposé, messieurs, votre comité doit déclarer que les conditions du programme ne lui paraissent pas remplies et que le prix n'est pas gagné ; mais il serait injuste, s'il ne reconnaissait pas que ceux qui ont autant approché du but méritent un encouragement des plus honorables. »

La société a, en conséquence, accordée une *médaille d'or* aux auteurs de ce procédé (septembre 1818).

Beaucoup d'autres recettes ont été mises en avant, mais sans intérêt pour le moment.

Quel que soit le liquide employé, le mode d'application reste invariable. Il a toujours lieu sur les poils avant leur enlevage de la peau, après les avoir baguettés, époussetés, épurés et éjarrés. On trempe alors une brosse dans le liquide secreteur, et on en frotte rapidement la surface des poils jusqu'à ce qu'ils paraissent imbibés de la liqueur sur les deux tiers environ de leur longueur à partir de la pointe ; leur pied reste par conséquent intact. Ainsi préparées, on réunit les peaux par paires, poil contre poil, et on les porte à une étuve, où on les sèche *le plus rapidement possible*. Les plus anciens auteurs qui se soient occupés de la matière, Peuchet, Rolland de la Platière, Guichardière, etc., et les praticiens les plus expérimentés, insistent également sur la nécessité de ce séchage rapide, pour saisir en quelque sorte la matière. Remarquons le fait en passant pour nous en servir plus tard.

Après le séchage du poil, on le coupe généralement ; il est plus facilement feutrable alors que si on l'arrachait. Une fois séparé de la peau, on le soumet à l'action de l'arçon qu'on fait vibrer dans la masse formée par la quantité nécessaire à un chapeau. Les brins sont soulevés par l'agitation de la corde et retombent dans toutes les directions. Ce n'est qu'après le battage que les filaments sont soumis au feutrage. Avant d'aborder les moyens par lesquels cette opération se pratique, il est nécessaire de nous arrêter un instant sur les préparations précédentes et surtout sur le secretage, attendu qu'on a déjà compris que l'arçonage a le double but de restituer aux poils leur élasticité, et de les disposer dans la masse de manière à ce que les pointes et les bases des tiges se présentent autant que possible en sens inverse.

Quoique le secretage soit appliqué aux poils en général, les praticiens ont cependant remarqué que certains d'entre eux pouvaient parfois s'en passer, et n'en sont pas moins feutrables. Le *castor gras*, provenant de peaux de castor qui ont été portées par les sauvages, et certains poils vieux, c'est-à-dire en magasin depuis une année au moins, sont dans ce cas. Pour se faire une idée et hasarder une hypothèse sur la cause de ce phénomène, revenons à l'examen de la propriété qui paraît dominer dans les liquides qui préparent plus ou moins la substance au feutrage. Tous sont évidemment caractérisés par la *propriété contractante* dont ils jouissent ; les plantes styptiques, employées autrefois, le gaz acide nitreux du secrétage ordinaire, la chaux tenue en dissolution par le nitrate de mercure et la soude caustique résultant de la composition du liquide Delesse et Malard, ainsi que la prescription absolue d'un séchage rapide à l'étuve, nous paraissent démontrer que c'est la contraction de la fibre sur une certaine partie de sa longueur que l'on a essentiellement en vue. Si le poil gras peut s'en passer, on a fait remarquer qu'il paraît avoir été accidentellement affecté par les liquides de la transpiration et les émanations acides des individus qui l'ont porté. Il est probable qu'il se passe quelque chose d'analogue par le séjour en magasin des vieux poils ; la matière étrangère qui les recouvre a dû éprouver quelques modifications, par le tassement ou autres causes ; et de là, la formation d'un produit susceptible de déterminer une concrétion. Peut-être aussi le simple séchage de la partie libre des tiges a-t-il suffi pour déterminer une différence entre la densité de la pointe et de la base. Quoi qu'il en soit, il nous paraît évident que tout liquide contractant, acide comme celui du nitrate de mercure, alcalin comme la composition Malard et Delesse, ou neutre comme celui des plantes, peut produire plus ou moins l'effet. Seulement, avec les liquides végétaux, l'action est lente, irrégulière et ne satisfait pas assez les exigences pratiques, auxquelles il faut des moyens permettant d'arriver avec rapidité et sans tâtonnement. L'emploi des alcalis a les inconvénients que nous venons de signaler, lorsqu'ils sont faibles ou carbonatés, et un danger réel lorsqu'ils sont caustiques et trop concentrés : ils désorganisent alors le brin et détériorent par conséquent le produit.

C'est probablement par ces motifs que l'action a été définitivement dévolue aux acides, non-seulement dans le secretage, mais encore pour le feutrage dont le liquide est souvent acidulé par de l'acide sulfurique ou autre pour hâter l'effet. Mais dans la composition du bain secreteur, c'est surtout le gaz acide nitreux qui est mis à contribution comme préférable à tous. C'est ce qui a fait dire aux auteurs qui se sont occupés de la question : *L'acide nitreux dispose au feutrage en faisant aller le poil. Mais, sec et corrodant, il altère la matière.* Un habile chimiste, M. Mulé, avec lequel nous nous sommes particulièrement entretenu de ce sujet, attribue également le rôle principal au gaz acide nitreux. Il voit dans *le nitrate acide de mercure* un corps éminemment *propre à absorber l'acide nitreux.* Il remarque encore que, pour bien opérer, le mercure est dissous à une douce chaleur ; qu'on y ajoute ensuite l'eau, c'est-à-dire *qu'on se met dans les meilleures conditions pour retenir les vapeurs rutilantes qui se dégagent.* De plus, l'acide nitrique lui-même, qui a la propriété de retenir les vapeurs nitreuses, est employé dans une proportion considérable, par rapport au mercure. Tout permet donc de supposer que l'effet du secretage est obtenu par l'action de l'acide nitreux, complété par le séchage rapide. S'il en est ainsi, M. Mulé proposerait de remplacer le nitrate acide de mercure par le *nitrate de protoxyde de fer*, qui a la propriété de retenir aussi le bioxyde d'azote et l'acide nitreux qui se forment lorsqu'on met ce sulfate en présence de l'acide nitrique.

Nous ne sommes entré dans ces quelques considérations chimiques qu'avec la réserve qui nous est imposée en nous plaçant sur un terrain qui n'est pas le nôtre; nous avons néanmoins cru devoir le faire pour réunir, autant que possible, tous les éléments nécessaires à la constatation exacte de l'état de la question.

Les poils préparés comme nous venons de le dire, leur feutrage se pratique de la manière suivante : si on suppose que l'on opère encore à la main, comme dans le plus grand nombre de cas, et que les brins destinés au feutrage d'un objet quelconque soient convenablement disposés, on procède au *bastissage* ou premier degré de *feutrage*, en opérant progressivement sur les lots séparés du poil concourant au même résultat, à un chapeau, par exemple ; les fractions du tout se nomment *capades*. On en fait ordinairement deux dans la préparation d'un chapeau. On en prend une qu'on dispose dans la *feutrière* (c'est une forte toile pour recevoir les capades), et sur chaque couche de poil se place une feuille de papier, puis la seconde couche ou capade ; on plie et replie ensuite la feutrière dans tous les sens en l'humectant convenablement pour l'empêcher d'adhérer aux couches. Lorsque celles-ci ont acquis une consistance suffisante pour ne plus s'étendre, quoiqu'elles soient encore moites et *pétrissables*, on les réunit par les bords pour former un cône, les deux surfaces sur lesquelles on opère étant en général triangulaires.

Les feuilles de papier souvent employées ont pour but de réserver les parties qui ne doivent pas feutrer entre elles ; nous ne nous arrêterons pas maintenant aux détails de la fabrication, ne voulant que compléter la description du feutrage. Lorsque le bastissage, c'est-à-dire la forme de l'objet, est obtenu sauf les dimensions, le feutrage se continue plus énergiquement sous le nom de *foule*. Des bancs ou des tablettes inclinées autour des rebords et vers l'intérieur d'une chaudière constituent l'appareil à fouler. Cette chaudière, alimentée d'eau acidulée d'acide sulfurique, ou de tartre, est maintenue à une température de 80° C. Il y a un ouvrier devant chaque tablette ; chacun d'eux plonge et retire presque instantanément le feutre sur lequel il opère, en le pressant d'abord avec un rouleau de bois pour extraire l'eau, puis il l'arrose avec de l'eau froide, le presse, le frotte pendant plusieurs heures, plus ou moins, d'abord directement avec les mains, et ensuite avec des manicles ou semelles de bois, pour avoir plus d'action, jusqu'à ce que l'objet soit suffisamment rentré et ait atteint la forme et les dimensions recherchées.

Malgré la durée de l'action mécanique sur la matière ramollie soumise à l'eau acidulée, presque bouillante, contenant parfois du sel de tartre, et le retrait considérable et général qui en est résulté, s'il est dans la masse quelques poils trop gros et trop roides, ils n'auront pas feutré : c'est précisément ce qui arrive pour les jarres. Il suffit d'un brossage pour que ceux qui n'ont pas été enlevés aux triages préalables se décèlent et se détachent spontanément, car ils n'adhèrent aux points où on les découvre que par un simple contact sans liaison intime. Et cependant ce poil ne diffère des autres et des duvets éminemment feutrables que par son plus grand volume ; ce caractère et la rigidité qui en résulte suffisent, qu'on le remarque, pour empêcher le feutrage lors même que le brin aurait subi l'action du secretage le plus énergique. Ce fait vient à l'appui des considérations précédentes et des conclusions présentées dans le résumé suivant :

Résumé des observations et des faits concernant la préparation au feutrage.

1° Les filaments de la laine jouissent tous de la propriété feutrante sans nécessiter aucune préparation préalable ;

2° Les brins les plus fins et surtout les plus vrillés sont les plus feutrables ;

3° Les poils, en général, ne feutrent régulièrement bien que lorsqu'ils ont subi une opération préalable pour développer leur propriété feutrante ;

4° Il y a cependant des exceptions à cette règle : le poil de castor *gras*, c'est-à-dire provenant de peaux qui ont été portées par les sauvages, peut se passer du secretage préalable ;

5° Comparés entre eux au point de vue de leurs formes et

de leurs apparences, les filaments directement feutrables et ceux qui ont besoin d'une préparation pour le devenir ne présentent de différence que dans le vrillement, ainsi qu'on peut s'en assurer par les figures des premières planches de l'atlas. Le vrillement naturel rend le secretage inutile, et nécessaire pour les brins qui n'en sont pas doués ;

6° La ténuité, la flexibilité et les aspérités des surfaces sont des caractères essentiels au développement du feutrage ; lorsque le volume d'un poil atteint une limite telle que les saillies de la périphérie sont à peine sensibles par rapport à la grosseur du brin, celui-ci perd une grande partie de sa flexibilité et rentre dans la catégorie du jarre sous le rapport de la propriété feutrante ; le secretage même ne peut le rendre feutrable ;

7° Les diverses préparations essayées, plus ou moins efficaces pour donner cette propriété aux poils, paraissent agir essentiellement comme matières susceptibles de contracter la partie sur laquelle on les applique sous l'influence d'un séchage aussi rapidement que possible, de manière à avoir des tiges ou poils plus minces, et par conséquent plus flexibles à une des extrémités qu'à l'autre, et par suite dans l'état le plus propre à s'entrelacer lorsqu'elles sont ramollies et soumises aux pressions et aux frottements ultérieurs ;

8° Jusqu'ici la préparation la plus complétement efficace pour développer l'action du feutrage est le *nitrate acide de mercure ;*

9° C'est l'acide nitreux qui paraît particulièrement agir dans l'action du secretage ;

10° On pourrait l'obtenir d'une façon moins fâcheuse pour la santé des ouvriers, en se le procurant par l'action de l'acide nitrique *sur le sulfate de protoxyde de fer ;*

11° Le liquide chaud nécessaire au feutrage et au foulage a un double but : il sert à ramollir la matière cornée qui constitue les poils et la laine, de façon à les lier et à les fixer aussi intimement que possible dans leur réunion, et à la préserver des altérations de l'action mécanique.

Les considérations ci-dessus, concernant le feutrage seulement, sont néanmoins applicables au feutrage et au foulage des tissus et des nappes, nous en ferons, en conséquence, des applications aussi bien à la transformation des feutres et des chapeaux qu'au foulage des tissus. Pour procéder méthodiquement, nous décrirons les machines à feutrer avant celles appliquées au foulage proprement dit, quoique celles-ci soient plus anciennes. Les unes et les autres reposent d'ailleurs sur l'emploi d'une action mécanique agissant progressivement sur la substance pour rapprocher les organes élémentaires et les presser les uns contre les autres, de façon à les lier par les entrelacements des tiges ou brins et à les fixer intimement par l'engrènement des aspérités de leurs surfaces, conformément aux explications précédentes. Les unes et les autres ont besoin du concours d'un liquide et de la chaleur pour déterminer le résultat et ménager la substance qui se détériorerait sans cela, comme tous les corps qui frottent les uns contre les autres, sans être préservés par un milieu convenable.

L'action mécanique est exercée par des chocs, des frottements ou des pressions. Chacun de ces moyens détermine un résultat et des apparences qui lui sont propres. Les liquides employés varient également; mais les plus généralement en usage sont, en outre de l'eau acidulée pour les feutres purs, l'eau de savon et une dissolution concentrée de savon. Les effets et conséquences de l'emploi des divers agents sont étudiés plus loin après la description des appareils et des machines.

Machines à feutrer les nappes. — Jusqu'en 1839, on produisait tous les feutres sans exception, les grandes surfaces aussi bien que les chapeaux à la main, d'une façon analogue à celle que nous avons indiquée précédemment en quelques mots. Les Américains ont eu l'idée alors de substituer à l'action manuelle, des machines fonctionnant automatiquement. M. François Vouillon a introduit ce système en France. Pour arriver plus sûrement à l'effet recherché, le travail a lieu d'une manière progressive par une série de machines dont l'action des organes est un peu modifiée. Les nappes superposées des matières à feutrer, formant une couche plus ou moins épaisse, passent ainsi successivement dans trois et parfois dans quatre machines, qui constituent par conséquent un assortiment. Les premières machines de cet assortiment sont chargées de donner un commencement d'adhérence, de produire une espèce de *bâtissage*, on les a par ce motif désignées en anglais sous le nom de *hardenner*, et les suivantes, destinées à finir l'opération de clore le feutre, sous celui de *planker* ou *plankeur*. Ces machines sont précédées d'un appareil à faire les couches à feutrer, par la réunion et la superposition d'un certain nombre de nappes cardées. L'appareil en question, qui n'est autre qu'une espèce de toile sans fin à rouleaux, fait par conséquent suite à une carde ordinaire.

La figure 1, planche XXXVII, est la vue en élévation de la carde avec l'appareil à faire la nappe.

La figure 2, est un plan.

La figure 3, une section verticale du hardenneur.

La figure 4, est une élévation du plankeur.

La figure 5, un plan de cette machine.

La première est une machine à carder la laine.

Sa largeur est suffisante pour produire des étoffes grandes laizes, de 2 mètres à 2^{m},50.

A, B et C, D, toiles sans fin (ou toute autre matière convenable) passant sur les rouleaux, tambours ou poulies 1, 2, 3, 4, qui reçoivent leur mouvement de toute partie mouvante de la carde.

Ces toiles sans fin et tambours tournent dans des directions opposées, comme l'indiquent les flèches, de sorte que les deux surfaces intérieures i', i' de chaque toile se meuvent avec la même vitesse que les rouleaux ou cylindres alimentaires de la carde.

La laine est entraînée de ces cylindres, par le mouvement de peigne ordinaire, sous forme de nappe continue.

Cette nappe ou ruban est alors reçue entre les deux toiles sans fin mobiles qui reposent sur un plancher i, et elle se prolonge jusqu'à l'extrémité des toiles sans fin.

Une direction est alors donnée à cette nappe pour qu'elle chemine en dessus et en dessous de la toile supérieure A, C, de manière à se reployer sur elle-même et former un seul corps, jusqu'à ce que la surface ait acquis une épaisseur convenable.

Durant cette opération, la ouate est maintenue en contact avec la toile sans fin A, C par la toile sans fin B, D disposée à cet effet.

La toile A, C ayant ces longueur et largeur correspondant à la carde, il est évident que toute quantité déterminée d'étoffe étant passée à travers la machine et reçue sur cette toile, peut être disposée pour produire une épaisseur correspondante de ouate, et par conséquent le poids nécessaire au mètre, après avoir subi les diverses opérations successives.

Comme, dans certains cas, les deux toiles sans fin de grande longueur pourraient ne pas être aisément employées faute d'espace, on les étend quelquefois d'avant en arrière, et même verticalement.

La couche ayant acquis l'épaisseur voulue, est coupée dans le sens de sa largeur, l'extrémité, étant placée sur le rouleau E, y est solidement enroulée par le contact de ce rouleau avec la toile sans fin A.

Quand le bout extrême de la ouate divisée a atteint le rouleau f, le ruban qui arrive constamment de la carde se trouve entraîné, et, comme précédemment, il passe sur la toile sans fin A C, et commence ainsi à former une autre ouate.

Le rouleau obtenu de cette façon est portée à la seconde machine (fig. 2 et 3), appelée *machine à comprimer* (plankeur); ce rouleau est placé sur le support *f*.

A B, bâti de la machine.

1 à 12 rouleaux reposent ou sont placés l'un sur l'autre par paires deux à deux. Ils sont enveloppés, sur leur contour, d'un drap élastique, et ceux placés au-dessous, d'une toile sans fin *a*, *b*.

Plusieurs tuyaux, en communication avec un cylindre produisant de la vapeur, sont intercalés entre un certain nombre de rouleaux inférieurs et sous la toile représentée en *c*, ces tuyaux s'étendent de côté et d'autre de la toile, et sont criblés et percés de trous à leur paroi supérieure, pour donner issue à la vapeur et chauffer la nappe de laine.

Comme la première opération du feutrage est alors commencée, la rangée supérieure des rouleaux à fouler ou à comprimer reçoit un mouvement alternatif par un arbre S, tournant le long de la machine (fig. 2); cet arbre porte plusieurs manivelles ou excentriques ayant une petite course d'environ $0^{m},0135$; ils sont communication avec chaque rouleau supérieur par des tiges en fer I.

Les rouleaux compresseurs reçoivent aussi un léger mouvement progressif de l'arbre principal T, placé de l'autre côté de la machine, au moyen d'une transmission convenable, des roues d'angles *i*, *i'* d'un côté et *e*, *e* de l'autre, et entraînent par conséquent la toile sans fin entre les rouleaux dans la direction des flèches.

L'extrémité de la nappe, étant entrée entre les rouleaux à un bout de la machine en *x*, y passe graduellement par le moyen du mouvement alternatif des rouleaux supérieurs agissant contre la résistance offerte par ceux de dessous; puis, imprégnée d'humidité et de chaleur, la surface en laine atteint l'autre extrémité de la machine dans un état ferme et compacte, possédant un degré notable de feutrage.

Arrivée en ce point, la ouate est de nouveau enroulée sur un cylindre F par le contact de ce dernier avec le rouleau de la toile *a b*. Quand toute la nappe destinée à une pièce d'étoffe est enroulée sur elle-même, on l'emporte pour la soumettre à l'opération suivante, qui détermine particulièrement le feutrage. C'est par ce motif que les machines des figures 4 et 5 sont considérées comme déterminant spécialement cette dernière action.

Le bâti de la machine portant la double rangée de rouleaux est fait généralement en fer fondu; la rangée supérieure repose entre les rouleaux du bas, surtout pour doubler les points de contact.

Les mouvements de translation et circulaire alternatif des cylindres sur le produit, à la manière ci-après décrite, combinés à la position des rouleaux, activent le feutrage.

Ils sont tous mis en mouvement par des roues d'angle *k*, *k*, placées alternativement sur les extrémités de la rangée supérieure. D'autres roues d'angle, *k' k'*, fixées aussi alternativement aux extrémités opposées des arbres, mettent en mouvement les organes de la rangée inférieure. Ces diverses roues sont en communication avec autant de roues semblables sur deux arbres *p*, *p'* qui se prolongent, de chaque côté de la machine, sur toute sa longueur; ces arbres communiquent eux-mêmes, par une transmission intermédiaire, avec l'arbre principal et transversal *c*.

Chaque rangée ou assortiment des rouleaux supérieurs presse sur les rouleaux inférieurs, avec une intensité variable en raison de l'épaisseur des matières soumises à leur action.

P, boîte ou citerne doublé de plomb pour tenir une quantité d'eau chaude ou de savon liquide, et dans laquelle les rouleaux inférieurs peuvent être plus ou moins immergés au besoin.

Sur le fond de cette caisse sont disposés des tuyaux métalliques percés en plusieurs endroits, et en communication, par un robinet, avec la chaudière, dans le but d'échauffer le liquide de la caisse.

R, rouleaux ou tambours de friction sur lesquels passe une toile sans fin *d*, pour conduire la nappe d'une extrémité à l'autre, à travers la machine.

Ces toiles sans fin se meuvent, par le frottement du rouleau métallique, dans la direction des flèches; toutes deux passent ensemble entre les rouleaux, recevant l'étoffe entre elles et la lâchant lorsqu'elle arrive à l'extrémité, l'une des toiles tournant naturellement sur elle-même par en haut, et l'autre par le bas.

L'objet de ces appareils en communication avec l'arbre principal *c* est de donner aux deux rangées de rouleaux un mouvement alternatif d'avant et d'arrière, et en même temps de permettre au produit devenu drap, d'être foulé ou pressé alternativement, et délivré entre leurs surfaces intérieures graduellement, pour se mouvoir finalement dans une direction en avant, suivant la longueur de la machine, permettant ainsi aux rouleaux d'agir plus efficacement sur la pièce avant son retour.

G, poulie recevant son mouvement de toute partie convenable de la transmission principale avec une vitesse voulue.

e, broche manœuvrant en communication avec une tige attachée au levier *f*, ce dernier étant libre sur l'arbre principal *c*.

g, roue dentée fixée sur l'arbre *c* et vue derrière le levier *f*.

h, petit pignon semblable derrière le levier et engrenant avec la roue *g*.

Sur le devant de ce levier, mais marchant en travers et attachée, par un axe, au petit pignon *h*, est la roue dentée *i*, manœuvrant avec une autre roue dentée *m*, plus petite, qui est libre sur l'arbre principal, et sur le devant de laquelle est boulonnée une poulie fixe, *a*.

C'est par cette disposition spéciale que les organes reçoivent un double mouvement : la rotation alternative constante et un mouvement progressif dans le sens de la marche de l'étoffe pour la faire avancer régulièrement entre les rouleaux.

La disposition en 45 degrés de la surface, comme on le voit en I, figure 5, a pour but de produire l'effet du feutrage dans tous les sens.

Cette disposition force, en effet, le travail diagonalement sur la pièce en transformation.

§ 3 — Machines spéciales au feutrage de la chapellerie.

Les machines à feutrer qui viennent d'être décrites, ont donné naissance à des appareils spécialement appliqués tant au bastissage qu'au feutrage des chapeaux.

On sait que dans la fabrication habituelle, le même ouvrier procède successivement à ces deux opérations. Un fouleur habile et vigoureux peut faire trois chapeaux ordinaire par jour (bastis et foulés). Si la matière est belle, fine, si le feutre doit être de qualité supérieure, il ne peut même en produire que deux dans sa journée, et en se fatiguant beaucoup. Avec les machines nouvelles d'origine américaine, et perfectionnées par la maison Laville, on peut bastir et fouler trente chapeaux en qualité commune et vingt-quatre en belle qualité, à l'heure. Le système nouveau permet d'élever la température du bain acidulé à 100 degrés, tandis que, dans le travail ordinaire, il atteint à peine 80 degrés, la main ne pouvant supporter une plus grande chaleur. De plus, à la machine, le feutrage est activé par une action à double effet, la nappe étant travaillée entre les rouleaux sur les deux faces à la fois, par un double mouvement simultané, l'un rotatif continu, l'autre rectiligne et alternatif, et par des surfaces cylindriques enveloppées de manchons de feutre. Plusieurs pièces étant transformées à la fois, on comprend comment on arrive, avec l'aide de deux ouvrières et un enfant pour le service de la bastisseuse, et de deux ouvriers pour la machine à feutrer, à la production indiquée ci-dessus. Nous allons décrire ces appareils tels que nous les avons vu marcher d'une manière courante dans l'importante fabrique de MM. Laville, Petit et Crespin, et reproduits dans la grande publication de MM. Armengaud.

§ 4. — Description des appareils à bastir et à feutrer, pl. XXXVIII.

La figure 1 montre une coupe longitudinale faite par le milieu et sur toute l'étendue de la machine dite *à bastir*.

La figure 2 est un fragment d'élévation qui fait voir la commande du cylindre à brosse.

Les figures 3 et 4 sont deux sections transversales et parallèles : la première aux rouleaux de la toile sans fin et passant par l'axe de la poulie de commande, L, et la seconde suivant un plan parallèle à la paroi H, I et passant par l'arbre *p*.

La figure 5 est une portion de plan vu en dessus de la forme conique et du conduit rétréci qui lui amène les poils ou les fibres de laine.

Les poils, après avoir été préalablement ébarbés, éjarrés et triés avec soin, sont étalés par une femme ou un enfant sur une toile sans fin *a*, fig. 5, soutenue dans sa partie supérieure, par une table horizontale fixe *b*, et qui, passant, à chaque extrémité, sur les deux petits rouleaux parallèles *c* et *c'*, reçoit de celui-ci un mouvement de translation convenable.

La rotation est donnée à ce rouleau *c'* par la poulie A (fig. 2) commandée par le moteur même, et dont l'axe porte un très-petit pignon droit, engrenant avec la roue dentée *d*, rapportée sur le bout de l'un des tourillons prolongés du cylindre.

Par l'avancement de la toile sans fin, les poils sont amenés jusqu'aux petits rouleaux alimentaires *e* (fig. 1re), entre lesquels ils s'engagent, pour être bientôt enlevés par la circonférence de la brosse cylindrique B, tournant avec une grande célérité, au moyen d'une très-petite poulie (fig. 2), commandée par celle beaucoup plus grande G, rapportée à l'extrémité de l'arbre moteur *m* de l'appareil (fig. 3).

Cette brosse, dans sa rotation rapide, projette naturellement tous les poils dans l'intérieur de la grande boîte ou caisse en bois D, où ils forment une sorte de pluie très-légère, qui se renouvelle sans cesse, parce que, à l'extrémité opposée, elle est terminée par un conduit très-étroit, présentant une ouverture *f* de peu de largeur, mais très-haute, qui règle l'échappement continu (fig. 1 et 5).

Or, c'est devant cette sorte de bec fendu et vertical que l'on place la forme conique E sur laquelle on doit bastir le chapeau; il se monte sur un plateau horizontal en fonte F, animé d'un mouvement de rotation qui, comme on le verra plus bas, est comparativement très-lent.

Il importe de remarquer que, pour augmenter la division de la matière et la force d'impulsion du cylindre à brosse, on a eu le soin de ménager au-dessus de celui-ci, à l'entrée de la caisse, une ouverture que règle l'espèce de valve ou de clapet *g*, et par laquelle l'air extérieur, aspiré vivement par la rotation, se précipite dans la boîte; de sorte que le poil est attiré avec plus d'énergie contre la fente verticale *f*, et par suite contre la forme conique. Ce clapet peut s'ouvrir plus ou moins, selon que l'on veut augmenter ou intercepter l'entrée de l'air, et par suite accroître ou diminuer la force du courant; à cet effet, on en règle la position exacte, soit à l'aide d'un levier et d'une ficelle attachée à l'extérieur du bâti G, soit au moyen d'une chaînette et d'un contre-poids *h*.

Les rouleaux alimentaires *e* sont recouverts de drap, et

accompagnés de deux autres rouleaux semblables, également garnis de drap ou de feutre, et contre lesquels la brosse, en tournant, frotte les poils. La surface de ces rouleaux forme une espèce de sommier qui maintient les brins pendant l'action de la brosse, au fur et à mesure qu'ils sont délivrés par les rouleaux d'alimentation.

L'un de ces rouleaux reçoit son mouvement de celui *c'*, qui déjà entraîne la toile sans fin, et le communique aux autres par de petits pignons droits de même diamètre.

Pour que les poils ou les filaments de laine, chassés par l'air et la brosse contre la surface extérieure de la forme conique E, se réunissent et restent adhérens entre eux, il ne suffit pas de les souffler par une ouverture étroite, il faut encore les aspirer par un vide artificiel et partiel pratiqué à l'intérieur.

A cet effet, le plateau F est à jours, comme un croisillon à plusieurs branches ; il repose sur une table horizontale en bois H, entièrement ouverte à son centre, et qui forme le couvercle du coffre rectangulaire I, également en bois, dans lequel se trouve un ventilateur à plusieurs ailettes J. Ce dernier, animé d'un mouvement de rotation très-rapide, aspire l'air de la forme et l'envoie au dehors par l'ouverture latérale *h* du coffre (fig. 4).

L'axe *l* de ce ventilateur se prolonge de chaque côté, afin de reposer sur de larges coussinets *i* qui, fermés partout, sont maintenus graissés par les petits réservoirs d'huile, placés au-dessus. Cet arbre porte en outre une sorte de douille cylindrique, manchon *k*, pour recevoir sa commande de la grande poulie K, montée sur l'arbre moteur *m* de la machine mise en mouvement par la poulie fixe L, et dont on interrompt la marche à volonté en faisant passer la courroie sur la poulie folle L' (fig. 3), à l'aide de la fourchette d'embrayage M.

La couche de poils ou de fibres devant être d'une épaisseur

égale sur toute la circonférence, il est de toute nécessité de faire tourner la forme, pendant le travail d'une manière continue et régulière.

Pour cela, l'axe vertical *n*, qui porte le plateau et la forme, et qui pivote sur la crapaudine inférieure *o*, est commandé par une paire de roues d'angle *p*, *p'*, que fait mouvoir lentement l'arbre de couche en fer *q*, prolongé jusqu'à l'arbre moteur *m* (fig. 2) qui, lui-même, lui transmet son mouvement de rotation, mais en le ralentissant, par la vis sans fin *r*, engrenant avec la roue à dents hélicoïdes S (fig. 3 et 4).

Il est bon de remarquer que l'on peut élever plus ou moins le conduit projeteur D au moyen d'une vis en bois *t*, filetée dans le bord de la table E (fig. 1), ce conduit, couvert entièrement en dessus par une planche, est également fermé à l'entrée, autour de la brosse cylindrique, par une feuille cintrée *u*, en tôle ou en zinc, pouvant s'enlever à volonté.

Jeu de l'appareil. — Les poils ou filaments de laine étant, comme nous l'avons dit, étendus en couche mince sur la toile sans fin et amenés aux rouleaux alimentaires, sont brossés et emportés par la brosse cylindrique dans le conduit rétréci qui les projette sur la forme conique perforée, E, à travers laquelle se fait l'aspiration rapide et continue.

La forme tournant lentement sur elle-même, les poils s'y déposent régulièrement sur toute sa surface, jusqu'à ce qu'on ait obtenu l'épaisseur voulue.

Au commencement de l'opération, il faut fermer le clapet *g*, afin que le courant d'air qui dirige les fibres vers la forme soit lent et uniforme ; mais quand on a une sorte d'étoffe légère, on ouvre ce clapet graduellement pour augmenter le courant et déposer par suite les filaments avec plus de force sur la couche existante. Si l'on ne prend pas cette précaution, on produit des inégalités qui peuvent rendre le chapeau défectueux. Cette manœuvre est d'ailleurs d'autant plus nécessaire qu'après une certaine épaisseur, l'action du ventilateur aspirant a nécessairement moins d'influence.

Dès que l'on a obtenu la couche voulue, on la recouvre d'une feutrière humide en laine, pour la maintenir sur la forme; cette opération doit se faire avant d'interrompre la pression de l'air.

Les auteurs américains ont proposé à cet effet le procédé suivant, auquel ils paraissent donner la préférence.

On prend un morceau de drap pour recouvrir la partie supérieure; on y applique ensuite une bande de même étoffe préalablement enveloppée sur un rouleau. A mesure que la forme tourne, le drap s'enroule autour d'elle.

On enlève alors le moule, que l'on remplace par un autre, afin de préparer un feutre semblable pendant l'opération de l'apprêt du précédent.

A cet effet, on a le soin de coiffer la feutrière d'un chapeau métallique percé de trous assez grands, et d'introduire de même, dans l'intérieur de la forme, une sorte de garde ou de contre-forme, également métallique, aussi percée de grands trous. On plonge le tout dans un bain d'eau chaude, afin de donner du corps au feutre qui vient d'être basti.

Les trous percés dans le chapeau et dans la contre-forme permettent à l'eau chaude de pénétrer dans toute l'épaisseur du feutre. Le premier, le chapeau, empêche les poils de se déranger, et la seconde que la forme ne s'aplatisse sous la pression de l'eau.

Après cette immersion de quelques minutes dans le bain, l'étoffe acquiert une ténacité suffisante pour qu'on puisse la sortir du moule; mais elle ne serait pas cependant assez solide pour être employée dans cet état à la fabrication des chapeaux.

Il faut de toute nécessité, pour lui donner la force et la consistance nécessaires, la soumettre à l'opération du feutrage.

C'est cette transformation délicate et difficile que M. Laville est arrivé à effectuer mécaniquement par le système ingénieux que nous allons décrire.

§ 5. — Machine à feutrer, figures 6 à 10 de la planche XVIII.

La figure 6 représente une élévation, vue de face, de la machine toute montée et fonctionnant.

La figure 7 est un plan général vu en dessus.

La figure 8 en est une section transversale.

Les figures 9 et 10 sont deux fragments d'élévation, en vue extérieure et en coupe, des cylindres ou rouleaux feutreurs et de leurs mouvements.

Cet appareil se distingue de tous les systèmes proposés pour feutrer les étoffes en ce qu'il opère simultanément, dans des conditions identiques, sur les deux côtés de l'étoffe en travail. Cette circonstance permet d'activer la fabrication, d'y apporter une économie notable et de donner aux chapeaux des épaisseurs sensiblement plus faibles vers le milieu que vers les bords.

Le système se compose de deux séries de rouleaux en bois A et A′, traversés par des axes de fer et placés en quinconce les uns au-dessus des autres sur deux lignes parallèles, avec cette particularité qu'ils sont animés de deux mouvements très-distincts, dont l'un, rotatif et continu, constamment dans le même sens pour chaque série, et l'autre, au contraire, rectiligne et alternatif, toujours en sens opposés pour les deux séries; c'est-à-dire que lorsque les rouleaux supérieurs A′ s'avancent à droite, par exemple, les rouleaux inférieurs A marchent à gauche (fig. 8) et cela malgré la commande dans le même sens.

Il importe de remarquer que tous ces rouleaux n'ont pas

exactement le même diamètre depuis l'entrée de l'étoffe jusqu'à la sortie : l'auteur, pour effectuer le feutrage dans le sens de la longueur aussi bien que dans celui de la largeur, a cherché à ralentir graduellement la vitesse de rotation en diminuant successivement le diamètre des cylindres d'une manière insensible.

Si l'on suppose, par exemple, que la réduction ou le refoulement proprement dit soit de 5 centimètres sur toute la longuer existante, il suffit de donner au dernier rouleau une circonférence de 5 centimètres de moins qu'à celle du premier, et de réduire de même proportionnellement tous les intermédiaires, et cela aussi bien pour les cylindres inférieurs que pour les cylindres supérieurs.

En admettant, par conséquent, qu'une série comprenne quinze rouleaux successifs rangés dans le même plan, et que le premier à gauche, fig. 6, ait 25 centimètres de circonférence, le dernier n'en aura que 20, et les intermédiaires ne différeront entre eux que d'un tiers de centimètre.

Par cette disposition, le feutrage en longueur s'effectue graduellement et d'une manière presque insensible d'un rouleau à l'autre, mais suffisante néanmoins sur la totalité.

On peut donc, de cette sorte, produire des feutres d'une grande étendue; car, en réunissant les deux extrémités comme pour en faire une courroie ou une toile sans fin, il devient facile de continuer l'action sur toute la longueur de la pièce, en la faisant revenir successivement et plusieurs fois sur elle-même, afin qu'elle reçoive dans toutes ses parties autant de passages qu'on le juge convenable pour lui faire acquérir l'épaisseur nécessaire.

Nous venons de dire que les deux séries ou les deux rangs superposés de cylindres A et A′ sont animés de deux mouvements distincts : l'un rotatif et lent, mais continu; l'autre rectiligne et plus rapide, mais alternatif. A cet effet, les axes de ces rouleaux sont prolongés et portés par deux châssis parallèles en fonte B, B′, tenus en suspension par des tiges à pivot *a* et *a′*.

Ainsi l'arbre de couche *d*, qui reçoit la poulie motrice V et la poulie folle V′, est muni de deux manettes semblables D, D′, qui se relient chacune par l'autre bout aux deux équerres en fer ou en fonte E, E′, auxquelles sont assemblés par articulation les liens ou brides *c* et *c′*.

Les deux brides inférieures communiquent naturellement au premier châssis B, qui porte les rouleaux A, et celles supérieures *c* s'assemblent avec le second châssis B′, qui porte les rouleaux A′; et comme les équerres E, E′ ont leur point d'appui ou leur centre d'oscillation placé entre ces deux séries de brides, il est évident que le mouvement alternatif qu'elles reçoivent et transmettent aux deux châssis s'effectue constamment en sens contraires, ce qui est nécessaire pour opérer le frottement des rouleaux sur la pièce, et par suite pour produire le feutrage en largeur.

Pour obtenir le mouvement de rotation, l'arbre *d* porte une vis sans fin *v*, qui engrène avec une roue droite R, à dents hélicoïdes, dont l'axe *f* prolongé s'assemble par une sorte de griffe avec une tige intermédiaire *g*, reliée de même à l'axe de l'un des rouleaux situé vers le milieu de l'un des côtés du châssis supérieur B′.

Sur le même axe *f* est un pignon droit *p*, engrenant avec un pignon semblable *p′*, de même diamètre, ajusté sur un axe parallèle et plus court *f′*, qui s'assemble de la même manière, avec une seconde tige intermédiaire, laquelle communique avec l'un des rouleaux du châsis inférieur B.

Or, tous les rouleaux sont aussi munis, à l'autre extrémité de la commande précédente, de pignons droits *h* (fig. 8 et 9) de même rayon et de même denture, qui n'engrènent pas entre eux, parce qu'ils ne tourneraient pas tous dans le même sens.

La première série est disposée pour engrener avec les pignons *m'* placés au-dessus ; la seconde, au contraire, est combinée pour engrener avec les pignons *m* placés au-dessous.

De cette sorte, tous les rouleaux reçoivent un égal mouvement de rotation, dans le sens convenable ; seulement les premiers, ceux supérieurs, tournent dans un sens, et les seconds, ceux inférieurs, tournent naturellement en sens contraire.

Cette disposition de double mouvement est d'autant plus rationnelle qu'elle permet, en faisant les dentures des engrenages un peu longues, d'écarter ou de rapprocher les deux séries de cylindres d'une certaine quantité, pour être en rapport avec l'épaisseur même des pièces à feutrer, tout en conservant à chacun leur marche rotative.

Comme il est utile que les rouleaux supérieurs exercent pendant le travail une pression plus ou moins considérable sur les rouleaux inférieurs, l'auteur a adapté dans le haut du grand châssis B' des tringles verticales R', qui descendent vers le bas de l'appareil, afin de se relier à des leviers L, dont les axes prolongés portent, vers le milieu, les bascules ou tiges horizontales M, que l'on charge d'un poids N ; ce dernier, suivant qu'il est poussé vers l'une ou l'autre extrémité, augmente ou diminue la pression ; par conséquent l'ouvrier a toujours la faculté de régler celle-ci à sa volonté.

On sait que l'opération du feutrage ne peut s'effectuer qu'avec une chaleur humide et suffisamment élevée. A cet effet, l'appareil est muni de deux bassines ou réservoirs d'eau chaude, l'une inférieure G dans laquelle plongent en partie les cylindres inférieurs, l'autre supérieure T' munie de robinets à sa base pour déverser également des filets d'eau sur les cylindres supérieurs.

Sur la coupe (fig. 8), on reconnaît la bassine G, contenant l'eau nécessaire et portée par un deuxième fond à rebord G', lequel repose sur le sommet de quatre tiges verticales en fer H, dont on règle exactement la hauteur au moyen de quatre cames semblables I, I' rapportées sur les axes J, J'.

Ces axes communiquent entre eux par une chaîne de Gall; sur l'un est adapté une manivelle m^2, que l'on tourne à volonté à droite ou à gauche, pour faire monter ou descendre les quatre tiges et avec elles le faux fond et la bassine.

Une roue à rochet, munie de son cliquet d'arrêt *o* (fig. 6), retient le tout en place, lorsqu'on a ainsi fixé la hauteur précise du système, pour que la surface inférieure des rouleaux A trempe de la quantité voulue dans le liquide.

Lorsque la bassine doit être tout à fait descendue, les cames sont tournées en sens contraire de la position qu'elles occupent sur le dessin ; on la fait reposer par son faux fond, au moyen de six galets *q*, sur les parties saillantes *r* ménagées au cadre en fonte *s*, qui est renfermé à l'intérieur des bâtis S de l'appareil.

La caisse supérieure T, qui doit alimenter la seconde série de rouleaux A', également fixée sur les côtés du bâti, est munie à sa base de plusieurs tubulures à robinets, qui déversent l'eau chaude sur toute l'étendue des cylindres d'une manière régulière.

Il est évident que cette caisse, comme la bassine inférieure, pourrait être disposée de manière à être au besoin chauffée à la vapeur, afin de maintenir l'eau constamment à la même température.

Travail et application de la machine. — Il est facile de comprendre maintenant comment fonctionne l'appareil : il suffit de présenter l'espèce de galette plate ou conique qui a été préalablement bâtie, à la friction des rouleaux A et A' ; leur mouvement l'entraîne par une action continue, en même temps qu'ils exercent une friction latérale et alternative sur les deux faces de l'étoffe, qui chemine ainsi toujours soumise à deux pressions énergiques et simultanées, l'une dans le sens longitudinal, l'autre dans le sens transversal.

L'opération doit se renouveler plusieurs fois, afin de resserrer de plus en plus les fibres de l'étoffe et de lui donner ainsi plus d'épaisseur et plus de consistance.

On conçoit que pour les chapeaux qui, comme on l'a vu plus haut, sont déjà préparés sur une forme conique, il est essentiel de les feutrer inégalement, c'est-à-dire de les faire plus épais sur les bords que sur le fond. On obtient aisément ce résultat en pliant préalablement les bords extérieurs de la pièce plusieurs fois sur eux-mêmes, afin qu'en la passant entre les rouleaux ces bords se feutrent nécessairement davantage et acquièrent, par suite, sensiblement plus d'épaisseur.

Cette machine peut servir, comme nous l'avons dit, au feutrage et au foulage de toute espèce d'étoffes, soit en laine, soit en mélange de coton et de laine. Son application ne nécessite aucun changement de principe, mais seulement des modifications accessoires dans le mode de conduire l'étoffe qui, du reste, peut être analogue à celui employé dans les autres machines.

Les rouleaux, au lieu d'être unis comme ils ont été représentés, reçoivent, dans certains cas, des cannelures longitudinales, transversales ou hélicoïdes.

Lorsqu'il s'agit de fouler une pièce d'étoffe d'une certaine étendue, on en forme une sorte de tube, en réunissant les deux lisières par une couture provisoire. Ce tube est introduit tout aplati entre les rouleaux de l'appareil, et le double mouvement qui leur est imprimé le foule et le comprime en faisant frotter les deux côtés l'un contre l'autre. On arrive ainsi à fouler l'étoffe au point voulu, tout en lui conservant une largeur uniforme dans toute son étendue.

On pourrait, suivant l'auteur, superposer un certain nombre de pièces d'étoffe semblables qui, en passant entre les rouleaux, seraient foulées simultanément. Mais jusqu'ici l'application de cette machine a exclusivement servi à l'industrie des chapeaux ou autres feutres. Les tissus acquièrent par son action spéciale un caractère carteux qu'on cherche généralement à éviter à ces sortes de produits.

§ 6. — Machine spéciale pour réunir des feutres à des tissus pour faire des feutres mixtes.

On fait à Sedan, surtout pour certains articles destinés à la chaussure et aux fournitures pour l'armée, une étoffe composée d'un feutre et d'un tissu léger de laine réunis par l'action du feutrage et d'une machine fort ingénieuse, dont le principe a été breveté, en 1845, au profit de M. Tavernier, de Passy.

Le feutre et le tissu superposés cheminent ensemble sous l'action mécanique exercée par un tambour qui a un mouvement d'oscillation autour de son axe, de droite à gauche et de gauche à droite, et détermine ainsi une friction sur les surfaces réunies et imbibées d'une eau savonneuse. Ces deux effets réunis produisent le soudage intime de l'étoffe, dont les faces peuvent facilement présenter des apparences diverses, suivant celles des pièces qui les composent. On peut ainsi arriver également à avoir un feutre d'un côté et un tissu de l'autre, ou un feutre entre deux tissus, ou une étoffe entre deux feutres, etc. Nous donnons un profil vertical de la machine, pl. XXXVI, fig. 6.

A, tambour feutreur rembourré de toile, mis en mouvement par la vis sans fin V. Il a un mouvement de rotation autour de son axe, et en même temps un mouvement de balancement alternatif de gauche à droite et de droite à gauche.

V, vis sans fin, ayant un mouvement de va-et-vient, et imprimant les deux mouvements au tambour A.

C, pignon imprimant le mouvement de rotation à la vis V.

D, arbre creux, qui permet au pignon C de tourner sans empêcher le va-et-vient de la vis V.

E, piston qui imprime le mouvement de va-et-vient à la vis V. La course de ce piston est réglée à volonté, suivant qu'il est monté ou descendu à l'aide des trous 1, 2, 3.

G, prise du mouvement.

H, pièce oscillant sur son axe I, I, et à dents mobiles, qui donne le mouvement au piston E et à l'arbre J.

I, mouvement de bielle.

J, arbre donnant le mouvement aux arbres verticaux L, M, N.

L, N, arbres mettant en mouvement les rouleaux 4, 5, 6, menant une toile sans fin.

M, arbre imprimant le mouvement au pignon C.

4, 5, rouleaux conduisant la toile sans fin.

6, rouleau du tendeur.

O, nappe de laine ou feutre et tissu enroulés ensemble.

P, tuyau d'arrosement d'eau de savon, chaude ou froide. Cette eau vient d'un bassin placé à un étage supérieur et chauffé à la vapeur; elle tombe en forme de pluie à l'aide d'un tuyau, percé de trous d'écumoire, qui règne dans toute la largeur du tambour A. Cet arrosement est réglé à l'aide du robinet *q*, qui est, pendant le travail, alternativement ouvert et fermé par une petite transmission de mouvement, trop simple pour être décrite. Dans l'intérieur du tuyau d'arrosement, une petite brosse tourne et a un petit mouvement de va-et-vient qui entretient toujours dégagés les trous d'arrosement du tube.

Cette eau peut être recueillie sous la machine et remontée à l'aide d'une pompe dans le bassin supérieur d'où elle est partie, pour retomber en pluie sur la machine.

R, R, vis sans fin communiquant le mouvement aux arbres L, N.

Les pièces E, B, C, D, M, J sont répétées de l'autre côté de la machine, qui est symétrique dans sa disposition.

S est une pièce courbe en cuivre étamé; en retenant une partie du bain d'arrosement, elle permet au travail de s'opérer dans un filet liquide, qui contribue à la réussite du travail.

§ 7. — Machine à coudre ou à piquer des nappes de laine pour les soumettre au foulage.

Pour feutrer et fouler les nappes par les moyens passés en revue jusqu'à présent, il faut avoir recours à des machines spéciales très-coûteuses; on ne peut guère y songer que pour une grande fabrication et pour des articles de prix assez élevés, devant la dépense desquelles le fabricant de lainages foulés ordinaires recule souvent. M. François Durand a songé à un moyen qui permet d'arriver à se servir des foulons quelconques en usage pour feutrer des nappes; son idée consiste dans la réunion des couches cardées ou autres par une espèce de couture ou faufilage dans le sens de la longueur et de la largeur avec des fils de laine, par conséquent également feutrables. La surface ainsi bâtie d'une façon assez solide pour ne pas s'emmêler, et conserver la forme voulue, peut être foulée comme un tissu ordinaire par les machines en usage. Seulement, comme le système est surtout destiné à des produits à bas prix, tels que des chaussons, des tapis communs imprimés, des enveloppes, etc., il a fallu arriver à diminuer autant que possible les frais de la préparation préalable de la couture. C'est à la réalisation de ce résultat que s'est appliqué M. Imbs fils, l'un des concessionnaires du brevet de M. Durand. Il a fait lui-même breveter, en 1858, *un métier propre à coudre et à piquer les nappes de laine et autres matières textiles*. Cette ingénieuse machine, que nous avons vue fonctionner d'une façon tout à fait pratique, a été surtout appliquée à faire des tapis et des étoffes pour chaussures. MM. Imbs étaient arrivés à combiner des étoffes formées de nappes de substances différentes ; la laine et les poils en formaient les bases principales. On y mélange parfois les déchets du peignage de la bourre de soie ; d'autres fois on réunit des couches en matières feutrantes à un tissu léger interposé. Ces industriels ont produit ainsi des articles imprimés remarquables par leur apparence, leur prix et leur solidité.

La figure 1, planche XXXIX, montre une élévation latérale, et la figure 2 un plan de cette machine.

La figure 3 indique une élévation de face, et la figure 4 une section transversale en élévation.

Les deux figures réunies sous la dénomination 5 et 6 représentent, à moitié de grandeur naturelle, deux positions différentes des aiguilles en travail relativement à l'étoffe et aux cadres G, G' qui la maintiennent. A l'aide de ces quatre figures, on peut se rendre compte de la manière dont se forme le point.

La figure 7 montre, à une échelle grandeur d'exécution, une aiguille vue en élévation sur ses deux faces, et la figure 5 indique, à moitié grandeur naturelle, l'assemblage du porte-aiguille dans les glissières du bâti.

Nous allons d'abord donner en légende le détail de toutes les pièces dont nous examinerons ensuite le jeu.

A, bâti en fonte.

A', traverse en fonte.

B, peigne, c'est-à-dire ensemble du système d'aiguilles opérant la couture des nappes.

b', coulisses placées intérieurement au bâti pour le jeu du peigne.

C, cylindres cannelés d'arrière.

C', cylindres cannelés d'avant.

D, disque à taquets sur le cylindre inférieur d'avant pour donner aux cylindres C, C' un mouvement intermittent.

E, manivelle à coulisse donnant le mouvement du peigne.

F, fourche d'embrayage et de débrayage de la courroie.

G, pièce à rainure placée entre les deux paires de cylindres, supérieure à la nappe et disposée pour guider l'aiguille de trame à travers les boucles qui se forment dans les rainures. Cette pièce sert aussi à maintenir la nappe pendant la montée du peigne.

G', pièce semblable au-dessous de la nappe pour la soutenir pendant la descente du peigne.

H, bielles du peigne.

I, arbres commandant le peigne et tournant dans de longues douilles à coulisses boulonnées au bâti.

K, contre-poids pour le jeu du grand levier L.

L', retour d'équerre du levier L portant le contre-poids K.

M, montant boulonné au bâti à côté des cylindres cannelés et portant le point fixe du levier de rembrayage *f*.

N, cliquet assemblé sur la douille *d* pour retenir le levier L pendant la marche, et se soulevant à l'instant du débrayage.

N', pièce assemblée à l'extrémité de la douille *d* et munie d'une queue qui pénètre dans la coulisse *j* du levier *l* et déterminant le jeu de la pièce N.

P, poulies.

Q, toile sans fin.

R, rouleau d'alimentation menant une toile sans fin.

R', rouleau délivreur enroulant la nappe piquée.

S, support de l'arbre X.

T, longue tringle traversant au-dessus de la machine et portant à son extrémité le porte-aiguille *p* et en son milieu la pièce *x*.

T', tringle jouant avec le levier L pour l'arrêt du peigne.

X, arbre moteur.

a, aiguille de trame terminée par un petit crochet auquel l'ouvrier attache le fil de trame.

b, socle du peigne.

b', *b''*, traverses maintenant les aiguilles du peigne.

c, chaînette pour le jeu du cliquet *m* de la tringle T.

d, douille portant les pièces N, N', oscillant sur un axe qui la traverse et qui est fixé à deux saillies du bâti.

e, équerres boulonnées à la traverse A' portant les points fixes *q'* des leviers *q* qui déterminent l'arrêt du peigne.

f, levier terminé par une fourche qui embrasse la tringle T et qui se rattache au levier L par la bielle de rembrayage *n*. Le levier *f* oscille autour de son point fixe sous la pression de la pièce *x*, quand l'ouvrier repousse la tringle T qui entraîne l'aiguille de traverse munie de son fil.

g, pièces d'attache des bielles H au socle du peigne.

h, pièce fixée au levier L et qui vient s'accrocher pendant la marche au nez qui termine le cliquet N.

i, pièces fixées au socle du peigne et qui viennent buter contre les pièces *q* à l'instant du débrayage pour déterminer l'arrêt exact du peigne.

j, coulisse du levier *l* où pénètre la queue de la pièce N'.

k, contre-poids de la tringle T, disposé pour l'entraîner au moment du débrayage et pour faire traverser l'aiguille *a*.

k', contre-poids du levier *l*.

l, levier oscillant portant le contre-poids *k'* terminé à son extrémité par le nez mobile *z* et muni de la petite coulisse *j*.

m, cliquet retenant la tringle T par la pièce *x* jusqu'au moment du débrayage, où ce cliquet est soulevé par le jeu de la pièce *s* fixée au levier L.

n, bielle de rembrayage.

o, pignons sur les arbres I.

o', pignon du même nombre de dents que *o* portant la pièce *r* munie d'un taquet.

p, porte-aiguille fixé à la tringle T.

q, leviers qui oscillent en *q'* et viennent se présenter sous les pièces *i* pendant l'arrêt pour s'écarter ensuite pendant la marche.

r, porte-taquet fixé sur la douille du pignon *o'* et venant buter contre un des taquets *t* du disque D pour faire tourner ce disque d'une portion de circonférence au moment où le peigne est au bas de sa course.

s, pièce d'attache de la chaînette *c*.

t, taquets du disque D.

u, pièce fixée au socle du peigne pour le jeu du nez mobile *z*.

v, support dans lequel glisse la tringle T et qui porte le cliquet *m*.

v', support de glissement placé à l'autre extrémité de la pièce G.

x, pièce fixée sur la tringle T et à laquelle est attachée la corde du contre-poids K.

y, petite bielle à fourche rattachant la tringle T' au levier L.

z, nez mobile terminant le levier *l* et muni d'un petit contre-poids. Pendant la montée du peigne, il est soulevé par la pièce *u* sans entraîner le levier *l*, et retombe dans sa position première après son passage, par l'influence de son contre-poids.

Au moment de la descente du peigne, le nez *z* est entraîné par la pièce *u*, entraîne avec lui le levier *l*, détermine le mouvement du cliquet N' et du cliquet N, et par suite le débrayage du levier L, l'arrêt du peigne et le départ de la tringle T et de l'aiguille de trame *a*.

Transmissions de mouvement. — Le mouvement est donné à la machine par la courroie qui passe sur la poulie P et l'arbre X portant les poulies : ce mouvement se transmet par deux pignons 2, 2 placés un de chaque côté du métier, à deux roues intermédiaires 3, 3.

Les arbres des roues 3, 3 portent chacun un pignon denté 4, 4, qui commandent par des roues dentées intermédiaires et par les roues dentées *o*, *o* les arbres I, I dont l'action fait fonctionner les manivelles E, E, les bielles H, H, et par suite le peigne qui reçoit ainsi un mouvement alternatif vertical d'élévation et d'abaissement.

Un des pignons 4 (fig. 3) commande également une roue dentée *o'* dont le moyeu porte le taquet *t'* qui, à chaque tour, fait avancer une cheville *t* de la roue D.

L'avancement de la nappe à piquer se fait donc d'une manière régulière chaque fois que les aiguilles du peigne descendent, de telle sorte qu'en remontant, les aiguilles rencontrent une nouvelle surface d'étoffe pour y faire une nouvelle rangée de points.

A un certain moment de la descente et lorsque l'aiguille se trouve dans la position indiquée dans le second mouvement de la figure 6, c'est-à-dire lorsque les boucles du fil de la chaîne sont formées, la pièce *u* rencontre le nez *z* et, comme il a été expliqué dans la légende, détermine le débrayage du levier L, l'arrêt du peigne et le départ de la tringle T et de l'aiguille de trame *a*.

En même temps, les leviers *q* viennent se placer sous les pièces *c'* pour fixer la position du peigne en empêchant momentanément sa descente.

L'ouvrier attache un fil au crochet qui termine l'aiguille *a*, et repousse la tringle T en faisant passer le fil de trame à travers les boucles de la chaîne et relevant le levier L' pour embrayer à nouveau la courroie.

Par ce mouvement, le cliquet *m* s'abat pour retenir la pièce *x*, et en conséquence fixe la position de la tringle T, jusqu'au moment du nouveau débrayage ; le cliquet N s'abat sur la pièce *h* pour maintenir la position du levier L, et la tringle T pousse les leviers *q*, qui tournent autour des points fixes *q'*, en se déplaçant de manière à laisser libre la descente du peigne porte-aiguille sous l'action des bielles H, qui continuent leur mouvement un instant suspendu.

Après que le peigne est arrivé au plus bas de sa course, comme il est indiqué à la quatrième et dernière position de la figure 6, le taquet *t'* pousse une des chevilles *t* et délivre une certaine longueur d'étoffe amenée par la toile sans fin R, dont les rouleaux sont mis en action par un engrenage 5, et le mouvement est combiné avec celui des engrenages 6, 7 qui commandent les cylindres C, C'.

L'ouvrage fait s'enroule autour du cylindre R', dont la rotation est commandée également par des engrenages 8 et 9 recevant leur mouvement de l'arbre de la roue à chevilles.

Le peigne remonte alors en soulevant le nez *z*, qui cède sans difficulté par suite de sa disposition, et un nouveau point recommence.

Les bobines 10 alimentent de fil toutes les aiguilles qui forment la chaîne, pour ainsi dire.

L'on peut modifier à volonté l'écartement des points de piquage et la manière d'opérer permet de les exécuter avec une solidité parfaite ; on comprend également que la nappe d'étoffe est toujours régulièrement piquée, quel que soit le peu de résistance qu'elle présente, cette étoffe, ouate, nappe de tissu ou matière quelconque, étant toujours maintenue entre les deux pièces guides G, G' dont la supérieure G est percée de l'orifice nécessaire au passage de l'aiguille de trame.

§ 8. — Machine à feutrer les boudins cardés pour en faire des fils.

Nous avons déjà dit qu'on était arrivé à utiliser le principe du feutrage à la confection de certains fils cardés. A cet effet, l'inventeur, M. Vouillon, s'est fait breveter pour une machine qui prend les rubans ou boudins fournis par la carde sur des rouleaux, et les soumet, soit directement, soit après leur avoir donné un étirage, à un appareil à surboudiner, à sa machine à feutrer. Celle-ci agit sur les fils en leur donnant un degré de cohésion pour les rendre plus solides et surtout beaucoup plus homogènes que les fils cardés ordinaires. Des produits aussi délicats que le sont les boudins de préparation n'exigent qu'un faible degré de feutrage, et par conséquent peu de travail pour arriver à la résistance voulue. Une seule opération rapide entre les surfaces feutrantes, une faible action mécanique et un jet de vapeur suffisent pour produire l'effet, de même qu'une description succincte est à peine nécessaire pour faire comprendre la machine. La figure 1, pl. XL, la représente en élévation, et la figure 2 en donne un plan.

Le principe de l'appareil est celui des rotas frotteurs employés dans les filatures de coton, des boudineuses des préparations de la laine peignée, comme les organes de sortie de certaines cardes à laine. Les boudins, enroulés autour du cylindre R, se déroulent par la friction des rouleaux *r*, *r'*. Les rubans boudins, ou fils élémentaires se développent parallèlement entre eux, avec une faible tension, pour se rendre, convenablement dirigés, sur une toile sans fin T, guidée et tendue par les cylindres *o*, *o*, *o*, et *o'*. Les fils *f*, *f*, *f*, se présentent dans la direction du mouvement de cette toile indiquée par une flèche. Au-dessus des fils, en contact avec eux et la toile sans fin, sont placés une série de rouleaux K, K, K, doués d'un mouvement de translation parallèle à leurs axes, imprimé par des excentriques *e*, *e*, *e*, mus par l'arbre *a*, au moyen des poulies *p*. La toile se mouille dans son passage par une légère eau de savon chaude, contenue dans le petit bac B, et reçoit un jet de vapeur, tant pour maintenir les fils en moiteur et pour les ramollir que pour les préserver de l'action directe du frottement. A mesure que celui-ci agit, les fils avancent vers le côté opposé à celui par lequel ils entrent, et viennent s'envider autour du dévidoir D, animé d'un mouvement de rotation convenable. Tout en se contractant et en se feutrant, les fils peuvent recevoir un certain degré d'étirage, en imprimant au dévidoir une vitesse plus grande que celle de la toile; on produit en général de cette façon une augmentation de longueur d'environ 1/10. On peut encore arriver à l'étirage en donnant une vitesse différentielle aux rouleaux conducteurs de la toile sans fin. Ce sont là des points secondaires et de détail à organiser suivant les divers cas.

Nous avons déjà fait ressortir la différence des caractères entre les fils ainsi obtenus et ceux produits par le filage ordinaire au métier; nous n'avons par conséquent pas à y revenir, mais à parler de quelques autres éléments spéciaux à cette machine. Les boudins ne supportant aucune traction, aucune fatigue, en se consolidant par le feutrage dès le début du travail, il devient très-facile de transformer ainsi les déchets les plus courts des matières les plus communes, qui ne présentent plus les difficultés que rencontre leur filage. Non-seulement la production des fils mélangés peut être singulièrement facilitée avec ce mode de transformation, mais il présente alors un effet particulier très-avantageux : si on feutre ensemble deux sortes de laine, la plus fine viendra constamment à la surface extérieure du produit. Ce fait s'explique par le mouvement des brins; les plus ténus et les plus feutrables sont chassés du centre à la circonférence. On peut aussi accoler parallèlement ou par l'enroulement deux fils de nuances différentes et les feutrer ensemble, sans augmentation de frais de production. Ce doublage peut avoir lieu régulièrement ou irrégulièrement, d'une manière continue ou intermittente, et rendre ainsi des fils moulinés, mouchetés, chinés, etc., avec des apparences originales et dans des conditions nouvelles, toujours avec la même facilité et sans plus de dépense que n'en exige la production des fils simples. Quels que soient d'ailleurs les genres obtenus par ce procédé, ils sont remarquables par leur légèreté. N'étant pas tordus, ils ont plus de volume à égalité de poids, comparés aux produits filés. Etant moins denses, ils présentent par suite plus de facilité au foulage et aux apprêts des articles spéciaux auxquels ils peuvent être appliqués, et sans occasionner autant de bourre, c'est-à-dire de déchets de laine aux dernières transformations.

La question du graissage se trouve également modifiée : il n est plus nécessaire que pour le cardage. La proportion d'huile peut être notablement diminuée. Quant au prix de revient du feutrage par rapport à celui du filage, il est également moindre.

Les considérations qui précèdent sont de celles qui se présentent tout d'abord à l'esprit des personnes compétentes ; il en est d'autres à faire valoir en faveur du produit nouveau, dont le principe paraît si rationnel qu'il doit amener des conséquences avantageuses ; il n'est donc pas inutile d'en dire quelques mots encore. Tous les lainages foulés et drapés sont d'autant plus difficiles à feutrer et à apprêter que les fils qui les composent sont plus tordus, toutes choses égales d'ailleurs. La torsion présente un obstacle au foulage et finit néanmoins par être plus intimement fixée ou incorporée dans le tissu par l'action du travail. Les spires produites par la torsion, si faciles à distinguer et à défaire dans de l'étoffe en pièce avant le foulage, ne sont plus visibles et ne peuvent plus être atteintes que très-difficilement après. Or, c'est précisément ce que les opérations ultérieures du *lainage* ou *garnissage*, traitées plus loin, sont chargées de faire. Ce n'est que par un long et laborieux effet des chardons sur le tissu, en lui enlevant une fraction notable de sa matière, transformée par ce fait en déchet, et en affaiblissant l'étoffe, qu'on parvient à garnir les fils en partie seulement.

Pour éviter cet inconvénient et ce travail irrationnel, on produit parfois des étoffes chaudes, épaisses et cependant relativement légères, en mettant une quantité suffisante de fils dans le tissu pour qu'il soit peu conducteur et fort, sans avoir besoin d'être foulé. Le fil feutré paraît particulièrement propre à ces sortes d'articles et surtout à tous les genres ras de la draperie. En effet, les produits doivent-ils être foulés, ils seront avantageux s'ils ne présentent pas les deux inconvénients signalés ci-dessus pour les tissus en fils tordus. Sont-ils au contraire destinés à des nouveautés façonnées, l'absence du duvet à leur surface permettra d'arriver à des effets d'une netteté particulière, que ne peuvent donner les meilleurs fils cardés, toujours pelucheux lorsqu'ils sont obtenus au métier à filer.

Dès l'apparition des fils cardés et des moyens relativement simples de les produire, nous avions indiqué les avantages que nous venons d'énumérer. Chargé à l'exposition de Rouen, en 1859, de faire un rapport, comme membre du jury, sur la machine nouvelle qui ne fonctionnait encore que depuis très-peu de temps, nous n'avons pas hésité à demander au jury sa première récompense, qu'il a bien voulu accorder à cet ingénieux procédé.

Nous devons dire que notre opinion si favorable à cette invention aurait été au besoin affermie par celle de l'un des industriels les plus compétents en pareille matière, M. Dannet, de Louviers : sur notre demande, il a bien voulu chiffrer les avantages des fils feutrés, dans une note dont nous extrayons les appréciations suivantes :

Les calculs portent sur l'emploi et les transformations de 50,000 kilogrammes de fil de laine, et les conséquences résultant de la fabrication, avec des fils feutrés au lieu d'être filés.

1° Par la filature ordinaire, la proportion des déchets varie, en général, de 2 à 6 pour 100, soit une moyenne de 4 pour 100. La valeur de ces déchets n'étant plus d'ordinaire que la moitié de celle du fil, la perte sera, par conséquent, sur 50,000 kilogrammes à 4 pour 100 = 2,000 kilogrammes. Si nous supposons le fil à 9 francs le kilogrammme, la perte sera de 2,000^k × $\frac{9}{2}$ = 2,000 × 4^f,50................ 9,000 francs,

qui sont presque complètement évitées par le feutrage du fil.

2° L'économie de graissage pourra être de moitié : sur une dépense d'environ 8,000 francs d'huile, soit....... 4,000

3° La quantité de bourre faite aux apprêts à peu près complètement perdue représente 1/2 pour 100 ou 2,500 kilogrammes : on peut à bon droit supposer qu'on en fera à peine 1,500 avec les fils nouveaux, c'est donc de ce chef encore une économie de 1,000 × 9......... 9,000

4° On pourrait ajouter une différence de prix entre le filage et le feutrage en faveur des produits obtenus par ce dernier moyen, nous ne la mentionnons que pour mémoire.

Le chiffre des économies directement assurées sur 50,000 kilogrammes est par conséquent de............ 22,000 francs, sur 50,000 kilogrammes de lainage d'une valeur d'environ 900,000 fr., ou environ 2,44 pour 100, sans compter les autres avantages signalés précédemment.

CHAPITRE XXI.

FOULAGE DES TISSUS.

Quatre points principaux sont à considérer dans le foulage des tissus : 1° le principe sur lequel repose l'opération, c'est-à-dire les causes du phénomène ; 2° les appareils et les machines employés à la transformation ; 3° la nature, les effets, le choix des ingrédients et les conditions indispensables à la réalisation du résultat ; 4° la méthode générale à suivre pour arriver à la perfection des résultats, pour les divers cas et les articles variés qui peuvent se présenter.

Le premier point, concernant les causes qui déterminent le phénomène, a été traité dans le chapitre précédent *du feutrage.*

Nous n'y revenons, dans ce qui suit, que pour en tirer les conséquences applicables aux faits spéciaux, qui auront besoin de s'expliquer par les principes généraux. Nous allons, par conséquent, aborder successivement les trois points suivants.

§ 4. — Appareils et machines à fouler.

Les machines applicables au feutrage, précédemment décrites, pourraient au besoin servir à fouler un tissu; mais l'action serait trop lente, donnerait en général des tissus trop cartonnés et ne remplirait pas, surtout pour certains articles, les conditions recherchées. Les étoffes n'étant pas exposées à la déformation, comme des nappes de fibres, peuvent d'ailleurs être soumises immédiatement à un travail mécanique plus énergique et plus susceptible tout d'abord de rapprocher les éléments. Aussi l'effet du foulage des plus vieux procédés repose-t-il sur l'action des chocs réitérés. Les anciens, comme nous l'avons démontré, chap. I, § 1, foulaient en piétinant avec élan sur le tissu, immergé dans un pot qui contenait le liquide voulu. La figure du texte, montrant l'ancien ouvrier foulonnier s'appuyant sur deux barres parallèles, prouve que l'effort exercé ne pouvait être mis en doute.

Pendant combien de temps a-t-on opéré de cette façon, et quel est l'inventeur des premiers appareils rustiques qui sont venus se substituer à l'action musculaire, aussi pénible que relativement lente? on n'en sait rien.

Les premiers appareils, dits *moulins à foulon* ou à fouler, étaient des espèces de mortiers à pilon; le drap et le liquide qui devait servir à l'action étaient placés dans le pot ou mortier, et un véritable pilon venait agir sur le tissu. Le premier mécanisme de ce genre est donné planche 25 du *Theatrum instrumentorum et machinarum* de Jacques Besson, publié en 1569. Depuis combien de temps ce genre de foulage était-il exercé alors?

on ne le sait pas davantage. Il est seulement juste de faire remarquer que ce moyen était vicieux, en ce sens que la masse de l'étoffe recevait l'action mécanique sur les mêmes points, si on ne la retournait à la main de façon à changer les parties sur lesquelles le choc agissait directement. La plus ancienne publication qui ait mentionné un véritable foulon avec l'auge circulaire paraît être un ouvrage connu sous le nom de *Dessins artificieux de toutes sortes de moulins*, etc., imprimé à Francfort, de 1617 et 1618. Le foulon donné dans cette collection a été reproduit planche 72 du *Theatrum machinarum novum*, traduit en latin de l'allemand par Schmit, imprimé à Cologne, en 1662. Mais il est évident que ces moulins à fouler devaient exister antérieurement au dix-septième siècle, où l'on a commencé à les publier. Les Sarrasins et les Arabes paraissent les avoir connus de tout temps. Lors de notre conquête de l'Algérie en 1830, on a trouvé des foulons identiques aux nôtres en principe, et n'en différant que par leur construction rustique. L'origine de ces engins devait dater de loin, si l'on considère la lenteur des progrès de ce genre chez les populations de ces contrées, et si l'on constate que la forme des maillets des foulons arabes n'est pas la forme primitive. On remarque, en effet, que les premiers maillets qui ont succédé aux pilons précédemment mentionnés n'avaient chacun qu'un cran ou une dent à la partie agissant sur le drap. Les foulons arabes, dont nous allons donner une idée, ont trois échancrures ou saillies, représentant les marches d'un escalier renversé, pour pouvoir agir sur plusieurs points du drap à la fois.

§ 2. — Foulons arabes.

Les calottes ou *chachiu* arabes, qui présentent des caractères et des qualités remarquables au point de vue de leur fabrication et surtout du foulage parfait, sont fabriquées sur une assez grande échelle aux environs de Tunis, sur la rive droite de la Mijerdah, tout près d'un gros bourg nommé Tebourba, situé sur la rive gauche de la même rivière. Les moyens employés par les industriels sont fort rustiques. Nous devons à l'obligeance de M. Benoît, ingénieur, membre du conseil de la *Société d'encouragement pour l'industrie nationale*, inventeur

Fig. 1.

d'un des premiers foulons cylindriques, un croquis fait sur les lieux d'un moulin à fouler, tel qu'ils sont établis. La rusticité de la construction n'empêche pas d'obtenir d'excellents résultats ; ces foulons diffèrent d'ailleurs peu de ceux qui étaient exclusivement employés en France il y a une vingtaine d'années, et dont un certain nombre sont encore en usage dans les vallées des localités où se fabriquent les tissus de laine.

La figure 1 donne une section verticale du foulon arabe. A, est l'auge dans laquelle est déposée l'étoffe à fouler; B est le maillet ou pilon, formé par des planches ou madriers superposés en gradins vers le bout pour agir sur le drap. Le tissu se trouve ainsi attaqué par les saillies ou dents *d*, *d*. Ce pilon est assemblé à un bras ou arbre N, passé obliquement dans un œil *x*, *x*, *x* pratiqué dans les pièces B. La partie supérieure de ce levier N repose par une pièce arrondie O, comme un pivot dans la crapaudine circulaire creusée dans des traverses supérieures D, assemblées à leurs extrémités dans les murs du bâtiment. L'autre extrémité de la queue N du pilon vient saillir à la partie inférieure de l'auge. Cette extrémité est un peu arrondie, pour recevoir l'action des palettes ou lames M, dans le mouvement de rotation qui leur est imprimé par l'arbre R d'une roue hydraulique. Le massif F indique la fondation de l'auge.

On rencontre parfois dans les campagnes une espèce de foulon domestique spécialement destiné au foulage de la bonneterie de laine tricotée à la main, qui mérite d'être mentionné à cause de son ancienneté probable. C'est un appareil des plus simples et cependant efficace et ingénieux. Il consiste dans un bloc en bois dur, évidé en courbe concave, pour recevoir le tissu et le liquide; cette courbe est cannelée. Dans cette espèce d'auge vient se placer une courbe convexe également cannelée, et dont la courbure épouse celle de l'auge. On a déjà compris que l'étoffe à transformer est placée dans l'auge entre les cannelures des parties courbes, et qu'un mouvement d'oscillation, imprimé à la pièce supérieure sur l'inférieure fixe, détermine un frottement sur l'étoffe à fouler qui se déplace constamment. Voici d'ailleurs un petit croquis de cet engin.

A, est l'auge dans laquelle arrive le liquide qui y est versé et qu'on peut vider par un trou et un bouchon; P est la courbe oscillante qu'on fait manœuvrer par une poignée ou un manche creux *m* dans lequel le foulonnier passe la main, pour imprimer à la pièce P un balancement circulaire de va-et-vient sur le tissu, placé dans la courbe formée entre les parties fixe et mobile.

Il existe de ce système une modification qui est par conséquent

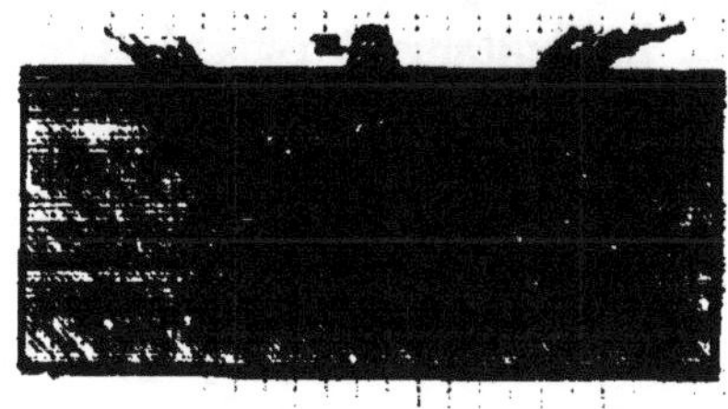

Fig. 2.

d'une origine plus récente. Au lieu d'une auge, l'appareil auquel nous faisons allusion a une surface plane, cannelée, pour partie fixe, et sur cette table, horizontale ou plus ou moins inclinée, vient rouler une molette cannelée, dont les tourillons sont reliés par des tiges articulées à un bâti quelconque. Ce système est plus propre au broyage des tiges ou autres substances qu'au foulage proprement dit.

Foulage au poignet. — Parfois aussi le cylindre cannelé est

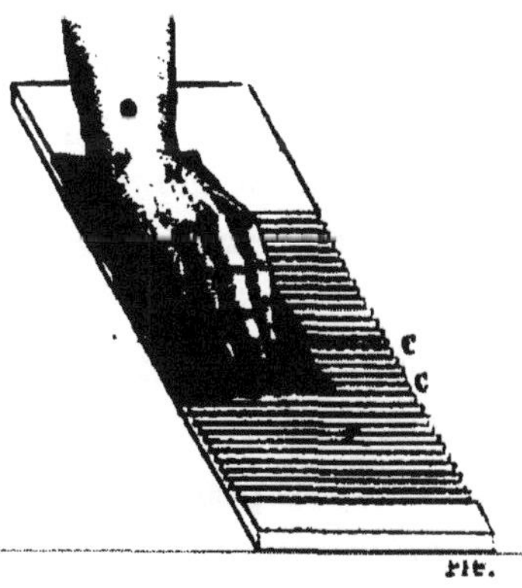

Fig. 3.

remplacé par la main ; la figure 3 donne ce mode d'opérer ; *c*, *c* donne la planche plate creusée par les cannelures P ;

le tissu T à fouler est replié sur lui-même; il est imprégné d'une eau savonneuse; la main, ainsi que l'indique l'inclinaison de l'avant-bras M, O, agit fortement sur l'étoffe d'une façon analogue à celle des chapeliers feutrant les galettes au bord de la chaudière. Le frottement réitéré éprouvé par la pièce à fouler, dans le mouvement de va-et-vient, la fait rentrer dans le sens des plis longitudinaux et transversaux, et par conséquent sur ses deux directions.

Ce mode d'opérer est encore employé pour fouler des lainages légers dans les campagnes, ou pour des droguets tissés dans les ménages et auxquels on donne un faible degré de foulage; mais il est surtout commode et souvent en usage pour feutrer des échantillons.

§ 3. — Foulons hollandais.

Les machines à fouler les plus anciennement renommées étaient sans contredit, et avec raison, les foulons rappelant par leur forme apparente celle des mortiers et des pilons employés d'abord; mais établis avec des modifications de construction, évidemment suggérées par l'observation d'un praticien habile. La figure 2, planche XXXVI, donne la disposition généralement adoptée, telle qu'elle est décrite dans les ouvrages du dernier siècle, et principalement dans la grande *Encyclopédie*.

P, P, montre deux pilons verticaux, pouvant monter et descendre dans des coulisses C, C'.

L'extrémité inférieure de ces pilons est taillée en gradins *d*, *d*, dont l'avantage a été précédemment énoncé.

A, est l'auge, le pot ou la pile, courbe très-arrondie et très-lisse, pour permettre au drap de s'y déplacer, de rouler en quelque sorte sous l'action des pilons.

Le vide ou ouverture laissé à la partie supérieure se fermait par une planche, de manière à concentrer et à maintenir la chaleur développée par l'action et faciliter la transformation. Les pilons hollandais sont donc remarquables par la forme circulaire de l'auge, la base à gradins des pilons, et la fermeture de la pile dans le but de conserver la température.

Commande du foulon. — R, est un grand rouet à chevilles, placé sur l'arbre d'une roue hydraulique, engrenant avec les fuseaux de la lanterne L. L'arbre de ce pignon porte les cames M, agissant sur les montants des pilons P, P, pour les soulever dans les coulisses O, O' et les laisser retomber sur le tissu placé dans l'auge A. La forme et le volume de l'auge permettent à la pièce de se déplacer à chaque action des pilons. Leur nombre variait en raison de la longueur de la roue à eau et des besoins de l'usine. Celui des chocs était de 35 à 50 à la minute.

L'épuration complète ou dégorgeage, souvent effectuée dans la pile, devenait difficile avec l'auge et les pilons verticaux : l'eau ne se renouvelait pas convenablement. On imagina alors la disposition du pilon figure 3, planche XXXVI, dont on se servait spécialement pour le dégorgeage après avoir foulé dans les pilons verticaux. Par suite de la forme à laquelle l'auge arrivait par l'usure, on eut l'idée de lui donner celle elliptique A, déterminée par l'observation, et bientôt on établit des foulons avec des pilons à queues inclinées et à auges plus ou moins ovalisées dans leur courbure ; ils étaient employés pour fouler et dégorger au besoin. Cette disposition, représentée figure 4, planche XXXVI, devint générale ; elle a été presque la seule employée en France, en Angleterre et en Belgique. Quelques mots suffisent pour la décrire.

Ces moulins, qui étaient encore assez répandus, il y a peu de temps, ont ordinairement un certain nombre de pilons P, et par conséquent d'auges *o*, qu'on désigne par le nom de *pile*. X, Y, Z, Z, représente un côté du bâti solidement fixé dans l'établissement, et assujetti sur d'excellentes fondations, analogues à celles des laminoirs ou autres machines qui doivent être soumises à des ébranlements.

A la partie inférieure du montant, ordinairement en bois de chêne, se trouve pratiquée l'auge *a*, dont la courbure elliptique doit être très-régulière, sans angle rentrant ni saillant, afin de faciliter le glissement et le roulement de l'étoffe dans le liquide que cette auge est destinée à recevoir. Elle doit être solidement assemblée, car elle éprouve les chocs répétés du pilon ou maillet P, par le soulèvement des cames M, M, M, de l'arbre A, qui retombe sur l'étoffe lorsque chacune d'elles l'abandonne. Ce sont ces chocs réitérés sur le drap humide et chaud qui produisent le foulage. Le nombre de coups du marteau est moyennement de 50 à la minute et la durée de 30 à 40 heures pour les draps fins ; il reçoit donc de 100 à 120 000 coups pendant le travail. La partie saillante du pilon par laquelle les cames le soulèvent est ferrée pour résister aux chocs. La tête qui agit sur le drap présente des entailles ou crans pour aider le mouvement de rotation du tissu dans la pile.

L'inspection de ces machines suffit pour démontrer leurs inconvénients, quel que soit d'ailleurs le crédit que peut leur donner un emploi séculaire. On voit en effet qu'elles ont une forme invariable, qu'elles agissent avec une même vitesse sous une pression à peu près constante, soit qu'on y foule des étoffes légères, des draps ordinaires ou des *cuirs-laine*, qui demandent cependant des degrés de foulage différents. La machine étant ouverte, la chaleur s'y développe lentement, s'y conserve difficilement. Rien ne réglant le degré du travail, l'ouvrier est obligé de sortir souvent la pièce pour la vérifier et mesurer son retrait, il en résulte une intermittence fâcheuse, aussi bien par la perte du temps que par le refroidissement qui s'en suit. L'opération ne pouvant être conduite que par tâtonnement, exige par conséquent un foulonnier habile et expérimenté, si l'on ne veut exposer le tissu à des avaries très-préjudiciables, et à un foulage mal fait qui déprécie considérablement l'étoffe. Ce vieux système a d'ailleurs les inconvénients de demander beaucoup d'emplacement, d'occasionner des ébranlements, d'exiger par conséquent des frais d'entretien assez considérables et de nécessiter une dépense de force motrice en partie inutile, sans cependant donner toujours aux tissus des caractères recherchés et en rapport avec la plus ou moins grande résistance qu'ils doivent présenter. Il n'est donc pas étonnant que les moulins à fouler aient été l'objet de recherches nombreuses et de modifications plus ou moins heureuses, à partir de l'époque où l'industrie est devenue la préoccupation d'une foule de bons esprits et que l'on a commencé à entrevoir tout le parti qu'on pourrait tirer de l'application des connaissances scientifiques aux moyens dont elle se sert; aussi est-ce à partir de ce siècle que les projets des foulons nouveaux surgissent. L'un des premiers inventeurs qui s'en soient occupés est Demaury, d'Incarville, près Louviers. Son système, patronné en 1812 ou 1813 par le directeur général de l'agriculture, du commerce, des arts et manufactures, sur la recommandation du comité consultatif, a été décrit dans la quatorzième année du *Bulletin de la Société de l'encouragement pour l'industrie nationale*, page 31, planche 119. La figure 3, planche XXXVI, peut donner une idée exacte du système en question. Il consistait en deux pilons, P accouplés chacun à l'extrémité d'un bras de levier et fonctionnant alternativement comme les tiges de deux pompes. Le but de l'inventeur était probablement d'équilibrer l'action en faisant soulever un pilon pendant que l'autre s'abaissait. Il n'y avait donc là qu'une modification dans les transmissions de mouvement; on cherchait à alléger le travail.

Plus tard, en 1824, M. Chardron, d'Audincourt (Ardennes) se fit breveter pour un pilon qui ne différait de ceux décrits précédemment que par une étude spéciale de la courbe à donner aux auges et de l'inclinaison la plus convenable des pilons. Cette étude est remarquable par des tendances scientifiques et l'application de la théorie à des constructions auxquelles elle était restée étrangère jusqu'alors ; mais l'auteur ne paraît pas y avoir suffisamment tenu compte des conditions pratiques. Il a abouti à la confection d'un système où les pilons étaient commandés par des manivelles et des bielles rigides en fonte, qui n'ont jamais pu se faire adopter, précisément à cause de la difficulté des transmissions de ce genre à se prêter aux conditions variables du travail du foulage dans les piles. La masse sur laquelle les pilons agissent diminuant de volume à mesure que l'opération avance, sans que la course du point d'application de la force change, il en résulte que l'étoffe est de moins en moins atteinte et que l'action mécanique réalisée va en décroissant.

Foulage à la vapeur. — La chaleur étant l'un des éléments du foulage, et étant très-élevée dans le feutrage, on a cherché à la développer également dans le foulage ; on proposa à plusieurs reprises de se servir de la vapeur dans les foulons. L'un des premiers brevets pris à ce sujet en France est d'importation anglaise et remonte à 1825. La disposition brevetée sous le nom de Rotch, de Londres, est représentée figure 5, planche XXXVI. C'est un foulon à maillet ordinaire auquel on a joint un appareil à vapeur.

A, est la pile ou auge elliptique.

P, le pilon disposé comme à l'ordinaire.

t, tuyau amenant la vapeur dans la pile pour chauffer le liquide.

F, fourneau de la chaudière.

H, générateur de vapeur.

On comprend que le fourneau spécial n'est pas indispensable ; une chaudière quelconque suffit. Mais comme, en 1825, tous les foulons étaient isolés dans les vallées, on n'y avait généralement pas de vapeur. L'inventeur a dû indiquer sa disposition, et nous avons cru convenable de conserver la *physionomie* de cette installation.

Depuis, il a été souvent question de l'emploi de la vapeur. On l'a tenté à plusieurs reprises, mais, en général, sans succès. Il a paru bizarre que la température élevée, non-seulement favorable, mais indispensable au feutrage, ne puisse s'appliquer au même degré, bien s'en faut, avec quelque avantage au foulage. On a voulu expliquer cette anomalie apparente en disant qu'il fallait une *chaleur électrique*, *mais non un calorique de transmission*. Ne comprenant pas du tout cette explication et ne pouvant, par conséquent, nous en contenter, nous avons cherché à expliquer les causes plus loin en parlant de la méthode à suivre pour diriger convenablement le foulage. Nous revenons par conséquent à la description des machines.

L'emploi de la vapeur ne fut pas la seule addition qui fut proposée à l'ancien mode de foulage. On chercha à modifier les dispositions et même la forme des organes. Parmi les diverses tentatives rentrant plus ou moins dans les principes et les moyens précédemment mentionnés, on en remarque cependant une par son originalité. Le 30 juin 1831, M. Vouret, de Louviers, prit un brevet de dix ans pour *un nouveau moyen mécanique de fouler les draps et autres lainages*, consistant en un tambour cylindrique dans lequel se meut un excentrique à cames. Cette machine et ses perfectionnements sont décrits tome XLV des *Brevets expirés*, p. 65, pl. V.

Nous indiquons cette invention comme une des premières tentatives faites pour sortir du chemin battu et entrer dans une nouvelle voie ouverte par un anglais, et qui n'a été parcourue à l'origine avec succès que par des industriels français. Nous faisons allusion aux foulons cylindriques.

§ 4. — Machines à fouler cylindriques.

Système Dyer. — M. John Dyer, de Trowbridge, demanda une patente en Angleterre, le 13 août 1833, pour une machine à fouler les draps, consistant *dans l'adaptation à sa machine de rouleaux tournants et pressants, et dans leur emploi au lieu de maillets*, pour amener à un contact intime les fibres des fils des tissus de laine. C'est cette invention qui fut brevetée en 1838 en France, sous les noms de MM. Hall Powell et Scott, de Rouen.

Quoique le principe fût rationnel, les premières machines de ce genre sur lesquelles nous avons fait des expériences nous-même présentaient tant d'inconvénients, qu'elles seraient restées sans emploi, si des inventeurs français, en les perfectionnant, n'en avaient fait des machines toutes nouvelles par les changements importants qu'ils y ont apportés. Cela est tellement vrai, que les foulons cylindriques originaires d'Angleterre y ont été entièrement abandonnés et ont été repris seulement lorsque les modifications françaises les eurent rendus complétement pratiques. Pour pouvoir indiquer les vices des premières machines de ce genre, il est nécessaire de les analyser.

La figure 3, pl. XL, donne cette machine vue par le devant avec les rouleaux verticaux, telle qu'elle se présentait en la voyant fonctionner. La figure 4 est une vue du côté opposé. Les organes consistent : 1° dans quatre poulies à gorges semblables B, B, deux devant et deux derrière, calées sur deux arbres parallèles *b*, *b* montés l'un au-dessus de l'autre dans le même plan vertical : ces quatre poulies forment par conséquent deux couples lamineurs ; 2° en deux rouleaux verticaux C, C, dont les axes sont perpendiculaires à ceux des poulies B, B.

Ces six cylindres sont contenus dans une caisse parfaitement formée. Ils sont soumis à des pressions qui agissent sur les rouleaux C, C, par l'entremise des leviers verticaux K, dont les parties supérieures sont percées pour recevoir une corde qui passe sur la poulie *p*, à laquelle est attaché un poids R. Les leviers K, K agissent sur les axes verticaux des cylindres *e*, *e* par l'entremise de tiges en fer qui peuvent les rapprocher plus ou moins. La pression est transmise aux poulies horizontales de la manière suivante : les supérieures reçoivent sur leurs axes les leviers courbes *l*, qui se terminent par une tige verticale *l'*, et auxquels est suspendu un poids Q, qu'on peut éloigner ou approcher de son point d'appui sur le bras L de manière à faire augmenter ou diminuer la charge. Le foulage s'opère en introduisant le drap entre les cylindres à gorge, après l'avoir fait passer sur de petits rouleaux guides, disposés dans la caisse *d*, *d*; puis on réunit les deux extrémités de manière à former une espèce de toile sans fin. Une fois la pièce introduite, on y verse le liquide et on met la machine en mouvement au moyen de la poulie de commande P, fixée sur l'arbre D. Celui-ci porte, à l'extérieur de la caisse, en plus des poulies P, les pignons E, et les roues E', E', qui font mouvoir les cylindres horizontaux. V est un volant destiné à régulariser l'action de la machine.

Le drap, replié sur lui-même de manière à pouvoir passer entre les gorges, est entraîné par elles et se trouve foulé sur la largeur au moyen d'un véritable laminage, opéré par les pressions combinées à la rotation des organes tournants, et sur la longueur par un frottement de roulement qu'il éprouve entre les rouleaux verticaux C, C. On voit que cette machine obvie en effet aux principaux inconvénients signalés précédemment : elle conserve parfaitement la chaleur, évite les chocs réitérés, donne les moyens de diriger le foulage et de faire varier les pressions à volonté ; elle prend peu de place et peut recevoir son mouvement d'un moteur quelconque ; mais on lui faisait avec raison les reproches de causer des accidents fréquents, de déchirer le tissu, de produire un foulage trop serré, trop carteux, ce qui est un inconvénient pour certains genres de draperies.

Ces accidents, déchirures, tares, résultant de l'usage de ce système provenaient de ce que, si les deux paires de cylindres horizontaux menés, entre lesquels le drap est foulé en travers ou dans le sens de la trame, ne s'accordent pas dans leur mouvement de rotation commandé par des engrenages, la première paire débite plus ou moins de tissu que la seconde paire n'en appelle, il y a alors engorgement du foulon entre ces deux couples de cylindres, avec avarie et arrêt de la machine, ou tiraillement et même rupture du tissu. Ce tiraillement tend dans tous les cas à énerver le drap en détruisant en partie l'effet du foulage en long dans le sens de la chaîne.

Un second inconvénient de cette machine réside dans la disposition des rouleaux verticaux C, C'; ils obligent le drap à se plisser dans l'entre-deux des cylindres et à se refouler ainsi dans le sens de son mouvement, jusqu'à ce que la réaction qu'ils exercent soit vaincue par la poussée de l'étoffe qui les écarte l'un de l'autre, pour s'échapper par bouffées intermittentes. Il résulte de là une action irrégulière, plus énergique au moment où le drap vient de s'échapper que dans l'instant suivant, et l'effet sur la longueur n'a lieu que par intermittence. C'est à ces défauts graves que MM. Wallery et Lacroix d'une part, et MM. Benoît et Vergne de l'autre, ont remédié dans les machines que nous allons décrire.

Foulon de MM. Wallery et Lacroix, breveté en 1840. — Cette machine est représentée dans une vue verticale de profil (fig. 5), de face (fig. 6), en plan (fig. 7, pl. XL). Les figures 9, 10 et 11 donnent des détails.

A, A, est un grand cylindre ou poulie à gorge mue par une roue d'engrenage.

B¹, B², B³, cylindres plus petits que le précédent, dont les jantes s'emboîtent dans la gorge du grand cylindre A. C'est entre les circonférences extérieures de la grande poulie A et des cylindres B^1, B^2, B^3 que le drap à fouler replié sur lui-même passe pour recevoir l'action.

C, sabot, porté sur la traverse N, N, destiné à enlever le drap de l'intérieur de la gorge à mesure qu'il se foule et à le faire tomber dans la grande auge circulaire formant la partie inférieure du bâti de la machine.

D, autre sabot fixé sous la traverse *d*, *d*; il est renversé et touche sans frotter la surface du cylindre B^1, et forme le dessus d'un conduit dont celui C fait le dessous.

E, E', E, E', plaques en bois dont les détails se trouvent fig. 11, cannelées dans le sens de leur longueur, et sur leur face tournée du côté des cylindres A, A, et B^1, B^2.

F, F, F, F, petites plaques en fonte sur lesquelles sont fixées, au moyen de vis, celles en bois E, E', E, E'. Ces dernières sont portées sur les pivots G, G, sur lesquels elles tournent librement; *f*, *f*, petits tirants en fer servant à maintenir, à un écartement convenable des joues du cylindre A, A, l'extrémité E' de celles latérales en bois cannelées.

G, G', G, G', pivots fixés d'un bout au bâti par deux écrous, et joints de l'autre aux plaques E, E', E, E', au moyen d'une goupille.

H, H, H', H, H, H', pièces à retour d'équerre un peu contournées vers leur extrémité H', où se trouve fixé le pivot G. La figure 9 en donne les détails. Elles sont portées, comme celles E, E, E, E, par des pivots I, I, sur lesquels elles peuvent se mouvoir.

L, L, corde dont les extrémités sont nouées aux leviers K, K, K', K'. Cette corde, qui passe sur les deux poulies de renvoi M, N, est chargée en son milieu par un poids et tirée sur les deux leviers K, K', K, K', pour rapprocher l'une de l'autre leurs extrémités K'.

N, N, traverse fixée au bâti de la machine portant le sabot C, C, et les pivots I, I, des pièces H, H, H', H, H, H'; D, D, autre traverse également fixée au bâti soutenant le sabot D.

1, 2, 3, 4, arbres sur lesquels sont montés les cylindres A, A, B', B², B³.

P, P, P, crémaillères munies de coussinets dans lesquels tournent les arbres 2, 3, 4. A leur partie inférieure est une tige cylindrique qui passe à frottement doux dans les coussinets en forme de bague, boulonnés sur le bâti de la machine.

p', *p'*, *p'*, (fig. 8), parties dentées, fixées deux à deux sur les arbres *o'*, *o'*, *o'*, et engrenant avec les pignons *p*, *p*, *p*.

L', L', L, leviers fixés sur les arbres *o'*, *o'*, *o'*.

p', *p''*, *p'''*, poids pouvant glisser le long de leurs tiges et déterminer ainsi une plus ou moins grande pression sur les dents des crémaillères au moyen des segments *p*, *p*, *p*, qui les commandent et qui sont placés sur les cylindres B', B², B³, et faire appuyer aussi contre celui A, A, puisque les arbres 2, 3, 4, sur lesquels ils sont montés, sont portés sur les crémaillères P, P, P, et leur servent de points d'appui et de guides à l'extrémité supérieure, dans le mouvement longitudinal qu'elles éprouvent.

R, R, espèce de conduit porté sur une traverse qui est fixée avec des boulons en dedans du bâti servant à renverser la pièce de drap pour qu'elle puisse passer facilement dans la gorge du cylindre A, A.

R', R', planche percée d'un trou ovale livrant le drap au conduit R, R.

S, S', rouleau qui se trouve entre le conduit R,R, et la planche *r'*, *r'*, et servant à faciliter le passage du drap de R', R', en R, R.

X, X (fig. 8), épure de la commande; 1, roue dentée sur l'arbre I, du cylindre A, A, auquel elle transmet le mouvement qu'elle reçoit d'un pignon X, monté sur le même arbre que les poulies Z, Z', mues par une courroie venant du moteur.

X'', X'', pignon placé sur l'arbre 2, portant le cylindre B' et lui communiquant l'impulsion qu'il reçoit de la roue X, X, avec laquelle il engrène.

V, V, traverses recevant les coussinets sur lesquels est posé l'arbre 1. Elles sont en forme de T, et fixées au bâti avec des boulons.

A', A', A', A', bâti de la machine composée de deux roues jumelles.

B', boulons à embases servant à assembler et à maintenir à un écartement convenable les jumelles A', A', A', A', du bâti.

d', d', d', douves qui assemblent la caisse de la machine.

Fonction de la machine. — On passe la pièce de drap que l'on veut fouler dans la planche R', R' et dans le conduit R, R, puis on l'introduit entre le cylindre A, A, et ceux B^1, B^2, B^3; enfin, on en coud les deux extrémités.

La machine étant mise en activité, la pièce est entraînée par l'action des cylindres entre lesquels elle se trouve pressée; par leur mouvement elle se présente successivement et indéfiniment à l'action foulante de chacun d'eux. Le tissu, laminé pour ainsi dire, se trouve foulé dans le sens de sa largeur par les cylindres; il l'est dans sa longueur au moyen de deux planches F', F', F, F.

Ces dernières, mobiles sur les deux pivots *c*, *c*, qui leur servent d'axes, peuvent s'ouvrir et se fermer vers leur extrémité F, à droite des pièces H, H. H', H, H, H, des leviers K, K', K, K', et au moyen du poids M, qui agit sur ceux-ci, et, au contraire, elles sont toujours maintenues, vers leur partie F', à une distance fixe des joues du cylindre A, A, par les petites tringles en fer *f*, *f*.

En se fermant vers leur extrémité F, les planches F, F', F, F', s'opposent à la libre sortie du drap de dessous les cylindres A et B; il en résulte qu'il s'amasse en se repliant sur lui-même dans le canal formé par les deux sabots D et les planches F, F',

F, F', emplit complétement ce canal et s'y tasse jusqu'à ce qu'il puisse vaincre la résistance des planches qui le pressent sur les côtés; alors il les écarte pour leur faire prendre une position parallèle ou presque parallèle, s'échappe mollement et tombe d'une manière continue et régulière dans l'auge circulaire qui forme la partie inférieure du bâti de la machine. Les planches sont cannelées pour que les plis du drap, suivent les cannelures comme autant de guides, ne puissent se déranger dans leur trajet le long de leurs surfaces. Comme d'un côté on peut, au moyen des leviers L, L', L'', et des poids de pression p, p', p'', faire peser plus ou moins les cylindres B^1, B^2, B^3 sur celui A, A, et déterminer plus ou moins de foulage dans le sens de sa largeur, et comme d'un autre on peut, en variant l'intensité du poids M, opposer une plus ou moins grande résistance à la sortie du drap, et accélérer ou retarder ainsi à volonté son foulage dans le sens de la longueur, il résulte que l'on a la faculté de maintenir constamment l'action sur les deux sens dans le rapport le plus convenable.

Cette machine diffère surtout de celle de MM. Hall, Powels et Scott, en ce que l'écartement entre les gorges varie non-seulement avec le changement de poids, mais encore avec la même pression, lorsque l'étoffe vient à s'accumuler et à former obstacle, grâce à l'ingénieuse disposition des crémaillères vues en détail figure 8. Une autre modification importante est celle du mode de foulage en longueur. Il se fait par des joues cannelées longitudinalement, donne un caractère particulier au tissu préférable à celui produit exclusivement par le laminage, ou la percussion seulement.

Foulon Benoît. — La figure 1, planche XLI, présente un plan horizontal, et la figure 2, une coupe verticale de la machine à fouler de M. Benoît, de Montpellier, brevetée en 1839.

Principaux organes de la machine. — Les organes qui constituent la partie essentielle et travaillante de l'appareil sont au nombre de quatre principaux, et peuvent être classés de la manière suivante :

1° Les *cylindres alimentaires ou délivreurs*, formant laminoirs et entre lesquels l'étoffe est plus ou moins fortement comprimée ;

2° Le *clapet de plissement*, qui force le drap à se replier et à se tasser plus ou moins dans la *trompe de guide ;* il est précédé du *conduit expansif* pour l'introduction du drap ;

3° *Les fouloirs rotatifs à galets*, qui viennent alternativement frapper le drap plissé à mesure qu'il sort de la trompe ;

4° *Le tablier de foulage fixe ou élastique*, sur lequel s'opère la percussion des galets.

Nous allons décrire ces éléments, afin d'en faire comprendre le mieux possible l'objet et la construction.

Cylindres délivreurs. — Le premier de ces cylindres, celui inférieur R, est monté d'une manière fixe sur le milieu d'un arbre moteur en fer forgé. Il est construit absolument comme une roue d'engrenage à jour destinée à recevoir des dents de bois. La couronne, fondue d'une seule pièce avec les quatre bras qui la réunissent au moyeu, est percée de 36 mortaises rectangulaires venues à la fonte et dans lesquelles sont ajustées avec soin des cales ou des dents en charme, qui à l'extérieur se touchent et ne laissent aucun vide. Elles forment ainsi, lorsqu'elles sont tournées, un tambour cylindrique uni. La couronne de fonte n'est en saillie sur le bois des deux côtés que de 10 millimètres environ pour recevoir un limbe en cuivre jaune qui s'applique exactement contre les deux, afin de les préserver, et d'éviter en même temps que l'étoffe ne se trouve en contact avec la fonte, lorsqu'elle passe entre les cylindres[1]. Ces

[1] Les constructeurs ne mettent plus aujourd'hui d'orles en cuivre que lorsque les bois des rouleaux se dilatent irrégulièrement, s'en séparent en certains endroits, et forment des cisailles qui tarent le drap par coupure en long.

limbes y sont retenus par autant de vis en laiton que le tambour porte de dents ; les têtes de ces vis sont fraisées et affleurent la surface des orles comme ceux-ci affleurent le noyau en fonte du cylindre. L'arbre qui porte ce dernier est mobile dans des coussinets de bronze dont les paliers sont venus de fonte avec les châssis du bâti.

Ainsi le cylindre ne peut recevoir qu'un mouvement de rotation rapide sur lui-même, mais sa position reste invariable : il ne peut monter ni descendre, ni s'avancer latéralement.

Le second cylindre, celui supérieur R', qui doit opérer la pression, est exactement construit comme le précédent, avec l'addition de chaque côté, monté sur son axe, d'un tourteau en fonte qui se trouve accolé contre lui ; il ne sert qu'à augmenter son poids. L'arbre en fer A, qui porte ce cylindre, n'est pas, comme le premier, reçu dans des coussinets fixés au bâti, mais il est au contraire tenu en suspension par des bielles verticales *n* vues en projection horizontale (fig. 2) ; elles se relient à leur sommet par articulation aux courtes manivelles M. Celles-ci ont leur centre d'oscillation A, avec lequel elles font corps, et sont soutenues par les équerres de fonte D, boulonnées sur le bâti ; le levier de pression L est disposé pour recevoir un poids convenable.

Un poids Q adapté à ce levier est destiné à faire attirer et laminer le drap par ces deux cylindres lamineurs, avec plus ou moins d'énergie suivant qu'il est plus ou moins éloigné du point d'appui. On le maintient naturellement en place au moyen d'une vis de pression taraudée sur le côté.

Trompe de guide et clapet de plissement. — La pièce de drap à fouler, amenée sur un rouleau directeur en bois *r* traversé par un axe en fer libre sur ses tourillons, s'introduit par la lunette O, dont les bords sont arrondis et qui forment l'orifice d'entrée dans la trompe de guide, pour conduire l'étoffe entre les deux cylindres d'appel qui la laminent. Les deux côtés latéraux de cette lunette, que les auteurs nomment aussi *conduit expansif* pour l'admission du drap, peuvent être rapprochés ou écartés à volonté au moyen des vis à tête annulaire *o*, ce qui permet de régler la quantité d'étoffes qui peut se rendre à la fois aux cylindres.

La *trompe de guide* proprement dite n'est autre qu'un canal en bois E qui reçoit le drap au fur et à mesure qu'il a été laminé, et le conduit au-dessous du clapet de plissement *e* sur le tablier de foulage, afin qu'il y reçoive l'action du fouloir rotatif. Les deux côtés verticaux de cette trompe servent en partie de joues aux bases des cylindres, pour éviter que l'étoffe ne s'en écarte latéralement. Une embouchure en cuivre E, de forme rectangulaire, limite la section du canal à la sortie des rouleaux, et dirige exactement le tissu sous le clapet de plissement *e*.

Ce clapet tendant toujours à arrêter le drap, le force à se replier plus ou moins dans la trompe de guide, par laquelle il est dirigé sur le tablier de foulage T. Sa construction est extrêmement simple : il se compose d'une planche en bois de 0^{m},05 d'épaisseur sur 0^{m},22 de large, traversée d'un côté par un axe en fer qui lui sert de centre d'oscillation et coupée en biseau de l'autre. Sur son milieu est fixé un piton dans lequel s'engage la touche en fer *e'*, qui tend à presser sur lui et le force par suite à s'opposer à la sortie de la pièce débitée par les cylindres délivreurs. Cette touche fait corps avec la tige horizontale *t* (fig. 1), laquelle est libre dans ses collets et porte d'un bout le levier de pression *l*; celui-ci, armé d'un poids *q*, dont on peut régler à l'avance l'écartement par rapport à la tige, détermine naturellement l'action que le clapet doit exercer sur l'étoffe, et par suite le plus ou moins grand nombre de plissements qu'elle doit former. Le fond de la trompe de guide, au-dessous du clapet de plissement, est supporté par une large traverse en fonte D', qui se relie avec les deux côtés du bâti B, et des brides métalliques sont rapportées à ses angles pour servir de supports et de collets au tablier de foulage.

Fouloir rotatif à galets. — Le drap plus ou moins plissé par le clapet *s* se trouve, en sortant de la trompe de guide, amené dans cet état sur le tablier de foulage T, pour recevoir la percussion des deux galets cylindriques G, G', qui, mobiles chacun sur leur axe particulier, sont entraînés dans la rotation des bras en fonte F et viennent alternativement frapper le drap en le comprimant, et remplacer ainsi, pendant un court espace de temps, l'action des anciens maillets.

Les deux bras de fonte F sont fixés sur un arbre horizontal en fer qui reçoit un mouvement de rotation égal à celui des cylindres comprimeurs. Il est porté par des coussinets en bronze dont les paliers sont rapportés à coulisse et boulonnés sur les bords supérieurs des côtés du bâti.

Les galets sont composés comme les cylindres et armés, sur toute leur circonférence, de douves en bois qui se touchent pour ne pas laisser d'interruption ; ainsi, pendant tout le travail, le drap n'est jamais en contact avec le fer et la fonte ; on doit l'éviter avec le plus grand soin, pour ne pas tacher ni endommager l'étoffe. MM. Benoît ont aussi proposé de remplacer ce système de fouloir rotatif à galets par un cylindre excentré, c'est-à-dire par un rouleau tournant sur son centre de figure, pendant que celui-ci peut lui-même osciller autour d'un axe de rotation extérieur au cylindre.

Tablier de foulage. — Ce tablier se compose simplement d'une table en bois T arrondie sur ses deux bords opposés, et pouvant pivoter autour d'un axe en fer porté par les brides qui font corps avec la traverse fixe. Il repose vers son milieu sur une tringle horizontale U qui peut être fixe ou mobile à volonté, chacune des extrémités étant attachée par des écrous à une tige verticale taraudée qui forme le prolongement d'un ressort à boudin. Comme on peut, à l'aide des écrous, régler la position de la tringle, on peut aussi par suite rendre le tablier de foulage plus ou moins élastique, et même tout à fait immobile, si on le juge nécessaire. On parvient donc ainsi à régler la force de la percussion des galets sur le drap, au fur et à mesure qu'ils se présentent dans leur rotation vers la partie inférieure, ce qui constitue une condition rationnelle de l'opération.

Transmission de mouvement. — Sur l'arbre principal A sont montées, d'une part, les deux poulies P P′, commandées par une courroie, et de l'autre, la roue droite à dents de fonte I, qui communique le mouvement de rotation au cylindre supérieur. Les deux poulies sont en fonte, tournées et sans joues, mais un peu bombées ; l'une est fixe sur l'arbre et l'autre est folle ; la première reçoit une vitesse telle qu'elle fasse parcourir à la circonfér[illegible]ce des cylindres environ 2 mètres par seconde.

Ain[illegible] [illegible]mme le diamètre de ces cylindres est de 0^{m},46, leur circonférence est donc 0^{m},46 × 3,1416 = 1^{m},445.

Leur vitesse étant de 60 × 2^{m} = 120 mètres par minute, on a donc 120 : 1,446 = 83 révolutions ou nombre de tours des cylindres et des poulies par minute. On les fait quelquefois marcher à 85 et même 90 tours.

La roue droite en fonte I engrène avec une seconde à dents de bois et montée à l'extrémité de l'axe supérieur A′. Il est utile de faire les dentures de ces deux roues plus longues que pour celles ordinaires, afin qu'elles restent engrenées lorsque le cylindre de dessus s'écarte un peu de celui inférieur. La roue de l'arbre A′ commande à son tour le fouloir rotatif, à l'aide d'un pignon intermédiaire en fonte K, ajusté sur l'axe particulier en fer K, et communiquant à la fois avec celle-ci et une troisième, J, semblable.

Ces trois roues étant exactement de même diamètre, le fouloir rotatif tourne avec la même vitesse que les cylindres lamineurs.

On voit que M. Benoît s'est également proposé de construire une machine pouvant fouler, avec des intensités variables, sur l'un ou sur l'autre sens de l'étoffe, ce qui devient désormais une condition indispensable pour toutes celles de ce genre. Le travail du foulage présentant de grandes variations, la durée et la force exigée dépendent nécessairement de la plus ou moins grande facilité présentée par le drap à l'opération, et surtout de la quantité de retrait qu'il doit subir, et par conséquent, de la force à lui faire acquérir. Un tissu léger, comme le sont en général les étoffes dites nouveautés d'été, n'ayant besoin que d'un faible degré de serrage, pourra être foulé en deux heures, tandis qu'un drap fort, comme les cuirs-laine, nécessite souvent quarante heures et plus, d'un travail laborieux.

Un produit de force moyenne, estimé à un prix de 16 à 18 francs le mètre, exige généralement un foulage de trente à trente-six heures, qui lui fait subir une diminution déjà indiquée dans le tableau du chapitre XVI. Rappelons seulement que sa longueur est ordinairement de 48 à 50 mètres sur une largeur uniforme de 1^{m},25 à 1^{m},50; elle était donc, après le tissage et avant le foulage, de 69 à 70 mètres, sur une largeur de 2^{m},30 à 2^{m},60. Le poids de la laine que contient moyennement une pièce semblable est de 40 kilogrammes, dont 16 kilogrammes pour la chaîne et 24 pour la trame.

La finesse des fils usités est, dans ce cas, de 8/4 à 8/4 1/2 pour ceux de la chaîne qui représentent une longueur de 7,200 à 7,650 mètres par demi-kilogramme, et de 8/4 1/2 à 9/4 pour la trame, dont la longueur est de 7,650 à 8,100 mètres[1]. On voit que, pour la draperie de belle qualité, le numéro du fil qu'on emploie est entre les n°s 8 et 9 kilogrammétriques; nous avions donc raison de dire que la fabrication de cette spécialité ne fai-

[1] Voir le chapitre du *Titrage des fils*, pour se rendre compte de la transformation de ces longueurs.

sait usage que d'un fil à peine ébauché si on le compare à ceux des autres matières textiles.

Le nombre des fils de la chaîne dans les draps dont nous nous occupons varie de 3,000 à 4,000, ce qui fait, pour une largeur de 2m36, à 2m,60, 12 à 13 fils par centimètre.

Quant à celui des 24 kilogrammes de duites sur la longueur de 69 à 72 mètres, représentant très-approximativement 195,000 mètres au titre ci-dessus, il s'élève à 1,010 par mètre ou 10 à 11 par centimètre avant le foulage. Le rapport de la réduction de la trame à celle de la chaîne est donc de 10 à 12 ou 11 à 13 ; la pièce subit cependant au foulage une égale diminution, la trame éprouve par conséquent un retrait sensiblement plus fort que la chaîne. Cela tient à ce que les fils qui la composent sont toujours moins tordus et se prêtent mieux à l'action du foulon. Il résulte de là que les effets obtenus dépendent bien plus de la trame que de la chaîne, et que c'est la première qu'il est nécessaire d'augmenter lorsqu'on veut produire des draps très-forts, comme les doubles broches ou les cuirs-laine.

Pour les draps communs, la quantité de retrait occasionnée par le foulage est plus grande sur la largeur que sur la longueur. Elle est de près de moitié sur la première, tandis qu'elle dépasse rarement un quart sur la dernière. Ces tissus, qui conservent les mêmes dimensions que ceux dont nous venons de parler, renferment cependant une quantité moindre de laine. Pour la draperie ordinaire, par exemple, dont les pièces ont une longueur de 49 mètres sur 1m,20 de largeur, on emploie pour la chaîne de 9 à 10 kilogrammes, et pour la trame, de 13 à 14 kilogrammes, qui produisent après le tissage une longueur moyenne de 62 mètres, et une largeur de 1m,70. On file la chaîne et la trame à la même finesse du n° 6 au n° 7 kilométrique.

Il n'y a plus de doute aujourd'hui sur les avantages que présentent les foulons cylindriques dans le travail de ces divers articles et surtout pour les étoffes légères; le travail, plus parfait, exige un temps bien moindre. Pour les nouveautés d'été, entre autres, deux heures de foulage suffisent, tandis qu'il en fallait six au moins avec les anciennes machines, où une partie du travail était perdue par l'ébranlement causé par les chocs.

Dans le nouveau système, presque toute la force mécanique dépensée est directement utilisée. Les tares, qui se présentent si fréquemment dans le foulage à piles ouvertes, sont fort rares avec les machines cylindriques ; aussi abandonne-t-on chaque jour l'ancien mode pour ceux que nous venons de décrire, et cherche-t-on d'ailleurs constamment à les améliorer encore : la description du foulon suivant va nous en fournir un nouvel exemple.

Foulon Desplace. — On a pu remarquer, dans les différents foulons cylindriques, le moyen pour modifier l'intensité des pressions suivant les cas et le degré avancé du foulage. Il suffit pour cela de déplacer ou de faire varier les poids dont sont chargés les bras de levier de la machine; mais en supposant le travail dirigé même par un ouvrier habile et soigneux, ce qui n'arrive pas toujours, on n'effectue ces changements que d'une manière intermittente. Or il est fort difficile, de saisir le moment le plus convenable pour opérer les déplacements du poids. Il peut résulter de là un foulage irrégulier, une perte de force motrice, et des accidents plus graves encore si l'opération est dirigée par une personne inhabile ou négligente.

M. Desplace a cherché à remédier à ces inconvénients, en remplaçant l'action directe des poids presseurs par des ressorts élastiques modérateurs dont l'effet diminue ou augmente d'intensité spontanément, avec la plus ou moins grande résistance que le tissu offre pendant le travail, et cela sans que l'on ait à s'en occuper. Ainsi, à mesure que l'étoffe devient plus épaisse par le foulage, il éprouve de lui-même une pression proportionnelle.

Les figures 3, 4, 5 et 6, planche XLI, donnent la modification essentielle de ce foulon, qui ne diffère pas d'ailleurs sensiblement des autres machines cylindriques.

Des ressorts à pincettes *c'*, *c'*, sont directement superposés sur le rouleau fouleur E (fig. 6). Les tourillons de l'axe de celui-ci sont suspendus aux extrémités d'un étrier G dont la tige prolongée au-dessus du centre est traversée par les ressorts et filetée sur toute sa longueur. Des écrous et contre-écrous *a* servent à régler, au commencement de l'opération, la position et par suite la tension de ces ressorts, en les faisant plus ou moins rapprocher contre l'embase inférieure *b* qui est fixée à leur dernière branche.

L'écartement entre cette embase et les écrous détermine le rapport d'intensité que l'on veut donner à ces ressorts. Tout le système repose par le rebord *b* sur une partie droite horizontale ménagée à l'extérieur de la caisse de la machine, et guidée par les coulisseaux F, fig. 6, placés sur les côtés et traversés par l'axe du rouleau. Celui-ci reste donc ainsi suspendu parallèlement au-dessus du plan *c d*, du conduit par lequel passe l'étoffe, et laisse entre lui et le plan un espace assez petit et suffisant seulement pour livrer passage au drap replié sur lui-même pour le fouler sur la longueur. A mesure que l'épaisseur de celui-ci augmente, le rouleau E tend à remonter, parce qu'il est obligé de s'écarter du plancher *c d*, pour fournir l'intervalle voulu. L'intensité de la pression des ressorts s'accroît en même temps d'une quantité proportionnelle jusqu'à la fin du travail. La manœuvre se trouve simplifiée, l'ouvrier règle l'opération au début, en serrant les écrous et contre-écrous *a* au point convenable suivant le genre de draps à fouler. Il en est de même des ressorts *c* dont les extrémités s'appuient sur les goujons *e* qui sont adaptés aux sommets des tringles verticales I. Il suffit de visser des écrous qui se trouvent à leurs points inférieurs. Une fois réglée, la machine n'a plus besoin que d'une surveillance ordinaire. Les autres organes n'offrent rien de particulier; l'étoffe, cousue de manière à former la chaîne sans fin, est introduite dans l'appareil en passant sur le rouleau guide M. De là elle se rend dans la direction de la flèche, entre les deux cylindres verticaux N, N, fig. 3 et 5, qui la maintiennent et l'empêchent de s'écarter, afin de la faire passer repliée sur elle-même entre les gorges des deux cylindres presseurs B, B' qui la foulent sur la largeur. L'axe du supérieur B peut également faire monter plus ou moins le ressort *e*, qui comprime le drap. Le mouvement de compression des cylindres B, B', tout en foulant le tissu, le force d'avancer dans le canal *d*, où il est travaillé sur la longueur, comme nous l'avons vu. A mesure que le foulage a lieu dans le canal, une nouvelle partie de l'étoffe se présente et, poussant celle qui la précède, la fait tomber dans la caisse de la machine. L'opération continue jusqu'à ce qu'elle soit suffisante.

Les ressorts produisent évidemment des effets importants. Ils contribuent à la régularité de l'action, évitent les accidents ordinaires occasionnés par une accumulation du tissu entre les cylindres; en obéissant à tous les mouvements, ils fournissent au besoin, à l'étoffe, un espace suffisant pour qu'elle ne soit pas déchirée. Enfin la variation spontanée évite la dépense inutile de force motrice, la pression exercée étant toujours strictement appliquée au travail.

Transmission de mouvement. — La commande de ce foulon est identique à celle précédemment indiquée. Les poulies motrices fixes et folles R, R' impriment ou arrêtent l'action de l'arbre A du rouleau inférieur B. A l'autre bout de cet arbre et en dehors de la caisse sont disposées les roues *q* et Q, la première commandant la seconde; cette dernière donne l'impulsion à l'arbre du cylindre à gorge supérieur B'. Les considérations sur les vitesses et le réglage précédemment présentées restent applicables ici. Cette machine est par conséquent l'une des plus rationnelles et des plus en usage.

§ 5. — Examen comparatif des divers systèmes de foulage.

Le plus ancien système connu, dont les peintures retrouvées dans les ruines de Pompéi donnent une idée, agissait par le choc au moyen des pieds. Avec les appareils autrefois employés dans les campagnes, c'était par le frottement des engins cannelés manœuvrés à la main que l'action était déterminée. Dans les diverses dispositions des foulons à maillets et à pilons, le choc seul est utilisé. Dans les machines de Dyer et de Hall, c'est exclusivement le frottement de glissement qui opère. Dans celle de Benoît et Vergne, il y a une double action, celle du laminage et du choc. Le foulon Wallery et Lacroix est une modification du système Dyer. Le perfectionnement de l'appareil Desplace est applicable à tous les systèmes circulaires. Ceux-ci se distinguent encore des moulins à maillets et à pilons par la pile ou auge toujours complétement fermée, et enfin par des organes spéciaux au foulage sur la longueur et sur la largeur. En effet, dans tous les systèmes antérieurs aux foulons cylindriques fermés, l'action, chocs ou frottements, opère en même temps sur les deux sens de l'étoffe. Celle-ci, repliée sur elle-même, maintenue par les parois de l'auge, atteinte sur les plis, les affecte dans leur direction, et fait par conséquent rentrer longitudinalement et transversalement. Si en visitant, en maniant, en *lissant* le drap, on s'aperçoit que certaines parties foulent moins que d'autres, on tord ou on forme des plis aux endroits en retard et on les soumet plus directement à l'action. L'énoncé de cette manœuvre suffit pour démontrer le peu de précision des moyens, et le rôle réservé à l'habileté du foulonnier.

Dans les foulons cylindriques, au contraire, on a eu l'heureuse idée de disposer un organe spécial pour fouler en longueur, et un autre réservé au foulage en travers. L'étoffe repliée sur elle-même de douze à quinze fois environ, et engagée de cette façon dans un guide qui la maintient, est d'abord comprimée, laminée et frottée sur les deux sens soit par les cylindres horizontaux et verticaux agissant simultanément, les premiers sur la longueur et les seconds sur la largeur, soit par une paire de rouleaux horizontaux et la pression du sabot placé au débouché.

Les moyens pour arriver au but sont, par conséquent, plus complets et plus précis dans les nouveaux foulons que dans les anciens; mais les premiers nécessitent une construction plus précise et plus soignée; aussi toutes leurs parties ont-elles été, depuis vingt ans, l'objet de recherches et de perfectionnements réclamés par la pratique. Aucune ne souffre de médiocrité. Bien des mécaniciens se sont occupés de cette question, tant en France qu'à l'étranger. Nous allons signaler quelques-unes des modifications nouvelles auxquelles nous faisons allusion, à cause de l'intérêt de ces dispositions accessoires.

§ 6. — De quelques perfectionnements de détails apportés aux foulons cylindriques.

L'usage des nouvelles machines à fouler démontra ce qu'elles laissaient encore à désirer : on s'ingénia à les perfectionner dans un certain nombre de détails. On se rappela sans doute l'efficacité des cannelures dans les surfaces des foulons primitifs, et on proposa en conséquence des machines rotatives, où les cylindres, au lieu d'avoir des jantes lisses comme dans la machine Benoît, portaient des cannelures autour de la circonférence. M. Colette, des Ardennes, avait pris un brevet dans ce but au mois d'octobre 1844.

M. Malteau d'Elbeuf, qui s'est beaucoup occupé et qui construit également des machines cylindriques à fouler, pratiqua des cannelures transversales aux parois du canal de sortie de la fouleuse, afin d'ajouter un élément de frottement de plus sur le tissu. MM. Wallery et Lacroix avaient déjà strié ces parois, mais dans la direction du mouvement de l'étoffe, en vue surtout de faciliter son dégagement.

Mais le point qui a exercé la sagacité des constructeurs a surtout été le déplissage du drap. La manière dont il est plié et passé dans la machine occasionne nécessairement beaucoup de plis très-persistants par la pression. Ils présenteraient des inconvénients graves aux opérations ultérieures s'ils ne disparaissaient. MM. Houget et Teston, de Verviers, ont imaginé une disposition très-simple et très-efficace : elle consiste à faire passer l'étoffe entre deux axes en bois cannelés de façon à ce qu'ils représentent en quelque sorte une série de poulies à bords et à gorges arrondis. Ces arbres sont fort légers et mobiles, de manière à pouvoir tourner et prendre un petit mouvement de translation dans le sens de leurs axes. Le tissu à son passage, étant sollicité par cette action, est obligé de se développer en se détordant ; il arrive ainsi ouvert au fond de la cuve à chaque tour qu'il fait.

M. Martin est arrivé au même but en plaçant entre les deux lisières de l'étoffe, à l'entrée de la machine, une sphère. Cette boule creuse, ordinairement en laiton poli, est disposée dans l'espèce de boyau formé par le drap cousu aux deux extrémités pour constituer une toile sans fin. Les plis doivent nécessairement se défaire pour laisser passer la boule, presque toujours suspendue par la marche de l'étoffe qui cherche à l'entraîner; mais le poids de la sphère tend constamment à la faire descendre. Le drap est d'ailleurs dirigé verticalement, à son passage en contact de la boule, par des rouleaux de tension convenablement placés dans la caisse, et tournant au contact de l'étoffe.

§ V. — Action mécanique employée dans le foulage.

Dans les machines à maillets des anciennes fouleries, on employait des pilons ou maillets dont le poids variait de 25 à 35 kilogrammes, et l'action, pour certains draps lisses, épais, durait jusqu'à quarante heures consécutives, avec un nombre moyen de cinquante coups de marteau à la minute. Le tissu recevait en conséquence en moyenne $50 \times 60 \times 40 = 120,000$ coups, d'un poids moyen de 300 kilogrammes agissant sur une hauteur d'environ $0^{m},33$. On dépensait 40,000 kilogrammètres de force en quarante heures ou 1,000 à l'heure, ou à peu près un cinquième de cheval par maillet, et cependant dans la pratique on comptait au minimum un cheval de force par pilon, pour fouler une pièce de 40 kilogrammes de laine. Les quatre cinquièmes du travail étaient, par conséquent, perdus par les ébranlements occasionnés par les chocs et les frottements des organes de transmission et du tissu contre les parois de l'auge. Une partie de ces pertes accessoires sont économisées dans les foulons cylindriques : les plus lourds ne consomment guère plus que les anciens pilons et produisent le double. Il est bien évident que le travail absorbé par les machines actuelles est directement proportionnel à la force du foulage. Tandis qu'il faut à peine un demi-cheval pour les tissus légers, les draps consomment parfois jusqu'à deux chevaux. Mais le point important à faire remarquer pour le moment, c'est cette action mécanique énorme et prolongée à laquelle il faut soumettre l'étoffe, qui représenterait un travail extraordinaire, si elle agissait instantanément. Son application échelonnée régulièrement, même pendant quarante heures, ne serait pas possible si elle agissait directement sur l'étoffe sans que celle-ci baignât dans un liquide préservateur de la matière et des nuances. On lui a en même temps cherché des propriétés pouvant influencer favorablement le foulage. Il est donc intéressant d'examiner les divers ingrédients et liquides employés et d'étudier leurs degrés d'efficacité.

Ingrédients et liquides employés dans le foulage. — Ils se résument en général dans l'eau pure, le savon, les alcalis carbonatés, l'urine et la terre argileuse. Le savon est employé en bain concentré ou très-étendu, de façon à ne former qu'une eau blanche. Nous pourrions ajouter : la vapeur *à utiliser* dans certains cas et à certaines périodes du foulage; l'huile aussi parfois comme accessoire, et la laine en poudre ou tontisse de laine, employée depuis quelque temps à l'état de mélange avec une dissolution concentrée de savon, — si le rôle de la laine dans ce cas n'était à peu près celui d'un feutre uni à un drap par le foulage, et si son addition n'avait uniquement pour but, comme nous le disons plus loin, de donner du poids à l'étoffe, sans que ce soit au détriment d'une diminution aussi considérable qu'à l'ordinaire. Nous laisserons donc de côté, pour le moment, l'examen de la tontisse, comme ingrédient du foulage.

Quant aux autres éléments, on peut les diviser tout d'abord en deux séries : l'une comprenant l'eau, les eaux de savon plus ou moins concentrées et la terre à foulon délayée, et l'autre les alcalis carbonatés et l'urine. Les corps de la première série sont généralement employés lorsque le foulage a lieu après le dégraissage du tissu, ce qui est le cas le plus général ; ceux de la seconde sont spécialement en usage pour le foulage dit en gras, c'est-à-dire avant le dégraissage, ainsi que cela a lieu pour certaines couleurs teintes en pièces, telles que les noirs de Sedan. On a remarqué que les draps foulés avant le dégraissage conservent en général plus de douceur au toucher; c'est d'ailleurs là le motif du mode d'opérer pour les étoffes destinées à certaines teintures qui durcissent le brin; le moelleux particulier des articles ainsi foulés est attribué à l'intervention de l'urine. Le fait est exact, mais l'explication ne l'est pas, les alcalis ayant plutôt la propriété de durcir que d'assouplir les brins de la laine. Mais l'urine étant un alcali faible, le tissu gras se trouve moins directement atteint et moins fatigué que lorsqu'il n'est pas préservé par la matière grasse ou qu'il est traité par un alcali plus énergique, tel que la soude ou la potasse. Malgré ces avantages accessoires du foulage en gras, il n'est jamais pratiqué en Normandie, où le dégraissage précède le foulage de toute espèce de tissus, même teints en pièces.

§ 8. — Résumé du rôle des différents agents et éléments qui interviennent dans le foulage.

Les agents en présence dans le foulage et qui interviennent directement, chacun pour une part plus ou moins considérable, sont : l'*action mécanique*, les *liquides* et la *chaleur*. La manière de disposer l'étoffe pour la soumettre à ces agents n'est pas non plus sans influence sur les résultats. — L'*action mécanique* rapproche les fils entre eux dans les deux sens; l'effet est naturellement progressif; les vides laissés par les entrelacements disparaissent peu à peu, jusqu'à ce que les fils soient au contact intime. Et, contrairement à ce qui se passerait pour une substance non feutrable, c'est à ce moment que les filaments qui se sont développés à la surface viennent s'entrelacer, s'agrafer et se lier de plus en plus, de façon à se condenser en quelque sorte les uns dans les autres pour former un tout *indissoluble* et homogène. Pour que le résultat se produise dans les conditions voulues, il ne faut pas que la vitesse dépasse une certaine limite, de 60 à 70 tours, correspondant à un développement de 80 à 90 mètres par minute : au delà, le produit pourrait s'échauffer et s'altérer. — Les *liquides* ont le double but de préserver le tissu contre l'action mécanique et de faciliter le foulage par une espèce de ramollissement des filaments ; devenus ainsi plus flexibles, ils se rapprochent plus intimement dans tous les sens. — La *chaleur* ramollit les tubes des brins, leur donne par conséquent la flexibilité et la ductilité nécessaires à ce qu'on pourrait nommer leur *pétrissage*.

Ces trois moyens, action mécanique, liquides et chaleur[1], sont modifiables. L'action mécanique se modifie d'elle-même, en raison de la résistance variable du tissu traité et de la nature de la laine dont il est formé. Les articles légers en nouveautés d'été, par exemple, sont foulés très-vite : le travail peut durer d'une demi-heure à deux heures, suivant les genres ; tandis que les draps lisses, suivant le tableau (chapitre XVI), rentrent tellement que le mètre carré de surface acquiert un poids double après le foulage et exige parfois, comme nous l'avons dit, jusqu'à *quarante-cinq heures* d'action continue.

L'application mécanique et par conséquent le genre de fouleuse doit être choisi en raison des articles à travailler. Les machines dans lesquelles la pression est exercée par des ressorts réglés de façon à se tendre et à se débander plus ou moins, en raison de la variation de résistance que le tissu leur présente, sont surtout propres aux articles légers et moelleux. La limite du feutrage possible n'étant pas atteinte et l'action ayant eu lieu avec une progression régulière, l'étoffe conserve toute sa souplesse. Mais, si elle doit être à grain très-serré et bien *clos*, comme on dit, les pressions ne doivent plus céder spontanément à la moindre résistance présentée par l'étoffe à son passage

[1] Nous ne parlons pas de l'électricité, à laquelle on a supposé un rôle dans le feutrage et le foulage ; si en effet cet agent intervient dans l'opération toujours pratiquée dans des liquides, il ne peut être sensible.

entre les organes feutreurs; l'excès de la puissance sur la résistance, après les premiers contacts et les liaisons des fibrilles, les affine et détermine leur pénétration plus intime : le retrait progressif sur les deux dimensions en est la preuve. Les foulons à poids et à pression rigide et constante sont donc préférables, pour les draps forts, aux foulons à ressort, tandis que ceux-ci donnent de meilleurs résultats pour les articles légers.

Quant aux liquides, ceux mentionnés déjà pour les draps dégraissés (l'eau pure, l'eau blanchie seulement par le savon, et l'eau de savon concentrée, saturée de façon à former une mousse épaisse) sont également employés; mais ils sont loin de donner des résultats également favorables. L'un des buts du liquide n'est complétement atteint qu'avec de l'eau de savon concentrée qui, en empâtant en quelque sorte le tissu, permet de prolonger l'action sans érailler les fibres et sans les fatiguer sensiblement. L'eau pure, au contraire, et même l'eau légèrement savonneuse, loin d'isoler le tissu et de *nourrir* les brins, les dessèche et les râpe pendant l'action; aussi reconnaît-on les draps foulés de cette façon : ils sont creux et imparfaitement épurés, surtout si on s'est servi de la dissolution savonneuse trop étendue, c'est-à-dire que leur toucher ne présente pas l'onctuosité et le moelleux des produits foulés en *plein savon*. Il est même remarquable que le résultat est moins mauvais avec l'eau pure qu'avec une dissolution savonneuse étendue. Dans ce dernier cas, les effets sont irréguliers et le tissu paraît en général desséché. Cependant, lorsqu'on fait fouler à façon, on ne procède que trop souvent avec l'eau pure ou du savon seulement délayé; le foulonnier économise ainsi la dépense du savon et profite de la quantité de bourre plus grande qui en résulte et qui lui est ordinairement abandonnée comme l'un des éléments de son profit. L'indication de ce fait suffit pour prouver ce que ce mode de rémunération a de vicieux. Nous ne mentionnons parmi les liquides que ceux couramment employés et pratiquement possibles ; mais il en est d'autres qui, sous certains rapports, pourraient servir : l'huile, par exemple, serait un excellent véhicule du feutrage, au point de vue de la conservation des brins, si elle n'avait l'inconvénient de graisser le tissu, de nécessiter ensuite des soins particuliers à l'épuration complète, et si d'ailleurs la consommation n'entraînait à une nouvelle dépense. On s'en sert néanmoins quelquefois partiellement et accidentellement en l'ajoutant par petites quantités aux places qui rentrent difficilement et qui présentent une apparence trop sèche ; il se forme alors une espèce d'émulsion qui facilite l'action. Ce cas se présente surtout lorsqu'on foule à l'urine et aux alcalis ; l'huile saponifie alors l'alcali en excès, qui, sans cela, durcirait le tube de la laine.

De l'intervention de la chaleur. — La chaleur, reconnue et recherchée de tout temps comme nécessaire au foulage, résulte de la température du liquide et surtout du développement de l'action mécanique. Modérée de 25 à 35 degrés, elle est efficace et facilite le travail. Plus élevée, elle peut nuire aux couleurs et aux nuances, et déterminer un feutrage en rapport disproportionné sur les deux sens.

La température étant la même pour toute la pièce, pour la chaîne et la trame, celle-ci, en fils et en matière généralement plus feutrables que celle-là, pourra, si la chaleur est trop grande, prendre un retrait sensible avant qu'il ait commencé sur la longueur ; le foulage dans ce sens ne commencerait alors que lorsque l'autre aurait atteint sa limite. Cette circonstance doit être évitée avec d'autant plus de soin, qu'il ne faut jamais s'exposer à être forcé d'abaisser instantanément la température : ce refroidissement occasionnerait une contraction brusque des tubes de la laine, et y fixerait d'une manière presque indélébile l'espèce de corps gras toujours mis en liberté par le foulage même des draps en apparence le plus parfaitement dégraissés. L'importance de cette observation peut surtout trouver son application pour certains articles, tels que les reps, les côtelés, etc., et tous ceux dont l'embuvage et le rétrécissement en largeur est relativement considérable, par suite de l'armure adoptée, et qui n'ont presque besoin d'un foulage que sur la longueur. Il est cependant des cas où une élévation de température peut devenir nécessaire pour activer l'action, c'est lorsqu'un tissu est peu feutrable sur les deux sens, par suite de la nature de la matière, le retordage des fils et le mode d'entre-croisement adopté au tissage, ou encore parce qu'il aurait été teint d'une substance qui durcit la laine et neutralise partiellement sa disposition au feutrage. On pourrait faire intervenir dans ce cas un jet de vapeur qui n'a jamais pu se faire adopter dans le travail courant et continu, probablement par les motifs qui viennent d'être exposés concernant les conditions de l'emploi de la chaleur. L'action calorifique, convenablement appliquée, est donc un agent indispensable et précieux qui deviendrait embarrassant et nuisible si on en abusait dans le dessein de hâter le résultat. Ces considérations n'amoindrissent en rien les motifs qui ont fait préférer les foulons clos aux anciens foulons ouverts. Il vaut mieux en effet être obligé parfois de laisser la machine ouverte pour abaisser la température, si c'est nécessaire, que de ne pouvoir maintenir le degré constant voulu par la déperdition des appareils qui ne sont pas fermés.

Articles foulés sans être feutrés. — Ce que nous venons de rappeler relativement aux difficultés qui s'opposent au feutrage corrobore les considérations générales présentées précédemment (chap. XX, § 1). Ces considérations peuvent se résumer en disant que la faculté feutrante est proportionnelle à la finesse, au vrillement, au peu de longueur des fibres de la laine, et en raison inverse de leur longueur et de la torsion des fils qu'ils forment. L'industrie est parvenue à tirer parti de ces caractères de la matière, et des moyens de la transformer, pour en obtenir des produits intermédiaires entre les articles ras et la draperie proprement dite. On produit aujourd'hui une foule d'articles épais de fantaisie, dits de nouveautés, destinés aux habillements d'hommes pour la saison d'hiver, et qui présentent des caractères intéressants à définir. Ces articles sont faits, en général, avec des fils retors, en laine de brins d'une longueur intermédiaire. Leurs tissus sont soumis à l'action du foulage, dont l'effet s'arrête au rapprochement des fils, à un certain degré de serrage qui détermine un retrait et un épaississement plus grand de l'étoffe que celui obtenu par l'embuvage ordinaire, mais bien moindre que si l'étoffe avait véritablement feutré, si les fils s'étaient effilochés, et si leurs filaments s'étaient intimement mariés par l'engrènement réciproque des aspérités de leurs surfaces. Aussi les étoffes du genre de celles dont nous parlons, qui n'ont subi que l'action du foulage ou du rapprochement des fils, peuvent-elles être détissées sans difficulté, tandis que les feutres et les draps résistent à cette décomposition mécanique, ainsi que nous l'avons déjà fait remarquer au commencement de ce chapitre. La plupart des articles du genre anglais en fils retors, et en laine à fibres plus ou moins longues, peuvent être classés dans cette catégorie des produits mixtes, foulés seulement, sans avoir été feutrés. Le foulage est, en quelque sorte, appliqué ici pour faciliter et hâter le rapprochement des éléments, pour constituer un tissu plus épais, plus chaud, plus clos que ceux de la fabrication des produits ras, mais moins compacte et moins duveteux que ceux de la draperie bien caractérisée.

Nous pouvons maintenant résumer en quelques lignes l'ensemble de la marche à suivre par le foulonnier, pour obtenir le résultat cherché. Nous diviserons l'opération pratique en deux périodes. La première comprenant le foulage proprement dit, et la seconde l'épuration définitive, consistant dans une espèce de dégraissage ou dessavonnage, avec lavage ou dégorgeage, ayant pour but de débarrasser le tissu, soit du savon, soit de toute autre impureté restée sur le tissu après le foulage. Quant au dégraissage principal, nous n'avons pas à y revenir, en ayant traité précédemment.

Méthode générale du foulage. — Nous avons déjà dit que l'action mécanique est insuffisante pour produire le foulage ; elle serait dangereuse si un agent chimique n'en tempérait les effets en les facilitant.

On fait usage des dissolutions alcalines, argileuses ou savonneuses. Les deux premières sont surtout employées lorsqu'on foule les étoffes dans leur *graisse ;* elles les saponifient alors très-facilement ; si c'est l'acide oléique, le savon formé sert au foulage. Parmi les alcalis, l'urine est préférée et sert presque exclusivement pour les draps de Sedan. Dans le Midi, l'usage de la terre à foulon et des sels alcalins est plus fréquent.

Louviers et Elbeuf, qui ne foulent que des draps dégraissés, se servent presque exclusivement de savon.

Les dissolutions employées au foulage, sauf l'urine, sont généralement faites à chaud ; pour cette dernière matière, il suffit de l'étendre à froid d'environ la moitié de son volume d'eau. Le drap foulé est d'abord humecté d'une certaine quantité de liquide, et il s'en imprègne de nouveau en passant dans la machine. La manière d'imbiber la pièce varie avec les systèmes. Lorsqu'on se sert des anciens pilons, on ne met d'abord que la moitié de la quantité de la dissolution dans l'auge, et le reste est ajouté dans le courant de l'opération.

Il est bon, en général, de modérer le travail en commençant, par les motifs précédemment indiqués pour les tissus dégraissés aussi bien que pour le foulage en *gras ;* car, si l'effet se produisait trop vite, si le drap était trop dégraissé, et que le savon formé fût insuffisant pour le préserver de l'action mécanique, il pourrait avoir un résultat fâcheux sur la laine mise trop à nu. On produirait alors ce qu'on nomme un *drap creux.* Il pourrait même arriver que le tissu n'atteignît pas le degré de foulage voulu ; la matière cornée ne serait pas assez ramollie, les filaments s'useraient avant de s'enchevêtrer complétement ; c'est sans doute pour prévenir cet accident que certains foulonniers ajoutent de l'huile dans la pile après quelques heures de travail. Ils fournissent, comme on voit, la graisse en surabondance, afin d'opérer la saponification complète et de former une quantité de savon suffisante. Si l'opération était conduite trop lentement, et que le liquide ne fût pas en proportion convenable, toute la graisse pourrait ne pas être saponifiée, dans l'intérieur de l'étoffe, il en resterait qui se trouverait pour ainsi dire incorporée aux fibres sans qu'on pût s'en apercevoir après le foulage ; mais bientôt, lors des différents apprêts ultérieurs, elle reparaîtrait à la surface, et altérerait les nuances sans qu'il fût facile d'y remédier, même par un dégraissage nouveau. Ces causes produisent, à notre avis, une partie des accidents fâcheux qu'on désigne sous le nom de *marbrage* dans l'industrie drapière. Un dégraissage imparfait, que la nature des huiles employées en soit la cause, ou que l'opération ait été mal faite, occasionnera toujours des défectuosités analogues et d'autant plus graves qu'il est presque impossible d'y remédier, parce qu'on ne les remarque pas au moment même où elles ont lieu. Ce n'est que plus tard qu'elles se développent, le plus souvent au lainage et quelquefois seulement après les derniers apprêts. Quant au moyen d'éviter les inconvénients résultant d'une température trop élevée, il consiste simplement soit dans l'ouverture des portes, soit dans le changement du liquide, etc.

Ce sont les considérations relatives à l'épuration qui nous avaient depuis longtemps suggéré l'idée de proposer une nouvelle huile, dont le dégraissage est d'une telle facilité et offre tant de garanties qu'il est impossible aux accidents dont nous parlons de se présenter. Un des inconvéniens de l'ancien mode de foulage consistait dans la nécessité où l'on était de remanier le drap, c'est-à-dire de le sortir de la machine afin d'examiner ses dimensions pour constater si l'opération marche convenablement, et de changer les plis pour qu'ils ne restent pas après le travail. Ce remaniement existe encore lorsque, comme cela arrive pour des articles qui doivent être très-flexibles et tout à fait sans plis, on préfère le foulage aux maillets. Avec les nouvelles machines, on n'a pour ainsi dire besoin de s'occuper de la pièce que pour constater la marche de l'opération. Il y a donc un progrès sous ce rapport; cependant il reste encore quelque chose à faire; en effet, le remaniement même accidentel occasionne un abaissement subit de la température dans la pile, d'où résulte, indépendamment de la perte de chaleur et de temps, une irrégularité dans le travail lorsqu'on le recommence. Il nous paraît évident que la vapeur, intelligemment employée à certaine période, au commencement et lors du refroidissement, par exemple, causé par des temps d'arrêt, activerait l'opération en produisant un excellent effet sur le tissu, car la vapeur chaude donne aux brins une tendance sensible à la frisure. On aurait de plus les moyens de conduire l'action plus régulièrement en maintenant la pile à la température constante de 30 à 35 degrés, qui est la plus convenable pour un bon résultat.

Comme dans les apprêts, on tend le drap en largeur pour pouvoir le travailler, on est dans l'usage de le fouler de manière à obtenir une laize d'environ 0m,03 moindre que celle à laquelle le tissu doit atteindre après la fabrication. Lorsque le foulage est terminé, il faut de nouveau dégorger le tissu avec une légère dissolution de terre argileuse pour enlever le savon.

§ 9. — Dessavonnage et épuration complète.

Le drap foulé doit être dessavonné lentement, dans le foulon : on fait arriver l'eau peu à peu afin de ne pas saisir trop brusquement le tissu encore chaud. Le changement rapide de la température, par l'arrivée de trop d'eau froide, contracterait les fibres et fixerait le corps gras, ce qui serait un inconvénient très-grave. Il faut donc agir avec ménagement et par degrés, faire *clapoter*, comme on dit, la pièce en commençant dans un petit filet d'eau ; on augmente ensuite peu à peu le volume du liquide, et on finit par laver l'étoffe à grande eau. Le dessavonnage à l'eau ainsi fait, l'opération doit être complétée par un *dégorgeage* du tissu. Cette fin de l'opération a lieu dans la machine à dégraisser décrite chapitre XIX et d'une façon identique au dégraissage ordinaire. Si le drap a été foulé au savon, on le fait tourner pendant deux heures environ dans une dissolution de terre argileuse, puis on l'épure complétement en le lavant en pleine eau, toujours dans la dégraisseuse. S'il a été foulé sans savon, il est plus sale : son épuration exige alors moyennement quatre heures de terre. La quantité de savon nécessaire au foulage est en moyenne de 2 kilogrammes pour un tissu nouveauté, et 6 kilogrammes pour les draps lisses.

§ 10. — Prix du foulage à façon.

Les cours établis pour les différents articles donnent une idée de la différence du travail pour les tissus nouveautés et les draps lisses.

Le foulage d'un drap fantaisie, d'environ 80 mètres de longueur, est payé, suivant la proportion du retrait, de 10 à 15 francs, escompte 10 pour 100.

Une même longueur de drap lisse, avec les réductions et les retraits indiqués au tableau chapitre XVI, § 1, coûte de 25 à 30 francs, avec le même escompte.

§ 11. — Foulage à la tontisse.

Nous avons déjà mentionné le procédé à titre de mélange au liquide employé pour le foulage. Si on mêle au bain du foulon une certaine proportion de tontisse ou déchets de laine faits au tondage, le liquide porte les fragments ou la poudre de laine dans toutes les mailles de l'étoffe pour les remplir et s'incorporer intimement et régulièrement au tissu. Le poids de la pièce augmente en raison de celui du déchet combiné de cette façon. On peut donc ainsi arriver à donner du poids en diminuant celui du fil et à le compléter par des déchets. Au lieu d'employer, par exemple, 24 kilogrammes de fil, on peut n'en employer que 15 ou 16, et augmenter le poids par 7 ou 8 kilogrammes de tontisse d'une valeur bien moindre; la pièce offre néanmoins une quantité de matière égale à celle donnée dans les conditions ordinaires. La manière de procéder est d'ailleurs fort simple : il suffit de s'arranger pour maintenir la fluidité du bain *tontissé,* et la régularité de la marche de l'opération. Celle-ci dure, toutes choses égales d'ailleurs, un peu plus que pour le foulage d'une pièce établie sans mélange. Une fois le drap foulé, il est traité absolument comme à l'ordinaire. Il n'est pas besoin de faire remarquer que la nuance de la tontisse doit être telle, qu'elle ne puisse altérer ni contrarier celle du produit. Ce procédé est déjà pratiquement appliqué dans certaines localités, et notamment à Lisieux. Si on en use sagement et loyalement, il peut rendre des services dans les articles communs, à bas prix. Peut-être ce moyen original et ingénieux mettra-t-il sur la voie de quelques autres modifications avantageuses dans le foulage.

§ 12. — Quelques considérations sur le choix des machines à fouler.

Grâce aux perfectionnements successifs apportés aux machines à fouler, dans ces vingt-cinq dernières années, on est arrivé à des foulons qui peuvent travailler tous les genres presque indistinctement. La combinaison de l'action du choc à celle de la pression, à l'effet simultané variable et progressif sur les deux sens, rend les nouvelles machines susceptibles d'être utilisées pour toutes les variétés de lainages. Cependant, il est des cas où il n'est pas indifférent de donner la préférence à tel système sur tel autre. C'est à dessein que nous disons *système*, pour n'avoir pas l'air d'apprécier un constructeur au détriment d'un autre, lorsqu'il est reconnu qu'un certain nombre font également bien. Ne pouvant entrer de nouveau dans l'énumération des nombreux articles à fouler qui peuvent présenter depuis 250 grammes jusqu'à plus de 1 kilogramme au mètre, nous nous bornerons à signaler les caractères des principaux articles fondamentaux : les *draps lisses*, les *nouveautés d'hiver et d'été*, les *tricots*, les *calottes grecques* et les *feutres en général*.

Pour les draps lisses à foulage serré, à grain fermé, relativement un peu carteux ou plutôt hermétiquement clos dans leur constitution, qui se foulent très-bien par les anciens moyens à choc qui seraient peut-être encore les meilleurs au point de vue du principe, s'ils ne présentaient les inconvénients signalés précédemment, et une absence complète de dispositions régulatrices de l'opération, il y a lieu de choisir le système qui se rapproche le plus, sous le rapport des effets, de cet ancien mode d'opérer ; les foulons cylindriques à percussion et à pression solidement établis, tels qu'ils ont été construits à l'origine par M. Benoît, paraissent le mieux convenir dans ce cas. Pour les articles dits nouveautés, qui doivent en général, sauf certaines exceptions, rentrer moins au foulage, et sont souvent faits en matières moins feutrables, les foulons cylindriques ordinaires les plus perfectionnés, décrits précédemment en donnant les modifications y apportées par MM. Desplace, Hougot et Tesson, etc., conviennent parfaitement.

Les draps tricotés aux métiers circulaires, dont les entrelacements au lieu d'être formés par des fils droits à croisements rectangulaires, et pouvant glisser et se rapprocher facilement, le sont par des rebouclements de fils non tendus, qui ne peuvent se serrer de la même manière, présentent au foulage certains inconvénients résultant de leur constitution propre. Le laminage opéré par les cylindres des machines à fouler, à mouvement de rotation, est susceptible d'étendre, d'étirer les mailles, avant de les rapprocher, de les *creuser* et même de détériorer l'étoffe, si on n'opère avec ménagement. Les moulins ordinaires à maillets *pétrissent* en quelque sorte les réseaux, en les serrant énergiquement les uns contre les autres; ils sont donc préférables, sous ce rapport, aux machines qu'on leur a substituées. Les machines à feutrer du genre de celles de M. Laville, décrites précédemment, vaudraient moins encore pour les tricots que les foulons cylindriques. Ces machines sont au contraire, selon nous, les meilleures pour les calottes en feutre, confondues parfois avec l'article dit *bonneterie orientale*. Pour ces sortes d'objets, s'ils sont en feutre proprement dit, les machines à feutrer en question permettent de leur donner avec avantage, sous le rapport de l'économie du travail et de la perfection, les caractères qu'on leur recherche particulièrement. Les mélanges de matières qui forment aujourd'hui l'une des principales ressources de l'industrie sont surtout facilités par l'emploi de ces machines; tandis qu'ils rencontrent souvent des difficultés, s'il s'agit d'en faire des fils. On sait, par exemple, que certaines laines foulent difficilement;

que d'autres, au contraire, subissent très-rapidement cette action, et que de leur mélange en certaines proportions on pourrait arriver à un fil économique et à un tissu doué d'une propriété feutrante moyenne; mais malheureusement, le mélange à la filature des filaments de caractères physiques, de longueur, de volume, de frisure, d'élasticité et de ténacité par trop différents, donne rarement un bon fil homogène. Aussi est-on obligé souvent de renoncer à certains de ces mélanges. Ainsi, par exemple, les poils du chien caniche feutrent si facilement, qu'ils forment rapidement corps avec des fibres de laines récalcitrantes lorsqu'on les travaille ensemble. Mais il est difficile de les réunir à la filature. Dans les machines à feutrer, au contraire, ces sortes de mélanges ne présentent plus de difficulté, et finissent par donner d'excellents résultats.

Ces considérations ne sont pas absolues, et n'envisagent pas non plus tous les cas qui peuvent se présenter dans la pratique; mais elles seront applicables par analogie aux circonstances qui n'ont pu être prévues et amèneront à l'explication de faits souvent embarrassants, et considérés à tort comme des anomalies, lorsqu'on n'est pas suffisamment imbu des principes qui régissent les phénomènes les plus essentiels.

QUATRIÈME PARTIE.

QUATRIÈME PARTIE

CHAPITRE XXII.

APPRÊTS DES LAINAGES EN GÉNÉRAL.

§ 1. — Définition et classification des apprêts.

Apprêter une étoffe quelconque, c'est développer et mettre en évidence, de la façon la plus avantageuse, les caractères de la substance ou des substances qui la composent, pour donner au tissu l'apparence la plus favorable et les qualités les mieux appropriées à l'usage auquel on le destine.

La série des opérations qui constituent les apprêts doit, par conséquent, être combinée, d'une part, en raison de la nature intime des fibres de la matière première, et, de l'autre, en vue de l'aspect recherché dans le produit. Ces considérations indiquent tout d'abord qu'il y a, pour les innombrables articles fournis par la laine, un certain nombre de moyens qui leur sont communs comme leur origine, et un certain nombre d'autres qui diffèrent, suivant leur constitution définitive.

Toutes les opérations embrassées par les apprêts des lainages peuvent d'abord se ranger en deux séries fondamentales : en apprêts des lainages ras non foulés, et en apprêts des lainages foulés.

Les deux sortes d'apprêts réalisés dans ces deux grandes branches peuvent se subdiviser, à leur tour, en raison de leur but : pour les tissus ras, par exemple, ils sont modifiés suivant qu'ils s'appliquent à des produits unis ou brochés. Le mérinos peut être pris comme type de la première de ces catégories, et les châles façonnés dits *châles français* comme type de la seconde. Dans les articles foulés, on peut distinguer les tissus à longs poils couchés, types molleton et couverture ; les draps lisses à surface duveteuse rase, sans direction déterminée ; les lainages veloutés à poil debout, perpendiculaire à la surface ; les articles ratinés ou moirés à duvet roulé ou ondulé, et les nouveautés et flanelles de toutes espèces, sans duvet à la surface et caractérisés par les entrelacements des fils au tissage, et les apprêts des tissus chaîne coton ou autres avec des trames en fibres animales peu élastiques, type *sealskin*. Nous indiquons sommairement la série des opérations qui constituent en général les apprêts des tissus ras non foulés, sans les décrire en détail ; nous donnons ensuite les apprêts des articles foulés de la seconde série, avec les développements que leur travail comporte.

Apprêts des tissus ras, type mérinos.

Les opérations pratiques ne sont pas absolument les mêmes partout : nous indiquons deux façons d'opérer, que nous avons vu pratiquer, l'une à Paris et l'autre à Reims.

Système de Paris.

1° Grillage du tissu à la plaque rougie, pour enlever le duvet ;

2° Traitement de la pièce par une dissolution de carbonate de soude pour la dégraisser, et la dégorger en la faisant passer dans cet état entre les deux cylindres d'une dégraisseuse ;

3° Dégorgeage et lavage complet à l'eau tiède ;

4° Passage de l'étoffe à la machine à foularder, pour déplisser et sécher le tissu;

5° Teinture et lavage;

6° Essorage et séchage en étendant la pièce;

7° Épluchage et nettoyage;

8° Tondage par un plus ou moins grand nombre de coupes, en raison de l'épaisseur de l'article;

9° Arrosage du tissu par une pluie fine, pour l'humecter uniformément;

10° Lustrage, par le passage de la pièce humide entre des cylindres chauffés;

11° Enfin pliage et pressage à froid.

Apprêts des étoffes rases unies par le système de Reims.

1° Dépliage des pièces à la main ou par un moyen mécanique quelconque;

2° Grillage à la plaque rougie;

3° Apprêt ou bruissage, par l'ébullition, de la pièce se mouvant sous une certaine tension dans l'eau bouillante; cette opération, pratiquée avant le dégraissage, donne une fermeté et un brillant remarquable et durable au produit;

4° Dégraissage entre les rouleaux;

5° Teinture;

6° Étendage et séchage;

7° Tondage;

8° Arrosage pour humecter la pièce uniformément;

9° Passage du tissu humide entre les cylindres passés à la vapeur;

10° Pliage et métrage au rectomètre.

On voit que ce mode d'opérer ne diffère sensiblement du précédent que par la circulation du tissu tendu dans l'eau bouillante pendant plus ou moins de temps : de une à deux heures, avant de dégraisser l'étoffe. MM. Boulogne, de Reims, qui se sont fait breveter pour ce procédé, sont arrivés à des résultats généralement estimés.

Apprêts des tissus ras brochés, type châle.

1° *Epincetage*, avec de petites pinces, pour enlever les corps étrangers, boutons, irrégularités, etc.[1];

2° Lavage à l'eau tiède, pour épurer l'étoffe et raviver les couleurs;

3° Équarrissage du tissu sur une table métallique creuse, bombée, chauffée à l'intérieur, afin d'établir la pièce à ses dimensions régulières;

4° Découpage à l'envers, par une tondeuse longitudinale, des brides formées par la partie brochée au tissage;

5° Coupe à l'endroit, à la tondeuse transversale, pour enlever le duvet;

6° Développement du grain à l'endroit et du brillant à l'envers par une pression énergique, à la presse hydraulique, du tissu replié sur lui-même, avec interposition de cartons lisses sur l'une des surfaces et à grains sur l'autre.

§ 2. — Diverses séries d'apprêts des lainages foulés.

Apprêts généraux des draps lisses et des nouveautés teints en laine.

1° Lainage en première eau;

2° Séchage à l'étente ou étendage;

3° Énouage;

[1] L'épincetage a également lieu pour les articles mérinos du type précédent.

4° Tondage et brossage;
5° Lainage en deuxième eau;
6° Essorage;
7° Ramage;
8° Énouage;
9° Tondage en deuxième eau et brossage;
10° Épinçage ou épincetage en apprêts;
*11° Pressage à chaud;
*12° Gitage;
*13° Tondage et brossage;
14° Décatissage;
*15° Pressage à froid;
16° Métrage et ployage.

Observation. Les opérations précédées d'un astérisque ne sont pas communes à toutes les nouveautés teintes en laine, mais sont toujours appliquées aux draps lisses.

Apprêts généraux des draps lisses et nouveautés teints en pièces.

1° Lainage en première eau;
2° Séchage à l'étente;
3° Énouage;
4° Tondage en première eau et brossage;
5° Rentrayage;
6° Teinture et dégorgeage;
7° Lainage en deuxième eau;
8° Essorage et ramage;
9° Énouage;
10° Tondage en deuxième eau et brossage;
11° Épincetage en apprêts;
12° Rentrayage;
*13° Pressage à chaud;
*14° Gitage;

*15° Tondage et brossage;
16° Décatissage;
*17° Pressage à froid;
18° Métrage et pliage.

Observation. Les astérisques ont la même signification que dans le tableau précédent.

Apprêts généraux des draps dits velours et des ratinés ou frisés.

1° Lainage en première eau;
2° Séchage à l'étente;
3° Énouage et épincetage;
4° Tondage en première eau;
5° Lainage en deuxième eau;
6° Essorage;
7° Battage ou frisage;
8° Ramage;
9° Tondage;
10° Décatissage;
11° Métrage et pliage.

Observation. Lorsque le tissu est frisé à sa surface, le tondage ne lui est plus appliqué, puisqu'il détruirait l'effet obtenu par le ratinage.

Apprêts des tissus à poil avec une chaîne en laine, en coton ou autre, et la trame en matière raide, telle que poil de chèvre, de veau, etc.: type sealskin.

1° Lainage en première eau;
2° Séchage;
3° Tondage;
4° Ébullition à l'eau du tissu enroulé sous une forte tension;
5° Lainage transversal;

6° Deuxième ébullition, comme la première;
7° Lainage à poil et à contre-poil;
8° Séchage;
9° Tondage;
10° Ramage;
11° Redressage du poil par une corde ou des croisées de chardons à la main;
12° Pliage ou métrage.

Remarque. Par l'usage du chardon métallique agissant à contre-poil au lainage qui précède l'opération à la rame, et mieux encore par le battage, on peut se dispenser de relever le poil sur la rame et on atteint un résultat plus parfait.

§ 3. — Considérations générales sur les apprêts et leurs diverses applications et combinaisons.

Les machines employées aux apprêts des lainages sont susceptibles de donner des apparences et des propriétés diverses à une même étoffe, suivant l'ordre dans lequel elles opèrent, la manière dont les apprêts sont gradués et combinés entre eux. L'indication des transformations en raison des catégories principales d'articles inscrites en tête de ce chapitre démontre, en effet, dans quels cas les mêmes machines arrivent à des produits d'apparences différentes. Cependant il est bon de combiner dans chaque cas les éléments constitutifs du tissu en raison des propriétés et des caractères qu'on veut plus particulièrement lui donner. Il est évident pour tout le monde qu'on n'emploiera ni la même laine, ni les mêmes torsions de fils, ni les mêmes rapports entre la quantité de chaîne et de trame, selon qu'on voudra obtenir une étoffe très-foulée, très-duveteuse, où les traces des entrelacements au tissage doivent complétement disparaître, ou selon qu'il s'agira d'un lainage faiblement feutré, à grain, où l'effet de la tissure doit jouer un rôle.

Le fabricant au courant de sa spécialité sait également que les apprêts doivent varier en raison de la qualité et des genres d'articles; que les *lisses*, par exemple, sont lainés par une série d'opérations plus ou moins répétées ou en *plusieurs eaux*, comme on dit, suivies chacune de plusieurs coupes à la tondeuse, après séchage à l'étente, et un séchage sur les rames à la dernière eau, suivi quelquefois d'un gitage; que les articles *nouveautés*, au contraire, sont en général moins lainés. Une seule eau suffit aux plus légers pour vêtements d'été; on en donne rarement plus de deux au même genre de produit, quelle que soit son épaisseur. Mais pour appliquer convenablement les règles générales et se rendre un compte exact des meilleures conditions d'exécution des divers apprêts à réaliser, dans les nombreux cas qui peuvent se présenter, il est nécessaire de bien préciser leur but et les principes qui leur servent de bases. Nous allons, par conséquent, examiner et étudier chacune des opérations fondamentales qui concourent aux apprêts des lainages foulés, avant de décrire leurs moyens d'exécution et les machines qui y sont employées.

But et théorie du lainage et du tondage. — *Lainer* ou *garnir* une étoffe foulée, c'est transformer une toile de laine rase et brute, plus ou moins rude au toucher, en une surface à poil, qui dissimule les traces des fils du tissu. Pour la draperie proprement dite, le duvet qui constitue le poil est tellement fourni et condensé, que les traces des entrelacements disparaissent complétement; dans d'autres articles, tels que les flanelles et la plupart des genres fantaisie, le garnissage est loin d'être aussi *touffu* et la tissure aussi complétement cachée. La hauteur des poils, leur direction par rapport à la surface de l'étoffe, ainsi que leurs apparences, peuvent varier, c'est-à-dire avoir une direction uniforme dans un sens ou dans l'autre, de façon à la constater au toucher, ou être tellement perpendiculaires au plan du tissu, qu'il soit impossible d'éprouver de différence en promenant la main sur la surface du duvet. Ce duvet peut être lisse ou ondulé, mat ou brillant, suivant la nature des laines employées et les modifications apportées aux transformations.

La quantité de duvet produite par unité de surface ou la proportion du garnissage dépend des caractères des laines, de la réduction de l'étoffe en chaîne et surtout en trame, de l'intensité du foulage et de l'application plus ou moins bien entendue des apprêts. Toutes choses égales d'ailleurs, la quantité de brins contenus dans le tissu est proportionnelle au retrait résultant du foulage, par conséquent à l'épaisseur du produit foulé et à l'efficacité des moyens employés pour le mettre en évidence et le développer. Ces brins ou filaments se trouvant, comme nous l'avons vu, intimement incorporés dans tout le corps du tissu, aussi bien au milieu de l'épaisseur que sur les faces, on ne peut convenablement les atteindre qu'en agissant progressivement sur la substance rendue aussi flexible que possible. De là la nécessité des séries réitérées d'opérations de lainages, en raison de la quantité de poil à fournir; de là aussi la convenance de mouiller ou d'humecter l'étoffe pour pouvoir diviser, séparer, désagréger, amener les brins du fond à la surface sans les rompre, et de là enfin l'intervention de la coupe ou de la tonte de la surface, pour égaliser par un rasage parfait la couche ou le lit des filaments obtenus par l'opération du lainage. Le tondage a par conséquent le double but d'uniformiser la hauteur du poil en le raccourcissant; ce dernier résultat permet au lainage de l'opération suivante d'atteindre de plus en plus les fibres et les fibrilles du fond du tissu.

Quoiqu'il ne soit pas impossible de tondre le tissu humide, on le fait néanmoins toujours sécher avant de le soumettre à la tondeuse. Tantôt, comme dans les premières périodes des apprêts, l'étoffe est séchée sans être tendue : on la dit alors séchée *à l'étente*, pour différencier ce mode, du ramage ou séchage et de la mise en laize simultanée, qui ne se pratique qu'à la dernière période des apprêts.

Ces explications sur les conditions des opérations alternatives du lainage à l'état humide et du tondage à sec font comprendre la signification du terme : *donner une eau*. Il embrasse le nombre d'opérations ou plutôt de passages du tissu sur l'organe laineur avant le séchage et la tonte. Chaque passage entier de l'étoffe constitue ce qu'on nomme *une voie*. Le nombre de voies et d'eaux varie nécessairement en raison du caractère plus ou moins duveteux à donner au produit.

§ 4. — Divers moyens ou principes sur lesquels reposent le garnissage ou la formation du duvet et les diverses apparences réalisées par les apprêts.

Les filaments condensés dans la masse, mouillés ou humides, peuvent être développés, mis en évidence et régularisés par l'action ménagée et progressive d'une espèce de peignage ou *tirage* du poil au moyen de crochets naturellement élastiques comme le sont ceux du chardon à foulon, ou encore par des peignes formés par des aiguilles métalliques, dits chardons métalliques, et aussi par des chocs réitérés sur la surface, ou enfin par l'agitation brusque dans l'air de la pièce humide. Les trois derniers procédés sont assez récents, le chardon naturel seul a été appliqué de tout temps, comme nous l'avons démontré dans la partie historique (chap. I). Les divers procédés dont il vient d'être question, et qui sont décrits plus loin en détail, ne produisent d'ailleurs pas des effets identiques et sont rarement appliqués isolément. Ils sont au contraire combinés entre eux de façon à réaliser des résultats prévus *à priori*. Il faut donc être fixé sur les conséquences de leurs propriétés réciproques. La forme en crochet des pointes du chardon naturel, leur flexibilité et leur élasticité les rendent éminemment propres au démêlage ou débrouillage des filaments froissés, lorsqu'on les engage dans la surface humide et tendue de l'étoffe. La continuation de l'action de ce peignage finit nécessairement par régulariser le duvet. Les effets des pointes métalliques sont en général plus énergiques et susceptibles d'atteindre les produits plus profondément, de travailler plus rapidement; mais, par ce fait même, elles ménagent moins le tissu, et ne donneraient pas autant de régularité si on voulait les employer dans tous les cas.

Quant au *battage*, introduit dans la pratique depuis 1852 seulement, comme un moyen d'apprêt fondamental, il produit un double effet : il va atteindre jusqu'aux plus petites fibrilles comprimées dans le fond de la masse, qui échapperaient en général à l'action du chardon, et fait redresser les extrémités libres de tous les petits filaments qui, en vertu de leur propriété élastique, ainsi relevés dans leur ensemble, normalement à leur surface, puis tondus et séchés en cet état, forment ce qu'on a nommé le duvet à poil droit, ou la surface veloutée qui caractérise le produit que M. de Montagnacé a fait breveter, il y a une douzaine d'années, et qui est connu sous son nom dans le commerce.

Cette opération serait plus difficile encore que le lainage sans l'intervention de l'eau, l'apparence du duvet serait immanquablement irrégulière et l'étoffe en partie détériorée. Il faut donc que le tissu soit humide, mais humide seulement de manière à constituer ce que l'inventeur a nommé *l'état frais*. Si, en effet, les filaments étaient trop chargés d'eau, si la pièce était trop sensiblement mouillée, l'effet de la force élastique naturelle des fibres serait contre-balancé par le poids du liquide et les brins ne pourraient se relever complétement; ils resteraient couchés ou prendraient une certaine inclinaison, et ne constitueraient plus un velours de laine imitant les caractères du velours de soie. Nous revenons plus loin sur ce point intéressant.

Cette action de l'eau sur les résultats des apprêts est utilisée à son tour lorsqu'il s'agit de produire des surfaces à poils couchés ; on mouille alors le tissu en conséquence, et s'il est formé de fibres d'une certaine longueur et un peu raides, il en résulte des ondulations très-sensibles qu'on remarque dans certains articles, et entre autres dans les couvertures de voyage dits mohairs longs poils, dont la chaîne est, en général, en coton et la trame en laine longue, en poil de veau ou en poil de chèvre.

Le brillant de ce genre de tissu est développé par l'ébullition prolongée de la pièce enroulée, tendue autour d'un cylindre, autrefois pratiquée en France pour les apprêts des peluches et des pannes, et généralement appliquée encore aujourd'hui par les Anglais aux articles dits *sealskin* (peau de veau marin).

L'action de la chaleur humide sur le produit lui donne de la douceur en ramollissant la matière animale, développe son brillant en l'épurant, et fixe définitivement les fibres dans la direction qui leur a été imprimée par les opérations préalables.

C'est toujours par l'intervention de la chaleur et de la pression qu'on donne le fini, le lustre et le moelleux aux lainages en général. Seulement le mode d'application de ces agents varie avec le genre d'articles. Pour les tissus à duvet court, comme celui de la draperie en général, les pressions pour fixer le sens du poil et déterminer le brillant ont lieu sur l'étoffe sèche et chauffée. L'opération est réitérée un certain nombre de fois, en graduant l'énergie de l'action avec l'abaissement de la température, c'est-à-dire que dans les premiers apprêts la pression est modérée et la température assez élevée. Dans les opérations suivantes, l'action mécanique va en augmentant et la chaleur en diminuant, de telle façon que le dernier passage a lieu à froid et sous une pression s'élevant parfois à 200 000 kilogrammes. Pour que l'apparence ainsi obtenue soit permanente et durable même sous l'action de l'eau, on a soin, avant le dernier pressage, de soumettre le tissu à une vapeur libre et pénétrante, pour atténuer l'effet trop glacé et trop susceptible obtenu par l'intervention simultanée de la chaleur et de l'action mécanique.

Les diverses opérations qui concourent aux apprêts des lainages plus ou moins drapés peuvent par conséquent être classées en deux catégories : la première a pour but de former, de développer et diriger le poil, et la seconde s'applique particulièrement à adoucir, à lustrer, à uniformiser et à fixer la direction de ce poil.

Les principes sur lesquels reposent les moyens adoptés pour atteindre ces résultats ne varient que dans leurs modes d'application. Pour opérer le lainage proprement dit, on se sert soit de l'un des moyens fondamentaux généralement usités, combiné avec les deux autres, c'est-à-dire de l'action du chardon naturel ou métallique, alliée au battage, et parfois, suivant le genre d'étoffe, on se sert des trois moyens : on commence par garnir au chardon ordinaire et on emploie le chardon métallique à la période suivante. Les résultats seront d'autant plus satisfaisants qu'on aura mis plus de poil en évidence par un battage pratiqué convenablement entre les deux opérations, et si le duvet doit être à poil droit, un tondage et un séchage à la rame terminera l'article.

Si le duvet doit être roulé, boutonné, ondulé, etc., c'est également à cette période des apprêts qu'il est soumis au frisage ou ratinage.

Nous reviendrons d'ailleurs sur les applications après avoir décrit les différentes machines usitées.

Quant au lustrage, à l'assouplissage et au fixage du duvet ainsi formé, ils ont toujours lieu, pour les divers articles, par l'intervention de la pression plus ou moins chaude. Seulement, si le poil est long, peu réduit, en matière rude, rêche ou dure, devant former une fourrure plus ou moins inclinée, c'est par la chaleur humide et l'ébullition du produit tendu qu'on obtiendra le résultat. Une pression énergiquement graduée, une température modérée et sèche, au contraire, produiront l'effet analogue sur le duvet court et très-fourni des articles lisses en laine à brins souples et élastiques. Pour mieux préciser le mode d'application de ces principes et les modifications à leur faire subir selon les cas, nous donnerons des exemples de la marche suivie pour certains articles déterminés, et celle à suivre dans les apprêts moins en usage chez nous et très-connus et pratiqués en Angleterre pour cette grande spécialité des tissus à poils peu foulés, très-garnis néanmoins, formés par une chaîne en coton et une trame soit en poil de chèvre, soit en d'autres poils ou en fils de laine longue, et principalement désignés sous le nom de *sealskin* ou mohair.

Mais, pour faire mieux comprendre les errements suivis dans la pratique, il faut connaître les appareils et les machines usités ; nous passons par conséquent à leur description.

CHAPITRE XXIII.

DESCRIPTION DES APPAREILS ET DES MACHINES A APPRÊTER.

§ 1. — Appareils et machines à lainer ou à garnir les étoffes.

Nous avons déjà dit que le chardon naturel, désigné tantôt sous le nom de chardon à cardes, et tantôt sous le nom de chardon du bonnetier, était connu et appliqué au développement de la surface duveteuse des lainages par les anciens, qui, de plus, paraissaient avoir tenté l'emploi d'autres moyens, et entre autres la peau du hérisson (chap. I, § 1); mais l'usage seul du chardon s'est perpétué, et est demeuré aussi avantageux de nos jours qu'aux premiers temps de son introduction dans l'industrie. Le succès des moyens proposés de temps à autre pour le remplacer a toujours été douteux. Ce n'est que dans ces dernières années qu'on est parvenu à lui donner, dans le chardon artificiel ou *chardon métallique*, un auxiliaire efficace et économique dans certains cas. La création de variétés nouvelles dans les lainages, certaines modifications apportées dans les apparences de ces tissus et leurs apprêts, ont permis d'utiliser également les propriétés du chardon végétal et celles de l'espèce de garniture métallique dite chardon artificiel.

Le garnissage ou lainage à la main s'est pratiqué exclusivement jusqu'au commencement de ce siècle. Les machines de Douglas, plus ou moins modifiées (chap. II, § 2), se sont depuis lors généralement propagées, sans que le lainage à la main ait cependant complétement disparu. Il est encore parfois employé dans des cas exceptionnels, ainsi que nous avons pu le constater récemment dans certains ateliers anglais, pour obtenir des effets spéciaux, mentionnés plus loin. Le lainage à la main mérite, par conséquent, qu'on s'y arrête un instant, aussi bien parce qu'il renferme l'élément fondamental de toutes espèces de machines à lainer et à garnir, que parce qu'il peut encore être mis à profit dans des cas particuliers, ne fût-ce qu'à la préparation d'échantillons.

Lainage à la main. — La vignette, fig. 1, pl. XLII, montre les laineurs au travail, tels qu'ils sont représentés dans les *Traités de la draperie* du dernier siècle, par *Duhamel-Dumonceau* et *Roland de La Platière*. Les ouvriers sont munis chacun d'une espèce de brosse à manche formée par les chardons ; la pièce de drap qui en reçoit l'action est posée sur deux perches AA, BB. Les extrémités libres de la pièce plongent dans un bac C. La main gauche de chacun des ouvriers, avec une croix dégarnie de chardons, est passée à l'envers de la pièce, et sert de point d'appui à la partie de l'étoffe sur laquelle il fait agir les chardons. Les deux ouvriers travaillent en même temps en promenant leurs brosses à chardons dans la même direction du haut en bas de la pièce. Un chardon isolé, à peu près moitié de grandeur naturelle, est donné figure 4. Les figures 12 et 13 le donnent également avec les vues des détails des crochets. Les courbes *h*, *i* (fig. 12) indiquent les directions hélicoïdales des crochets qui caractérisent les chardons de bonne qualité; *a*, *b*, *c*, *d* (fig. 13), représentent un crochet du chardon sous ses différentes faces; elles indiquent une constitution particulièrement efficace, par la finesse, la flexibilité, l'élasticité de sa pointe et la solidité de sa tige par suite d'un renflement ou nervure indiquée en *b* et *a*. La dureté relative de ces crochets, réunie à leur forme et à leurs propriétés, explique leur valeur et la difficulté d'obtenir artificiellement et économiquement un organe jouissant au même degré de tous leurs avantages. Les chardons n'avaient que l'inconvénient de se détruire assez rapidement par l'action de l'eau sous l'influence de laquelle ils agissent constamment; nous verrons plus loin le moyen préservateur simple et ingénieux par lequel on est parvenu à parer à cet inconvénient. Un certain nombre de têtes de chardons sont réunies pour le travail à la main de la manière suivante. On les monte sur une croix ou *croisée* A B, C D (fig. 5), où ils sont fortement attachés sur deux rangs de hauteur. La traverse A, B de la croix est double, de manière à laisser un intervalle ou rainure, pour recevoir les queues des deux rangées de chardons.

Ceux-ci, bien régulièrement rangés et tassés comme on le voit dans la figure 6, sont fixés par une ficelle passée dans une entaille pratiquée au haut de la pièce verticale C, D, et liée aux deux extrémités A, B. C'est par la partie libre D que l'ouvrier laineur saisit la croix de chardons pour aller chercher les filaments dont le tissu est composé, et leur faire subir une espèce de peignage. Parfois au lieu d'opérer sur l'une des surfaces de la pièce, on opérait sur les deux à la fois; le drap était disposé alors sur deux perches, et passé sur un moulinet, pour faciliter le travail : c'était une espèce de dévidoir sur lequel la pièce était convenablement placée pour se dérouler régulièrement chaque fois qu'une longueur ou *avalée* avait été lainée. Il est bien entendu que, pour procéder régulièrement, les ouvriers opéraient par zone, en partant chacun de la lisière devant laquelle il se trouvait. Ils agissaient chacun de leur côté, sur une partie de haut en bas, puis sur la partie suivante, jusqu'à ce que toute la largeur fût lainée, comme on le voit figure 1; puis on faisait avancer la portion suivante pour produire le travail d'une seconde avalée, et ainsi de suite jusqu'à la fin de la pièce. Un passage des chardons sur toute la pièce constitue ce qu'on désigne encore sous le nom *d'un trait* ou *d'une voie* de chardons. Le nombre de ces passages, les périodes auxquelles ils sont appliqués varient en raison des qualités et des caractères des produits. Autrefois, ce nombre ainsi que la qualité des chardons à employer étaient réglés pour chaque sorte de tissu. Il est à peine nécessaire d'ajouter que ce travail du garnissage de l'étoffe, par le développement régulier du duvet de la surface, s'est toujours pratiqué sur le tissu plus ou moins humide, afin de faciliter le tirage des filaments et de les ménager, d'éviter leur rupture et la production d'une trop grande quantité de bourre si l'opération était pratiquée sur la pièce sèche.

Direction du lainage. — On peut opérer de deux manières différentes dans le travail du lainage : la croisée de chardons peut attaquer l'étoffe toujours dans le même sens, de façon à présenter les pointes crochues des chardons de A en B à chaque voie, si on nomme A et B les deux extrémités de la pièce, ou bien encore ils peuvent agir alternativement de A en B et de B en A, et ainsi de suite dans les courses ou traits qui se succèdent. Pour opérer dans une direction constante, il suffit de ramener la pièce à son point de départ après chaque lainage. Pour agir en sens contraire, il suffit de faire marcher le travail en sens opposé, c'est-à-dire de recommencer la seconde opération au point où la première vient de finir en suivant de la même manière jusqu'au bout, en faisant cheminer les avalées du second passage en quelque sorte à reculons par rapport au mouvement des avalées précédentes. On peut encore obtenir le même résultat en faisant travailler simultanément les deux côtés opposés de la pièce par deux ouvriers placés à l'endroit et à l'envers du tissu, deux sur une face et deux sur l'autre, de chaque côté du moulinet ou point d'appui de l'étoffe en opération. Dans le lainage à direction constante, les filaments sont toujours amenés et couchés dans le même sens; le tissu est dit alors *lainé à poil*; mais quand on agit alternativement dans les deux sens opposés de la longueur, le travail est désigné sous le nom de *lainage à poil et à contre-poil*. Dans l'origine, cette méthode n'a été appliquée qu'aux premiers passages, parce qu'elle permet de garnir beaucoup, d'accélérer l'opération, mais on finissait toujours par le lainage simplement à poil, pour déterminer une direction uniforme dans le duvet court qui garnit la surface du drap lisse.

Machines à lainer. — Toutes les machines à lainer, quelles que soient leurs différentes dispositions, agissent par les moyens qui viennent d'être exposés, c'est-à-dire par l'action des crochets du chardon naturel ; seulement, aux croisées manœuvrées à la main, on a substitué des cylindres garnis de croisées modifiées dans leur forme : c'est contre ce tambour, garni de chardons, que le drap à lainer, constamment humecté, vient se présenter. La pièce chemine verticalement en contact du mouvement circulaire des chardons autour de l'axe de l'organe qui les porte. Nous donnons, planche XLII, les différentes vues et détails de la lainerie la plus généralement employée.

La figure 8 est une section verticale de la machine, garnie de chardons. La figure 9 est une vue longitudinale de face, laissant voir le tambour laineur sans chardons. La figure 10 est une vue du côté des transmissions de mouvement. La machine se compose de deux bâtis verticaux A, B, C, D, servant de points d'appui aux diverses pièces de la lainerie. Ces bâtis, fondus chacun d'une seule pièce, sont terminés à leurs parties inférieures par des embases ou semelles boulonnées sur des pierres fixées dans le sol de l'atelier. Les deux montants sont rendus solidaires par une pièce transversale ou traverse inférieure A, A' et à la partie supérieure par un tirant en fer D'', relié par des écrous aux points D, D', de même que la traverse A' est reliée par ses rebords aux montants par des boulons *a'*, *a''*. Ce bâti reçoit les organes et éléments suivants :

1° Le tambour à chardons, dont l'arbre F repose, à ses deux extrémités, par ses tourillons, dans les coussinets placés dans les montants ;

2° Les rouleaux P, Q et T, placés, le premier au haut,

le second au bas et le troisième à une certaine hauteur. Les deux premiers servent à dérouler et à enrouler l'étoffe pour la faire cheminer en contact des chardons pendant le travail, et le troisième T sert à déterminer plus ou moins ce contact du tissu E contre les chardons du tambour F.

A cet effet, le tambour T est placé à l'extrémité d'un bras courbe ou secteur denté *u*, engrenant avec un pignon *u'*, qu'on peut faire tourner à la main avec une manivelle. Le mouvement de pignon déplace le cylindre T et modifie par conséquent la corde de la courbure de l'arc formée par le drap et permet ainsi un contact plus ou moins étendu sur l'organe à chardons. A la position la plus élevée du rouleau T, le contact est un minimum, le drap ne touche que faiblement les chardons ; la position la plus basse du tendeur détermine au contraire le maximum du contact ; de cette façon on devient maître de diriger l'effet progressivement, en commençant par une action minima avec du chardon neuf, pour l'augmenter à mesure que ces chardons travaillent et se bourrent.

Le drap placé sur le rouleau Q se déroule de ce cylindre pour s'enrouler sur le cylindre P ; puis, de celui-ci, il retourne au premier. La direction du mouvement du tambour à chardons et des crochets de ceux-ci étant indiquée par la flèche, il en résulte que l'action la plus énergique, le lainage proprement dit, a lieu pendant le passage du drap du rouleau inférieur au rouleau supérieur. Dans le mouvement inverse du haut en bas, il se produit plutôt une espèce de lissage ou égalisage des filaments précédemment développés qu'un véritable lainage.

Transmissions de mouvement. — Le mouvement circulaire continu du tambour à chardons lui est imprimé directement par la poulie motrice *f*, placée à l'extrémité de son arbre F. Cet arbre fait faire de 115 à 120 tours par minute au tambour à charbons, dont le diamètre est en général $0^m,670$. La *commande du drap* est imprimée par l'intermédiaire des rouleaux P et Q, par la disposition suivante : Sur le même arbre F, à l'une de ses extrémités, est calé un pignon cône O', qui engrène avec une roue conique L', placée sur un arbre vertical L, reposant sur un pivot inférieur *e*, et dans un collet de la barre D''. Cet arbre porte, à sa partie supérieure, un pignon conique N, engrenant avec une roue cône P'', placée sur l'axe du rouleau P, et à sa partie inférieure un second pignon N qui engrène avec la roue conique *q'* placée sur l'axe du rouleau Q. Ces pignons N doivent engrener alternativement avec leurs roues respectives, afin de commander le drap dans le sens voulu : lorsqu'il doit passer du rouleau inférieur Q au supérieur P, ce sont les engrenages N, P'' qui agissent; dans le cas contraire, pour appeler l'étoffe de P en Q, ce sont les roues d'angle N, *q''* qui commandent. A cet effet, l'arbre vertical L porte deux manchons d'embrayage et de débrayage M, M, disposés chacun près d'une paire des roues dont il vient d'être question. Ces deux manchons sont reliés entre eux par un système de levier articulé en *x*, *y*, *z*, *z'* (fig. 10), correspondant à des colliers qui embrassent les collets des manchons et combinés de façon à ce que l'on ne puisse engrener l'un des manchons sans désengrener l'autre, et *vice versa*. Cette manœuvre a lieu à la main par la poignée du manche *o*.

Freins régulateurs. — L'étoffe à dérouler devant obéir à la traction et au mouvement imprimés aux rouleaux d'appel P et Q, il faut pouvoir déterminer une tension à volonté et au moment voulu sur l'une et l'autre de ces deux ensouples du drap. Elles sont en conséquence soumises à l'action alternative des freins P', *p'* et *q*, *q'* (fig. 9) placés sur les axes de ces rouleaux à l'extrémité opposée de celles où sont calées les roues d'engrenage. Ces freins, reliés solidairement par un levier vertical R, R', comme les manchons sur l'arbre L, sont manœuvrés d'une façon semblable par la poignée R' pour agir dans les conditions voulues.

Surface de chardons à laquelle le drap est soumis pendant une montée et une descente. — Le diamètre du cylindre à chardons étant en moyenne de $0^m,80$, le développement de sa circonférence et par conséquent la surface garnie de chardons est de $2^m,51$. La vitesse de ce cylindre peut atteindre 120 tours à la minute ou 2 à la seconde. La surface de chardons qui se présente à chaque seconde au drap est donc $2 \times 2,51 = 5^m,02$.

Or, les diamètres des rouleaux d'appel P et Q avant l'enroulement du drap sont $0^m,12$, et après l'enroulement $0^m,50$.

Ces rouleaux font en moyenne à la minute 12 *tours* 77. Avec des diamètres allant en augmentant, comme nous venons de le dire, dans le rapport de $0^m,130$ à $0^m,500$, les vitesses du drap correspondant à ces deux moments, au commencement et à la fin de l'enroulement, sont, par seconde :

Au début du travail, $0^m,087$;

Et à la fin, en sens contraire, $0^m,330$.

Et la durée moyenne de la course $= 0^m,208$.

La longueur d'un drap étant généralement de 52 mètres, son passage nécessitera $\frac{52}{208} = 250''$ ou 4 minutes 16 secondes par voie ou course.

Dans la pratique, on compte généralement 5 minutes par chaque voie.

Si maintenant nous ramenons le travail à l'unité de surface de 1 mètre et recherchons le temps nécessaire au lainage de cette surface au commencement et à la fin de la *voie*, nous trouvons, au début de la voie, $\frac{1}{0,087} = 11,8$. Donc le drap met à cette période 11,8 secondes à passer, et comme le cylindre laineur développe 4 mètres par seconde, le premier mètre de drap reçoit, par conséquent, au commencement de l'enroulement l'action de $4 \times 11,8 = 47^m,20$ de chardons. A la fin de cette même période, dans le mouvement en sens contraire, l'action ne dure plus que $\frac{1}{0,33} = 3,3$, et la surface de chardons agissant alors sur 1 mètre de drap est réduite à $4 \times 3,3 = 13^m,20$.

Ainsi, au commencement et à la fin, à la tête et à la queue de la pièce, il y a une double action du chardon, qui se totalise par $47,20 + 13,20 = 60^m,40$, tandis qu'au milieu de la voie, soit en montant, soit en descendant, le drap ne reçoit que le lainage correspondant à la vitesse du diamètre moyen des rouleaux P et Q. En calculant cette vitesse, on trouve $41^m,40$ pendant la montée et la descente. Le tissu reçoit donc 19 mètres de chardons de plus aux deux bouts qu'au milieu. Le rapport est de $\frac{60,40}{41,40} = \frac{1}{1,46}$. Il y a donc une différence de près de 2/5 dans l'énergie de l'action exercée sur le milieu et sur les bouts ; ces derniers sont beaucoup plus lainés que le reste.

Le calcul qui précède se rapporte au lainage d'une seule pièce à la fois, et cependant, comme cela ne se pratique que trop chez les apprêteurs à façon, on coud parfois plusieurs pièces, deux, trois ou quatre, les unes au bout des autres ; alors la différence des diamètres des rouleaux devient plus grande encore, et l'irrégularité du lainage devient telle, que les extrémités en sont si sensiblement affaiblies et énervées, qu'elles peuvent être effondrées. Cet accident grave se présente principalement lorsque l'ouvrier serre un peu trop le frein au moment où il arrête pour changer le sens de l'enroulement. Le chardon attaque alors avec trop d'énergie une partie déjà affaiblie, et diminue encore sa résistance, s'il ne la déchire complétement.

Moyens pour régler l'action des laineries. — Dans l'état actuel des choses, avec la machine à lainer la plus répandue, que nous venons de décrire, on ne peut remédier à ce grave inconvénient que par la manœuvre intelligente des freins, en les serrant plus ou moins dans les moments opportuns. Le serrage doit avoir lieu progressivement à partir du commencement de la voie jusqu'au milieu du passage; on desserre ensuite de la même façon jusqu'à la fin de l'opération; mais ce soin étant laissé aux ouvriers, il n'est pas démontré que ceux-ci opèrent toujours avec la précision voulue. En présence des recherches dont ces sortes de machines ont été l'objet, nous sommes étonné qu'on ne se soit pas ingénié davantage à appliquer une transmission différentielle automatique commandée par la machine au serrage des freins.

Nous verrons plus loin, en nous occupant du travail général du lainage et de l'ordre dans lequel les opérations se pratiquent, qu'il y a d'autres points encore à prendre en considération dans ces sortes d'apprêts. Nous continuons la description des différentes machines à lainer.

M. Beck, constructeur de machines à Elbeuf, avait, en 1845, modifié la machine à lainer, dans le but de régulariser la tension. A cet effet, il avait supprimé les colliers de pression et le rouleau de tension. Il avait ajouté au haut de la machine un rouleau en contact d'un cylindre de pression agissant sur le premier par l'entremise de leviers. La commande du drap sur le cylindre avait lieu par des rouleaux lamineurs, mus par une vis sans fin recevant son mouvement par un pignon placé sur l'axe du premier rouleau.

En 1846, M. Antoine, de Sedan, proposa de lainer le drap à poil et à contre-poil au moyen de deux cylindres à chardons agissant simultanément sur l'étoffe en sens opposés pendant les premières périodes du travail, et tournant dans la même direction à la fin de l'opération, par une transmission d'engrenages convenablement disposés à cet effet. Cette manière de procéder avait en vue d'imiter les anciennes manières de lainer à la main, où le travail était commencé par une opération à poil et à contre-poil et terminé par un effet uniforme pour obtenir le garnissage dans un sens unique.

Laineries à double effet ou à deux cylindres garnis de char-

dons. — On a souvent imaginé des moyens pour activer le travail dans le lainage. On peut diviser les procédés en deux catégories : les dispositions de l'une, déjà mentionnées, cherchaient à développer la surface de contact du tissu, et à activer le moument; il y a eu plusieurs modifications proposées ou essayées dans cette direction. Pour l'autre, on s'est surtout attaché à construire des laineries à deux tambours à chardons. Il existe plusieurs combinaisons de ce genre; nous allons en décrire deux, qui ont figuré à l'Exposition de 1855, et que nous avons vues fonctionner. Les figures 1 et 2, pl. XLIII, donnent deux dispositions de ce genre, construites par MM. Houget et Teston, de Verviers, qui ont cherché à augmenter la production, à lainer à poil et à contre-poil à volonté, à supprimer un ouvrier sur deux, à faciliter la surveillance du travail, et à pouvoir changer facilement les chardons.

La coupe verticale de la figure 1 met en évidence la marche du drap pendant l'opération, et l'élévation de côté de la figure 2 montre une autre combinaison avec les commandes de la machine. Les organes et les moyens n'ayant pas reçu de changement en principe, la machine peut être décrite en quelques mots. Les mêmes lettres désignent les mêmes organes dans les deux dispositions des figures 1 et 2. L'étoffe en travail est indiquée en E, les flèches déterminent sa direction simultanée sur les deux tambours à chardons A, A, où elle est tendue par les cylindres de tension fixe D, D, D, et guidée par les rouleaux G, G, G. Le degré de contact variable est déterminé par le rouleau tendeur T, au moyen du pignon p engrenant avec la queue dentée p' de ce rouleau, et manœuvré par la poignée m (fig. 2). Le serrage est pratiqué par les freins F, F, placés sur les arbres de l'organe à chardons A, A. Un appareil élargisseur, sur lequel nous reviendrons dans une description suivante, guide le tissu. La série des roues droites de 1 à 8 démontre la transmission des mouvements partant de l'un des tambours A, et symétrique pour le second dans la figure 2. Dans la figure 1, les tambours se trouvant à distance, les mouvements sont rendus solidaires par un arbre allant de la commande de l'une des parties à l'autre.

L'un de ces tambours tourne toujours dans une même direction pour lainer à poil, et l'autre peut à volonté et par un simple débrayage tourner dans les deux sens pour pouvoir opérer soit comme le premier, soit à contre-poil.

La disposition de la figure 1 a l'avantage de rendre la surveillance plus facile; mais on lui reproche de prendre trop de place. Par celle de la figure 2, la place est économisée, mais l'inspection n'est pas aussi directe. Dans les deux, le travail est presque double de celui obtenu par le système précédemment décrit.

On a aussi imaginé des laineries avec deux tambours placés sur la hauteur, à une certaine distance l'un de l'autre, dans un plan vertical.

A moins de dispositions particulières auxquelles nous avons fait allusion tout à l'heure en parlant des barres tendeuses, il faut maintenir le drap régulièrement tendu dans sa marche; il l'est d'ordinaire par un ouvrier placé de chaque côté de la lisière, ce qui nécessite la présence de deux hommes. Ces ouvriers ont également le soin de déplacer le tissu sur le sens transversal, pour empêcher le *rayonnage*, défaut bien caractérisé par son appellation, et sur lequel nous revenons plus loin.

On a cherché à tendre le drap automatiquement sur sa largeur, et à donner au cylindre à chardons un faible mouvement de translation dans le sens de l'axe; on arrive ainsi à supprimer un homme sur deux, et à se mettre plus sûrement à l'abri de l'inconvénient du rayonnage. Les descriptions des dispositions suivantes vont donner les détails des moyens efficaces adoptés à cet effet.

Lainerie allemande à double effet.— M. Richard Hartmann,

de Chemnitz, avait également une lainerie à double effet de l'invention Gessner à l'Exposition de 1855. Cette lainerie est du système à deux cylindres horizontaux rapprochés, et muni d'un appareil élargisseur. La machine est disposée pour lainer à poil et à contre-poil.

Les figures 1, 2, 3 (pl. XLIV), représentent une machine avec deux tambours laineurs, l'un à côté de l'autre, à frottement sextuple simultané.

Les figures 1 et 2 montrent des vues de côté de la machine perfectionnée.

La figure 3 en est un plan.

Les figures 4 et 5 donnent les coupes et détails des appareils tendeurs M.

La machine et par conséquent le tambour B′ sont mis en mouvement par la poulie A (fig. 3); à l'autre extrémité de l'arbre du tambour B′ est adaptée une roue dentée C (fig. 3), qui engrène dans une autre roue plus grande D, sur l'arbre du tambour B, et la fait tourner dans une direction opposée à celle du tambour B′.

Si, au contraire, on veut donner à la rotation des deux tambours une même direction, on enlève la roue D et l'on amène à sa place une roue C′.

En dessous de ces deux roues est adaptée une roue intermédiaire D′, que l'on fait engrener avec les deux roues C et C′, et par ce moyen le tambour B tourne dans la même direction que celui B′.

A l'arbre du tambour B′ est adapté un pignon E, qui commande deux roues intermédiaires F pour donner le mouvement de rotation au rouleau de traction G′. La chaîne S entraîne les deux rouleaux G″ et G‴ en même temps.

Le drap qui doit être lainé passe d'une manière continue sur la table inclinée T (fig. 1 et 2) par-dessus le rouleau ou plutôt le prisme carré L‴ autour des rouleaux L^n et H^m autour des freins P et par-dessus le rouleau de pression I. Là il est tiré par le rouleau G″ et arrive par-dessus la barre tendeuse M au tambour B″, où il subit le premier lainage qui, comme tous ceux qui suivront, est divisé par des règles en deux points de contact plus petits ; ensuite il passe par trois rouleaux L, puis par-dessus une seconde barre tendeuse M pour subir une nouvelle action, après quoi il passe par-dessus le rouleau mobile Lv autour du rouleau G″, autour duquel il est conduit par deux autres rouleaux L ; de là il arrive par-dessus une nouvelle barre tendeuse M au tambour B′, où il subit le même garnissage qu'au tambour B ; seulement ils se succèdent dans l'ordre contraire. Le drap passe ensuite sur le rouleau de traction G′ et sur le rouleau de pression, pour retourner à la table inclinée T.

Les six rouleaux conducteurs L et les deux barres tendeuses M, par lesquelles le drap est conduit, peuvent être rapprochés ou éloignés les uns des autres au moyen d'une disposition à vis de réglage. La vis inférieure, mise en mouvement à l'aide d'une manivelle O, communique par une chaîne son action à la vis inférieure de gauche, et les vis supérieures sont animées avec une rapidité plus grande par les roues P, de grandeurs différentes, et fixées aux extrémités des vis.

Chacune de ces quatre vis a, pour chaque tambour, de doubles pas de vis à droite et à gauche, et influe par sa rotation sur des écrous qui sont adaptés à deux coussinets d'arbre, en sorte que ces supports qui sont sur la glissière, dans le plan des deux vis, peuvent se rapprocher ou s'éloigner les uns des autres et, par conséquent, augmenter ou diminuer ou même arrêter les effets du tambour, comme l'indique la direction du drap figurée en pointillé (fig. 2).

La différence de vitesse avec laquelle les rouleaux supérieurs marchent, par rapport aux inférieurs, est calculée pour que la position du drap puisse varier de toute manière, sans en altérer la longueur ni la tension entre les rouleaux G′, G″ et G‴.

Au-dessus des tambours sont fixés les coussinets du rouleau conducteur L et de la barre tendeuse M, des deux côtés, dans des bras qui, par les roues Q (fig. 1), engrènent dans leurs crémaillères R, sont rapprochés ou éloignés au moyen d'une manivelle et donnent par cela plus ou moins de frottement au drap, sans que sa tension varie. Le nombre de contacts peut se réduire à deux.

Le rouleau L″ et le frein H′ sont adaptés à un levier qui a son axe d'oscillation sur l'axe du rouleau L².

Ce levier, ainsi que le rouleau ou prisme carré L‴, est rendu pesant, afin d'égaliser et de régler la marche du drap et d'en détruire les plis les plus grossiers.

Les quatre rouleaux carrés H sont munis de poulies fixes et retenus par des poids qui y sont suspendus par des cordes.

Les rouleaux de pression I reposent dans des leviers K qui, rendus pesants par des poids, pressent le drap contre les rouleaux G′ et G².

La roue à chaîne P′ et une roue conique sont montées folles sur l'axe du rouleau de traction G⁴ et G‴, et ne mettent celui-ci en mouvement que lorsque le rochet qui y est adapté engrène dans la roue à rochet fixée à ce rouleau.

De cette manière, il est en tout temps possible, pendant même que la machine est en mouvement au moyen de la manivelle O, de diminuer ou d'augmenter la tension du drap, et cela en raison des diverses espèces de chardons, et de la plus ou moins grande humidité ou force du drap.

Les barres tendeuses M (fig. 4 et 5) sont disposées de telle sorte que chaque barre, séparément semblable à un rouleau, forme un large support pour le drap, tournant sur des axes *a, a* formant un angle et tendant à produire la marche du drap du milieu vers les lisières, en imprimant un mouvement agissant ainsi sur toute la largeur de la pièce.

Les barres tendeuses pour les premières tensions consistent en pièces séparées transversalement, c'est-à-dire en un certain nombre de roulettes rangées très-près les unes des autres, et dont l'obliquité (voir en M, fig. 3) va en augmentant du milieu aux extrémités, et, aux deux côtés, en pièces séparées longitudinalement, qui se meuvent du milieu en obliquant vers les bords, suivant les mêmes angles. La figure 5 représente la coupe de cette disposition.

Les barres tendeuses du deuxième et du sixième frottement en dessous des tambours consistent seulement dans des pièces séparées longitudinalement, comme le fait voir la figure 4.

Des règles répartissent les contacts et les frottements. Par le placement et le déplacement de ces règles, chaque frottement peut être réglé séparément. Les plus faibles contacts, tels qu'ils sont obtenus ici, sont plus spécialement appliqués au lainage des draps fins.

Dans l'emploi maximum des contacts, dont la largeur de chacun est d'environ quatre barres de chardons, le lainage devient très-fort; l'étoffe pressant fortement contre le tambour, le fil de la trame se travaille et ressort d'une manière très-prononcée; on peut ainsi obtenir un effet spécial désigné parfois sous le nom d'*ondulé*.

Lainerie à chardons roulants. — Dans les laineries que nous avons examinées jusqu'ici, les croisées des chardons et par conséquent le chardon lui-même font corps avec le cylindre qui les porte, et n'ont que le mouvement qui leur est imprimé par ce dernier. Il ne travaille, dans ce cas, que d'un côté, et doit être retourné sur la face opposée, lorsque la première est usée. De plus, ce genre de montage détermine une certaine résistance de la part des chardons, résistance efficace dans la plupart des cas, et surtout lorsqu'il s'agit du garnissage des tissus à fils serrés. Mais l'effort exercé dans ce cas est trop énergique dans d'autres, lorsqu'il faut opérer sur l'étoffe presque sèche, comme cela a lieu pour les tricots foulés, par exemple, dont les mailles peuvent s'étendre. Afin de ménager ce genre de produit, de diminuer la quantité de déchet ou de bourre et d'utiliser les chardons sur toute la circonférence, on a imaginé depuis longtemps de les monter sur des broches mobiles qui leur servent d'axe. Chaque tête de chardon a, par conséquent, un double mouvement, le mouvement ordinaire du tambour sur lequel il est monté, et une action déterminée par le frottement du tissu sur le chardon pour le faire rouler autour de sa broche. M. Dastis a pris, en 1850, un brevet pour une garnisseuse à chardons, modifiée d'ailleurs dans sa disposition générale, qui pourrait être employée avantageusement dans certains cas; nous la donnons, par conséquent. La figure 3, pl. XLIII, montre une élévation, vue de côté, des organes de la machine et de leur bâti.

Ce qui caractérise surtout cette machine après le mode du montage des chardons, c'est la disposition par rapport à l'étoffe du cylindre qui les porte. Ce cylindre et les autres rouleaux nécessaires à l'appareil sont placés en avant du tissu, sous les yeux de l'ouvrier, de manière à pouvoir être approchés plus ou moins et à être réglés à volonté. Le diamètre et le nombre des tambours peuvent d'ailleurs varier suivant les besoins. On s'en fera facilement l'idée par la légende qu'il suffit de donner pour faire comprendre le principe du système :

A, bâti et ses traverses;

B, tendeurs mobiles;

C, rouleaux;

D, crémaillères servant à avancer et à reculer les tendeurs et les tambours garnisseurs;

E, tambours laineurs;

F, tissu et toile sans fin;

G, paliers;

H, supports;

I, poulies d'où partent des courroies prenant leur mouvement de la poulie motrice placée sur l'arbre de l'organe à chardon E.

En faisant varier les positions du drap par rapport au cylindre travailleur, on parvenait d'ailleurs à donner diverses inclinaisons au duvet développé par le travail. Aussi ce système a-t-il été employé par son auteur pour concourir aux apprêts des lainages veloutés.

§ 8. — Lainage à plat et à mouvement de va-et-vient vertical.

M. Malteau, mécanicien à Elbeuf, qui s'est beaucoup occupé des machines employées dans la fabrication des draps, a imaginé, il y a quelques années, une machine à lainer, qui mérite d'être signalée par sa disposition originale et son mode d'action. Le constructeur paraît s'être inspiré, quant aux combinaisons mécaniques, de celles qui existent dans les machines à friser ou à ratiner, décrites plus loin. Le drap à lainer passe à plat sur une table horizontale. Il reçoit, en cheminant plus ou moins lentement dans le sens de sa longueur, l'action des chardons fixés sur une surface horizontale ou cadre de la largeur de la pièce. Ce cadre ou organe laineur reçoit un double mouvement, l'un de va-et-vient dans la direction de son plan, et l'autre alternatif vertical; c'est-à-dire que la surface garnie de ses chardons s'approche, s'y engage peu à peu, revient sur elle-même pour opérer par les pointes de leurs extrémités, pour remonter de nouveau produire le même effet, et ainsi de suite. Voici d'ailleurs la description de cette machine (pl. XLV):

La figure 1 est une élévation de face sur la longueur de la machine et la largeur du drap;

La figure 2 est une vue par l'un des bouts;

La figure 3 un plan vu par-dessus;

Les figures 4 à 8 sont des détails.

Cette machine se compose principalement: 1° d'une table A A' pour recevoir l'étoffe; 2° d'un plateau mobile B, qui porte des cadres ou des planchettes munies de chardons; 3° des bielles C, qui à l'aide de l'arbre coudé D donnent au plateau mobile B un mouvement de va-et-vient de haut en bas, c'est-à-dire perpendiculairement à la table A; 4° de la pièce E (fig. 5), dont la fonction est d'engager les pointes des chardons dans les fibres du tissu; 5° de l'ensouple F, sur laquelle on enroule l'étoffe que l'on veut lainer; 6° du rouleau G, garni de rubans de cardes, qui fait avancer cette étoffe au fur et à mesure qu'elle a reçu l'action des chardons.

1° La table A, fixée aux bâtis H de la machine et sur des nervures venues de fonte à ces bâtis, est en bois ou en fonte, plane ou légèrement bombée; on peut la garnir de bourre enveloppée de basane ou d'une toile cirée, afin de rendre sa surface moins rigide, ou mieux encore, si on veut lui donner une grande élasticité, placer dessus une large bande de caoutchouc, fixée sur des tringles épaisses, ainsi que le montre la figure 8, dans laquelle *a* représente la bande de caoutchouc et *a'* les tringles; c'est, comme nous venons de le dire, sur la table A que se présente l'étoffe soumise à l'opération du lainage.

Le plateau mobile B est guidé dans son mouvement de va-et-vient à l'aide de la douille *b* dont chacune de ses extrémités est munie, et de goujons *b'* qui sont fixés sur la table A.

Ce plateau reçoit en dessous les cadres ou planchettes *d*, armées de chardons; ceux-ci sont montés longitudinalement sur ces planchettes, comme dans la figure 6, ou transversalement comme dans la figure 7, selon que l'on veut agir dans tel ou tel sens de l'étoffe.

Le plateau B reçoit, par l'intermédiaire des bielles C, son mouvement de va-et-vient de l'arbre D, qui lui-même est animé d'une rotation circulaire par des poulies motrices P, P'. La hauteur de l'arbre D et par suite la distance du plateau B, et par conséquent celles des planchettes *d* munies de chardons, peuvent être réglées par le moyen des coussinets I (voir fig. 4), qui sont mobiles dans leurs paliers et obéissent aux vis *i*. Cette distance peut être également réglée par la table A elle-même, si on monte celle-ci sur des vis qui permettent de la soulever ou de la baisser suivant le besoin.

La pièce E, représentée figure 5, est une tringle droite, carrée, munie d'une came en *e*, d'une espèce de mentonnet en *g*, dont la saillie est réglée par la petite vis *k*, et d'un ressort de rappel *m*. Elle est guidée et maintenue dans sa position verticale par la bague R attenante au bâti, et un trou dans la table A. Sa came *e* rencontrée à chaque révolution de l'arbre D par le manchon R, monté sur cet arbre, la fait lever brusquement, et le ressort de rappel *m* la fait redescendre.

Toutes les fois que la tringle E est levée, le mentonnet, levé également, rencontre et pousse de côté le plateau B et par suite les planches *d* munies de chardons. Ce mouvement de la tringle E, combiné avec celui des planchettes *d* et l'action du mentonnet *e*, a pour effet d'imprimer aux chardons, au moment où ils touchent le tissu, un mouvement dans le sens de leurs pointes, et d'engager ces dernières dans les fibres de la surface. On concevra facilement que l'action des chardons devra varier de direction suivant le sens dans lequel on voudra lainer l'étoffe, et d'intensité suivant l'énergie avec laquelle on voudra agir : on pourra à volonté donner un premier lainage en dirigeant les pointes des chardons dans un sens, et un second garnissage en imprimant aux pointes l'action dans le sens opposé.

L'ensouple F, qui a pour objet de recevoir l'étoffe que l'on veut lainer pour lui donner un degré de tension convenable, est munie en X d'un frein semblable à ceux qui sont adoptés dans les machines à lainer ordinaires.

Le rouleau G, garni de rubans de cardes, a pour fonction de faire avancer l'étoffe au fur et à mesure qu'elle reçoit l'action des chardons, et obéit à l'excentrique R qui, à chaque tour de l'arbre D, pousse, par l'intermédiaire de la bielle S, la roue à rochet T d'une ou plusieurs dents.

Le mouvement du rouleau G est combiné avec celui des chardons de telle façon qu'il a lieu lorsque ces derniers cessent de toucher l'étoffe.

Le cliquet *r* empêche le rouleau G de revenir sur lui-même, et maintient par conséquent l'étoffe toujours bien tendue.

Dans beaucoup de cas, dans celui entre autres où l'on voudra faire agir les chardons dans le sens de la longueur de l'étoffe, on pourra supprimer l'action de la tringle E et la remplacer par celle du rouleau G; mais alors il faudra combiner son mouvement avec celui des chardons, de telle façon qu'il fasse avancer l'étoffe au moment où les chardons viennent la toucher.

On voit que l'auteur de la machine s'est préoccupé de la question du lainage dans les deux sens du tissu. C'est en effet là un point dont la réalisation est poursuivie avec raison depuis longtemps, afin d'éviter le rayonnage ou le barrage déjà mentionné et dont certaines causes sont faciles à saisir. Par la disposition et le mouvement invariables des chardons par rapport au tissu en travail, les mêmes crochets ou pointes agissent consécutivement suivant les mêmes lignes, dont les traces peuvent être plus ou moins accentuées, en raison soit des différences d'énergie du chardon, soit des résistances de l'étoffe. L'aspect irrégulier de certaines parties de la surface résultant de ces effets a reçu le nom de *barrage ;* cet inconvénient n'est pas toujours évité malgré tous les soins des ouvriers et le déplacement latéral imprimé à la pièce, et à plus forte raison lorsque ces précautions sont négligées. Pour remédier automatiquement à ces défauts, on s'est surtout ingénié à modifier les mouvements des divers systèmes de machines en usage. Nous allons examiner ces modifications.

§3. — Divers perfectionnements apportés aux machines à lainer en général, pour empêcher les rayonnages ou barrages.

L'idée la plus ancienne qui se présente tout d'abord pour arriver au résultat cherché dans cette direction, celle dont la réalisation a été souvent tentée, consiste dans le déplacement latéral du tambour à chardons, c'est-à-dire à lui imprimer simultanément un mouvement alternatif de va-et-vient dans le sens de l'axe, et de rotation continu ordinaire.

On a également songé depuis longtemps à lainer en même temps le drap dans les deux sens, à ajouter par conséquent au cylindre laineur sur la longueur une disposition qui détermine également l'action dans la direction de la trame. Nous avons assisté, il y a des années, en Angleterre, à des essais de lainage au moyen d'un disque circulaire, garni de chardons et tournant autour de son centre sur le tissu passé à son contact. Quoique le perfectionnement recherché puisse être atteint en principe par ces divers moyens, aucun ne s'est cependant fait adopter d'une manière générale dans la pratique, tantôt à cause de leur complication et tantôt pour d'autres causes imprévues *à priori*. Ainsi, par exemple, l'idée si rationnelle et la réalisation facile du mouvement latéral de va-et-vient du tambour paraît n'avoir pas eu de suite, dans certains cas, à cause du genre de transmission de mouvement adopté. On cherchait à l'obtenir en plaçant sur l'arbre vertical des laineries ordinaires, représentées planche 42, un excentrique qui, par un levier convenablement adapté à l'arbre du tambour à chardons, donnait directement le mouvement de va-et-vient à ce dernier. Mais comme la vitesse de l'arbre vertical est assez grande, le déplacement rapide de l'organe à chardons dans les deux sens détériore rapidement les crocs, occasionne une usure anormale et une grande dépense de chardons. Pour éviter cet inconvénient grave, un industriel d'Elbeuf, M. Béranger, a imaginé la disposition suivante : Les figures 1 et 2 (pl. XLVI) donnent la disposition mécanique ajoutée à une lainerie ordinaire, pour rendre le mouvement de va-et-vient latéral du cylindre à chardons aussi lent que possible : la figure 1 est un plan horizontal du mécanisme, et la figure 2 une section verticale.

A est un support fixé au bâti général de la machine ;

B est une vis sans fin calée sur l'arbre de la lainerie ;

C est une embase ou renflement de la vis pour la fixer et empêcher son déplacement horizontal : cette vis fait par conséquent corps avec l'arbre X ;

D est une roue avec un nombre de dents qui peut varier ;

H est une plaque placée sur cette roue et mobile entre des glissières ;

I est la projection d'une tringle verticale reliée à :

K, tige assemblée au levier chargé du déplacement.

L, levier articulé à fourche, articulé en *a* et fixé à la poulie P de l'arbre principal X.

Le mouvement de ce dernier et celui transmis dans le sens de l'axe sont par conséquent aussi ralentis qu'on le voudra par suite de la transmission de l'action de la vis à la roue D. En ayant des roues de rechange, on peut d'ailleurs faire varier ce mouvement de va-et-vient du tambour en raison des cas et des besoins des produits à travailler, et arriver ainsi à la détermination pratique de la vitesse la plus efficace.

Disposition de lainage en travers. Enfin les figures 3 et 4 représentent une disposition peut-être plus efficace encore, pour empêcher le rayonnage. Ce mécanisme, encore à l'état d'essai dans l'un des premiers établissements d'Elbeuf, dans la maison Chenevière, paraît donner de bons résultats. Il a pour but de lainer simultanément en long et en travers. On a par conséquent ajouté à la lainerie ordinaire, qui travaille dans la direction de la chaîne, une surface plane, garnie de croisées à chardons, et animée d'un mouvement de va-et-vient dans la direction de la trame. Nous donnons, figure 3, une vue en élévation, et dans la figure 4 (pl. XLVI), un plan de la partie additionnelle de la machine destinée exclusivement à réaliser l'action dans le sens transversal. Le tissu T vient passer en contact de la surface à chardons.

A, planche sur laquelle sont placées les croisées à chardons;

B est une glissière fixée au bras qui porte la planche;

C est une glissière inférieure où la tige *o* vient passer à frottement doux;

D, une vis munie d'une manivelle *m*, dans le but de faire avancer ou reculer l'écrou *c* et par suite la planche A : le point de départ du mouvement de celle-ci est pris sur une des roues coniques, placée sur l'arbre vertical de la lainerie;

E, cette roue conique;

F, pignon d'angle monté sur l'arbre du mécanisme additionnel;

H, cet arbre avec ses supports G, muni d'une vis sans fin à l'extrémité opposée;

I, vis sans fin engrenant avec une roue droite;

K, roue droite engrenant avec la vis I, donnant l'impulsion aux tiges articulées en L;

M, N, tiges ou leviers articulés donnant l'impulsion de va-et-vient à la planche à chardons A.

Si on a bien soin de maintenir le drap tendu à son passage au contact de cette planche, et de le déplisser si par hasard il formait quelques plis, le rayonnage pourra être complétement évité. D'ailleurs les chances de plis ne peuvent guère se présenter que dans les articles légers, dont la tension n'est pas aussi forte que pour les draps lisses plus ou moins épais.

§ 4. — Conservation du chardon végétal et emploi des garnitures métalliques, dites chardon artificiel.

Disons tout de suite que, malgré un certain développement pris par l'emploi du chardon métallique dans ces dernières années, il est loin de pouvoir rivaliser et de pouvoir donner dans tous les cas un travail comparable à celui du peigne naturel formé par le chardon végétal, si propre au lainage, et dont les pointes recourbées sont douées d'une élasticité suffisante pour accrocher les filaments et les amener à la surface du tissu sans les rompre. Le chardon métallique, formé de fils de laiton ployés à leur extrémité libre en forme de crochets, peut sans doute, dans certains cas, être substitué au chardon naturel; mais sa constitution rigide ne permet pas d'en généraliser l'emploi. D'autre part, le chardon végétal employé sur un drap très-mouillé ou tout au moins humide n'est point d'un long usage: la moelle intérieure de la tête ou bosse d'où sortent les crochets, soumise à des alternances d'humidité et de sécheresse, se ramollit et se décompose promptement; les crochets se détachent, tombent, et l'on est obligé de remplacer les chardons avant qu'ils n'aient fourni la somme de travail dont ils eussent été susceptibles, s'ils n'avaient été détériorés par une cause accessoire, mais indispensable à certains apprêts. M. Gohin a cherché et a heureusement trouvé le remède, non pas en substituant un organe artificiel au chardon végétal, mais en rendant celui-ci imputrescible. Il a eu l'ingénieuse idée d'appliquer à la conservation des chardons le procédé employé avec succès pour les bois de construction injectés au sulfate de cuivre. Une immersion des tiges convenablement réglée les met à l'abri des inconvénients signalés, qui en rendaient l'emploi chaque jour plus coûteux, en présence de la hausse constante sur les chardons. L'usage du chardon dit *minéralisé* par le procédé de M. Gohin n'est limité que par l'usure mécanique des crochets, car l'intérieur de la tête conserve toujours la même ténacité. Il y a donc là une application simple des procédés d'injection des végétaux et du bois, qui ont déjà rendu tant de services dans d'autres directions.

Chardons métalliques. — Il y a longtemps déjà qu'on a eu pour la première fois l'idée de se servir d'espèces de cardes métalliques pour les substituer à l'action du chardon végétal. Le 11 novembre 1816, M. Auzoux Dubois, de Louviers, prenait un brevet *pour des chardons métalliques propres à remplacer le chardon végétal dont on se sert ordinairement pour lainer les draps.* Ce brevet n'est peut-être pas le plus ancien, et, depuis, plusieurs tentatives ont été renouvelées dans la même voie. L'application a été longue à se faire adopter, soit faute de persévérance de la part des innovateurs, soit par suite de certains défauts que présentaient encore ces organes nouveaux, soit enfin et surtout parce que les articles de lainages auxquels cette sorte de chardons est la plus propre n'existaient pas encore. Il a donc fallu une réunion de conditions pour arriver à cette application, à laquelle M. Nos d'Argences a attaché son nom, par suite des progrès qu'il y a apportés. Ils sont tels, qu'il est aujourd'hui, si nous ne nous trompons, le seul fabricant du chardon métallique, appliqué soit au lainage, soit au brossage des étoffes. Ce fabricant est parvenu à établir des catégories ou finesses diverses d'aiguilles, ainsi que cela se pratique pour les garnitures de cardes, et les a classées par numéros comme celles-ci. Les aiguilles des chardons métalliques ont en général une longueur uniforme de 5 millimètres et des finesses variables ; l'assortiment complet se compose de quinze groupes numérotés, divisés en trois séries destinées aux trois périodes principales auxquelles le lainage est pratiqué, comme nous le dirons plus loin.

Ces garnitures métalliques sont fixées sur un tambour, comme des rubans de cardes, et travaillent comme le chardon, dans des conditions identiques sous le rapport du but et des résultats recherchés. Cependant M. Nos d'Argences vient de combiner une machine spéciale, qu'il a désignée sous le nom de *laineuse velouteuse*, qui mérite une description particulière.

Laineuse velouteuse.—Cette machine est disposée pour faire simultanément le lainage en long et en travers, comme celle précédemment décrite, et fait, dit-on, le double d'une lainerie ordinaire. Elle a, de plus, la propriété de relever le duvet et de faciliter les apprêts veloutés, de là le nom donné à cette machine par l'inventeur. Trois organes fondamentaux constituent les parties travaillantes de cette machine : 1° un rouleau à chardons métalliques agissant sur le drap dans le sens de la chaîne et fonctionnant, par conséquent, comme les tambours à chardons des laineries ordinaires ; 2° deux courroies sans fin, garnies de chardons métalliques pour lainer en travers, et cheminant dans une direction perpendiculaire à celle du tambour laineur et agissant sur la largeur ; 3° un cylindre garni également de chardons métalliques faisant les fonctions de releveur ou redresseur des filaments.

Les transmissions de mouvement, avec le rapport des vitesses des organes, sont indiqués dans la description suivante de la machine, représentée de face figure 5, et de profil figure 6 (pl. XLVI).

Sur l'arbre principal A de la machine, se trouvent trois poulies, l'une B folle, l'autre C fixe, ayant 40 centimètres de diamètre et faisant 115 révolutions par minute environ. A côté est fixée une poulie D qui commande la poulie E de 17 centimètres, montée sur l'arbre du rouleau F muni de chardon métallique. Ce rouleau porte le nom de *releveur* et sert à faire les velours par le redressement du duvet. Sur l'arbre A se trouve un tambour T garni de plaques métalliques comme dans les laineries montées avec ce genre de chardons. A l'extrémité de l'arbre A se trouve une roue d'angle H de 30 dents, engrenant avec la roue d'angle I de 30 dents, montée au bout de l'arbre K. Sur cet arbre est fixée par une vis une roue L de 44 dents, qui commande une roue M de 30 dents, placée au bas d'un arbre vertical K' portant à sa partie supérieure une roue N de 46 dents engrenant avec les roues O, O qui donnent le mouvement, évidemment en sens inverse, à deux poulies P, P, sur lesquelles passent deux courroies Q garnies de chardons métalliques. Un système de galets fixes, que l'on ne voit pas dans le plan, et dont on peut régler la hauteur, permet, en les appuyant convenablement sur les bandes de chardons métalliques, de faire le lainage en travers de la quantité convenable. Ces galets sont portés par des supports suspendus à des tringles qui vont d'un bâti à l'autre. A l'extrémité de l'arbre K dont on a parlé, se trouve une vis sans fin R qui donne le mouvement à une roue S de 28 dents, montée sur l'arbre du tambour *d'appel* T, garni également de chardon métallique. Au-dessous est placé un *papillon* U qui dégage le tissu et l'empêche de s'enrouler sur le rouleau T. Le drap passe d'abord sur un rouleau V, puis sur un autre X muni d'un frein que l'on peut serrer et desserrer à volonté à l'aide du petit volant Y. L'étoffe se dirige ensuite sur un cylindre Z. Entre les rouleaux X et Z, le drap est lainé à la manière ordinaire par le tambour G. Afin de pouvoir régler le lainage, le rouleau Z est mobile et peut se déplacer à l'aide d'un petit volant que l'on ne voit pas dans le plan, et qui se trouve en face du volant Y, sur l'autre bâti. De là le tissu se rend sur les deux galets A' A'; c'est dans cet intervalle qu'il subit le lainage en travers. Entre les deux conducteurs A', A' et au milieu, se trouve un rouleau qui ne peut être vu dans le dessin, et qu'on peut lever ou abaisser à l'aide du petit volant C' qui, par l'intermédiaire d'une vis sans fin N', agit sur une roue P' pour faire monter et descendre une crémaillère à laquelle est adapté le rouleau en question. Cette disposition permet, on le voit, de régler comme on le désire le lainage en travers. La pièce se dirige ensuite sur le rouleau guide F', à l'aide du volant de gauche D' et sur une surface en fonte dont on peut régler et la hauteur et l'inclinaison, à l'aide du support de F' et de la *mannette* G'. C'est dans ce passage que le rouleau F, dit releveur, agit sur le poil de l'étoffe. La distance du rouleau est d'ailleurs elle-même déterminée à l'aide d'une vis H' semblable à celles employées dans les tondeuses pour le réglage des lames. La vis H' vient reposer sur un support fixe. Si, pour une raison quelconque, on a besoin de relever le cylindre F, cela se fait d'une façon très-simple, à l'aide des leviers K' et L'. Pour cela, sur un arbre qui traverse la machine, se trouvent montés deux leviers qui agissent sur deux tringles R' R' reliées au porte-coussinet S' du rouleau F. L'extrémité de cet arbre porte un rochet S' tenu en respect avec le levier L'; sur ce rochet se trouve monté le levier K'; on voit donc qu'en manœuvrant celui-ci de bas en haut on soulèvera le cylindre F. Le drap passe enfin sur le rouleau d'appel T, d'où il est détaché par le papillon U.

Quel que soit le système de machine à lainer adopté, le lainage ne peut avoir lieu que progressivement et à plusieurs reprises. Une fois la couche de filaments formée à la surface, le tissu se trouve étendu et séché, puis tondu, puis lainé de nouveau. Le motif de cette méthode d'opérer a été décrit; nous y reviendrons d'ailleurs plus loin. L'aspect du duvet ainsi formé peut varier; il est parfois moiré, cela a surtout lieu lorsque l'étoffe a été plus qu'humide et que les filaments sont longs. Parfois aussi on fait intervenir la vapeur dans le lainage. Les fabricants anglais se servent surtout de ce moyen en faisant passer le tissu lainé trop mouillé sur un cylindre chauffé à la vapeur, qui ressuie la pièce et fixe les résultats du lainage. Certains articles, tels que les molletons, les couvertures ou autres à long poil, ne reçoivent souvent d'autres transformations après le lainage que des séchages aux rames et des pressions à la presse hydraulique. Mais pour tous les produits unis ou façonnés de la draperie, le tondage réitéré est indispensable ; nous avons par conséquent à décrire les machines usitées à cet effet, après avoir dit un mot de la force motrice consommée par le lainage.

Force motrice nécessaire au lainage. — La force motrice nécessaire pour faire tourner à vide une lainerie d'un système donné reste constamment le même et ne varie qu'avec le genre de machine. Il est évident que les machines à deux tambours sont sensiblement plus lourdes que celles qui n'ont qu'un organe à chardons ; mais ce qui constitue surtout la variation de la consommation de travail, c'est la résistance plus ou moins grande du tissu.

La force absorbée par une machine ordinaire à un tambour marchant à 115 tours et lainant une nouveauté d'été sera de 20 à 25 kilogrammètres ou à peine un tiers de cheval. Pour un drap lisse ordinaire, cette dépense sera d'un demi-cheval environ, et pour des étoffes fortes, telles que des cuirs-laine, par exemple, elle s'élèvera à près d'un cheval et même au delà.

Aussi le prix à forfait du loyer de la force motrice d'une lainerie simple varie-t-il, en Normandie, entre 900 francs et 1050 francs par an. La force nécessaire à une lainerie double augmente en raison du nombre des contacts et des points où l'étoffe joue en quelque sorte le rôle de frein ; la dépense de ce chef pourra s'élever parfois au double de celle qui vient d'être indiquée.

CHAPITRE XXIV.

TONDAGE. — APPAREILS ET MACHINES A TONDRE.

Le nom de cette opération caractérise son but sans le préciser complétement. Elle a pour objet de couper à une égale hauteur, après les avoir relevés, tous les filaments plus ou moins couchés et développés par le lainage. La surface du tissu terne et parfois ondulée acquiert de cette façon une apparence lisse et un certain brillant, variable avec la nuance et la hauteur du duvet ainsi formé. L'effet est d'autant plus sensible, plus réussi et plus flatteur à l'œil, que les filaments sont plus fins et leur quantité plus considérable. Il est, par conséquent, important d'atteindre tous ceux que peuvent fournir les fils entrelacés ou les surfaces feutrées, en agissant sur eux aussi intimement que possible. C'est là, après l'égalisage, le second but du tondage; en raccourcissant la hauteur du duvet après l'avoir redressé, il rend le produit plus accessible à un nouveau lainage, et permet d'atteindre de nouvelles fibrilles de laine qui avaient échappé à l'opération précédente; la perfection du garnissage sera par conséquent, toutes choses égales d'ailleurs, proportionnelle au nombre de lainages et de coupes pratiqués alternativement et successivement. Ce nombre doit nécessairement varier en raison du genre et de la qualité du tissu; nous examinons et étudions plus loin les errements suivis à ce sujet, après avoir décrit tous les appareils et machines dont les apprêts disposent.

Anciennes forces employées autrefois au tondage. — Jusqu'au moment où Douglas introduisit la tondeuse automatique (ch. II, § 2), on se servait, pour opérer la tonte ou tonture, d'énormes ciseaux représentés isolément, fig. 1, pl. XLVII, composés de deux branches ou couteaux A et B, en fer aciéré, qui avaient une longueur chacune de 66 centimètres environ, reliées par les tiges C, D à l'anneau ou ressort E. L'une de ces deux branches était posée sur le drap et restait immobile sur la pièce à tondre, placée convenablement sur un point d'appui ou table, et l'autre branche prenait un mouvement sur la seconde pour raser le duvet. La première, A, était désignée sous le nom de lame femelle, et la seconde, B, lame mâle. Comme la manœuvre de cet outil réclamait une assez grande force, on la facilitait au moyen de la disposition de la figure 2, dont on voit les détails figures 3 à 7. Une courroie F était attachée par un bout au dos de la femelle A, et par l'autre extrémité, par une pièce G dite mailloche, appliquée sur la lame B.

La figure 8 montre la pièce à tondre placée sur le faudet T, fixé sur la largeur par les lisières aux crochets de deux râteliers R, R'. Bien entendu qu'on faisait à la pièce un lit élastique, en établissant une toile au-dessus d'une surface rembourrée de tontisse. Pour assujettir la lame femelle, on la chargeait d'une plaque de plomb H. Le couteau mobile B était mis en action sur la lame fixe par le manche de la mailloche G. Lorsque le drap était placé convenablement sur la table, deux tondeurs relevaient le poil, ils prenaient alors la position indiquée dans la vignette 2, pl. XLII. Cette figure en élévation montre le drap L fixé sur la table par les crochets M et sur le faudet A, et la figure 7, pl. XLII, donne en détail l'appareil ou espèce de peigne M, N, O, que les ouvriers manœuvraient pour relever le poil. La figure 3, pl. XLII, montre comment on faisait le *tuilage* ou couchage du poil, dont il sera question plus loin. Ce nom de tuilage vient de la pièce en forme de tuile, dont la surface agissant sur le tissu était garnie par un sable rugueux collé contre la tuile.

Deux tondeurs travaillaient ordinairement en même temps, l'un en face de l'autre, sur la même pièce. Nous croyons en avoir dit assez sur ce mode d'opérer, qui n'a plus qu'un intérêt historique, pour faire comprendre ce qu'il laissait à désirer sous le rapport de la production, de la perfection; et pour justifier les considérations (ch. I, § 2) sur ce qu'il y avait de pénible dans ce travail, il suffit pour prouver ce fait de citer le passage suivant de Duhamel-Dumonceau [1] :

« Il est reconnu que le métier de tondeur est le plus rude de toute la fabrique : les tondeurs fatiguent plus encore quand ils ont de mauvaises *forces* ou qu'elles sont mal *émoulues*. Dans ce travail, tous les membres sont en action et continuellement tendus pour tenir la force en respect; le talon de la main droite est surtout la partie qui fatigue le plus; aussi les apprentis se plaignent-ils qu'ils souffrent de tous leurs membres, et surtout du bras droit, qui leur devient enflé. »

L'ensemble de ces motifs avait fait rechercher depuis longtemps un moyen plus expéditif, moins sujet aux nombreux défauts baptisés sous une foule de noms et résultant de cette manœuvre pénible des *forces*. La première idée qui vint aux chercheurs fut de faire agir mécaniquement ces monstrueux ciseaux. Antérieurement même aux tentatives faites dans cette direction et citées dans la partie historique, on avait fait des essais semblables en Angleterre. Roland de la Platière cite un nommé Everel, fabricant de draps à Heytersbury, qui a eu sa fabrique brûlée, en 1758, pour avoir remplacé les bras par la force motrice hydraulique pour manœuvrer les forces, et auquel le gouvernement dut payer une somme de 15 000 livres sterling, pour le dommage qui lui avait été causé par cette dévastation.

Les dispositions, tout aussi fâcheuses à l'origine, contre l'emploi des tondeuses à lames hélicoïdes et à mouvement de rotation continu, ne purent se faire jour néanmoins. Les ser-

[1] *Art de la draperie en 1765.*

vices rendus par les tondeuses automatiques furent si rapides, le développement de la production qui en résulta fut tel, que, loin de nuire à la main-d'œuvre, même momentanément, celle-ci fut, au contraire, de plus en plus recherchée et de mieux en mieux rétribuée. En présence des modifications heureuses apportées aux apprêts par la nouvelle machine, on ne peut s'empêcher de regretter bien vivement que les travaux industriels de Léonard de Vinci, et surtout sa tondeuse, n'aient jamais été connus. La description que nous allons faire des tondeuses en usage, après avoir indiqué les principaux inventeurs et constructeurs qui y ont attaché leur nom, et la ressemblance de ces machines avec celle du grand artiste, si on veut bien se reporter à ce que nous en avons dit (chap. I, § 2), justifient ces regrets.

Dans le chapitre II, § 2, en passant en revue les progrès dans le travail automatique, nous avons vu que la tondeuse cylindrique à lames hélicoïdes et à mouvement continu n'avait été employée en France que vers 1817; qu'elle sortait des ateliers de John Collier, alors constructeur de machines à Paris. Cependant, dès 1802, Douglas, d'une part, et Wathier, mécanicien de Charleville, de l'autre, se firent breveter pour une machine à tondre les draps; mais ces machines se bornaient à l'emploi des anciennes forces et à la substitution du mouvement automatique à celui de la main pour faire agir ces gros ciseaux. C'était la reprise, en France, du système tenté vers le dernier siècle en Angleterre, et dont il a été également question dans l'introduction historique de cet ouvrage. Aussi n'a-t-il pas été question de la tondeuse de Douglas dans la collection de ses machines, si justement appréciées à l'exposition de 1806. Collier n'était cependant pas non plus l'inventeur de la tondeuse à lames hélicoïdes; car, dès 1812, un sieur *Ellis Jonathan*, à Paris, prit un brevet de quinze ans *pour une machine propre à tondre les draps, appelée machine à forces héli-*

coïdes, importés en France par M. Georges Bass, de Boston[1].

Cette tondeuse, brevetée sous le nom d'Ellis Jonathan, était du système longitudinal et ne différait de celles connues depuis sous ce nom que par la forme de la table et la disposition de la lame fixe; la table était un cylindre recouvert d'une étoffe, et la lame immobile était tout à fait horizontale. Ces faits démontrent que la tondeuse aujourd'hui employée était connue en Amérique, comme elle l'était en Angleterre, sous les noms de Lewis et Dawis, antérieurement à son usage chez nous. Collier avait-il lui-même traité avec Seven, le cessionnaire d'Ellis Jonathan, importateur de la machine de John Bass, ou a-t-il repris le principe en le modifiant dans les détails d'exécution? C'est ce que nous ne savons pas exactement, car Collier n'a pris d'autre brevet de tondeuse que celui précédemment cité pour les forces. Quoi qu'il en soit, le système de cette ingénieuse machine n'a pas varié depuis lors dans ses dispositions fondamentales. Malgré les nombreux brevets pris dans cette direction, les tondeuses peuvent toutes se résumer dans les deux combinaisons qui vont être décrites.

§ 1. — Tondeuse automatique à lames hélicoïdales et à mouvement de rotation continu.

Un cylindre garni de lames en hélice plus ou moins saillantes, très-coupantes, et prenant, par conséquent, la forme d'une vis à filets aigus très-prononcés, tournant tangentiellement au contact d'une lame fixe et de l'étoffe sur laquelle cette lame repose, tel est le principe de la machine à tondre employée pour presque tous les tissus, et principalement pour les

[1] Ce brevet, du 30 juillet 1812, porte en note : « Les droits aux deux tiers de ce brevet ont été cédés, le 23 avril 1817, au sieur Seven à Paris, et le 4 août 1819, aux sieurs Magnan, Jones et Ogden. »

lainages. Les lames mobiles du cylindre conservent le nom de lames mâles, et la lame fixe celui de femelle; leur action réciproque est d'ailleurs identique à celle des éléments de mêmes noms des anciennes *forces*. Le cylindre à lames mâles peut agir de deux façons différentes : ou en cheminant sur la surface du drap fixe convenablement tendu; il est alors doué de deux mouvements simultanés, l'un, autour de son axe, effectue le tondage, et l'autre, de translation, a pour but de déplacer l'outil tondeur, de façon à ce que le travail soit réalisé progressivement et régulièrement.

Le drap enroulé et tendu dans ce cas sur sa longueur, reçoit l'action de l'organe tondeur d'une lisière à l'autre dans la direction de la trame; la tondeuse de ce genre a par suite reçu le nom de *système transversal*. Le *système longitudinal* ou la *tondeuse longitudinale* est composée absolument des mêmes éléments : cylindre à lames mâles et lame fixe femelle; seulement, le cylindre tondeur agit sans se déplacer, et ne reçoit par conséquent qu'un mouvement de rotation circulaire continu autour de son axe, pour raser l'étoffe qui chemine dans la direction de la chaîne. La différence entre les deux systèmes ne réside donc que dans la manière de faire travailler les mêmes organes et dans les conséquences qui en résultent.

Lorsque l'étoffe est fixée, tendue, on peut plus sûrement approcher les lames aussi près que possible de sa tissure que lorsque celle-ci se déplace à chaque instant; mais le déplacement de l'outil et les temps d'arrêt nécessaires pour enrouler la partie tondue et dérouler une nouvelle tablée déterminent des lenteurs et des pertes de temps que ne présente pas le système longitudinal. Chacun de ces systèmes a par conséquent son mérite propre : le tondage transversal produit moins, mais a l'avantage, dans certains cas que nous examinons plus loin, d'être plus efficace et de donner plus de perfection; l'autre, le travail dans le sens longitudinal, réalise une production sensiblement plus grande. Il existe bien un troisième système dit *oscillant*, réalisé par une disposition ingénieuse imaginée autrefois par M. Abraham Poupart, de Sedan. Ce procédé a été abandonné à cause de l'excessive lenteur des résultats; nous n'en parlerons par conséquent pas. On trouverait d'ailleurs au besoin sa description dans l'*Essai sur l'industrie des matières textiles*, que nous avons publié en 1847.

Nous revenons aux deux systèmes exclusivement en usage et dont il vient d'être question.

Tondeuse transversale.—La figure 10, planche XLVII, donne le plan horizontal, et la figure 11 une élévation de la tondeuse *Collier*. La figure 12 est une coupe sur une échelle triple du mécanisme tondeur.

Toutes les pièces de la machine sont supportées par un bâti principal en fonte, composé de deux montants A, B, C, D, reliés entre eux par de grands boulons formant entre-toises et maintenant l'écartement. Une espèce de cadre rectangulaire compose la partie supérieure de ce bâti; il est destiné à recevoir le drap à son passage, et terminé à ses deux extrémités par de petites plaques à charnières *r*, *r*, entre lesquelles l'étoffe peut être fixée au moyen de clanches à articulations *l*, *l*, auxquelles on peut faire faire un certain angle par les manches *n*, *n*. Sous ce cadre, de chaque côté, sont placés deux cylindres *c*, *c*, dont les axes sont longitudinaux dans le sens du bâti et reçus dans des coussinets disposés dans les montants transversaux. Ces rouleaux en tournant servent à envelopper et à développer le drap à tondre.

A la partie supérieure se trouve un système mobile en fonte supportant les pièces qui, par leur mouvement, effectuent la tonte. Ces parties sont détaillées dans la coupe (fig. 12). Elles se composent d'une lunette en fonte L, L, qui fait partie d'un chariot H, supportant une pièce en cuivre *t*, recouverte de plusieurs épaisseurs de drap, qu'on nomme la *table*, et qui sert de coussin élastique à l'étoffe à tondre ; cette table peut descendre ou monter au moyen du support *s* adapté au chariot H qui se meut sur ses roues *g*. A celui-ci sont réunis de plus : 1° la lame *j*, fixée à la pièce M qui peut être avancée ou reculée par la vis V ; 2° le cylindre tondeur *i*, monté sur une poupée K dont on peut également faire varier la position, par rapport à la table *t* ; 3° un guide *m*, dont l'extrémité déploie le tissu en le tendant suffisamment pour qu'il ne puisse présenter de plis lorsqu'il arrive sous le cylindre tondeur *i*. Les lames fixées sur celui-ci sont les *lames mâles* ; celle *j* est la *lame femelle*. Le cylindre étant mobile autour de son axe, et la lame *j* restant toujours dans la même position par rapport à celles du cylindre, le tondage a lieu par ces dernières sur celle immobile, comme le feraient des ciseaux dont une des branches serait fixe et l'autre en mouvement. La disposition des différentes pièces nécessaires au mécanisme tondeur permet de faire varier les distances entre elles et l'étoffe, en raison de son épaisseur, et aussi d'enlever une quantité plus ou moins grande de laine. En faisant monter la table, on approchera le tissu des lames ; en la faisant descendre, on l'en éloignera. L'écartement horizontal entre le cylindre tondeur et la lame p t changer également au moyen des poupées K. Comme il est nécessaire de pouvoir séparer complétement le cylindre tondeur de l'étoffe, lorsqu'on veut faire marcher le chariot sans opérer le tondage, on y a adapté à cet effet une tringle *p'*. Elle porte un pignon où un cliquet qui engrène avec le croissant denté R. En faisant tourner par conséquent ce petit pignon, on écartera le cylindre *i* plus ou moins du tissu ; *q* est le manche du cliquet, qui sert à le soutenir lorsqu'on fait cheminer le chariot sans le faire travailler.

Transmissions de mouvement.—Le cylindre, armé des lames mâles, est doué de deux mouvements simultanés : le premier, de rotation autour de son axe, et le second parallèlement à lui-même d'une extrémité à l'autre du cadre. La première impulsion est donnée par une poulie placée sur son arbre et recevant l'action de celles P, P', P'', P''', qui la reçoivent elles-mêmes du moteur. La seconde, qui a lieu d'un bout à l'autre du cadre sur le drap tendu, s'obtient par celle du chariot marchant avec toutes les parties qu'il porte. Cette transmission a lieu de la manière suivante : des courroies *d*, *d*, convenablement combinées, passent du chariot H sur les manchons *t*, mus par une vis sans fin disposée sur l'axe de la roue P'', et engrenant avec celle *e*, placée sur un tambour autour duquel s'enroule une corde à mesure que le mouvement a lieu.

Marche de l'opération. — Pour opérer le tondage, on enroule le drap sur l'un des cylindres C, celui de droite, par exemple; lorsque toute la pièce y est disposée, on la déroule en l'engageant entre les clanches *l*, *l*; on l'enroule ensuite sur celui du côté opposé. L'étoffe étant bien tendue sur la longueur et sur la largeur par les pinces *l*, *l*, on peut commencer l'opération. On baisse le cylindre tondeur; on a soin de brosser le tissu pour nettoyer et relever le poil, afin qu'il soit plus sensible aux lames, puis on fait passer la courroie de commande sur la poulie fixe de la machine. Le chariot et le mécanisme tondeur se mettent en mouvement en allant d'une extrémité à l'autre de la pièce, en rasant par conséquent tous les points de la surface par le mouvement de rotation du cylindre tondeur contre la lame femelle.

Lorsque le chariot est arrivé à l'extrémité opposée du bâti, qu'il a par conséquent tondu la pièce d'une lisière à l'autre, la machine se dégrène d'elle-même par un mécanisme disposé à cet effet. On écarte alors le cylindre tondeur du tissu, et on fait revenir le chariot à son point de départ. Cela fait, on enroule la partie de l'étoffe qui vient d'être rasée et on en déroule une nouvelle tablée pour recommencer l'opération de la même manière, jusqu'à ce que toute la pièce ait été complétement travaillée.

On imprime généralement une vitesse de 100 tours par minute à la poulie motrice de la machine; les communications entre cette dernière et celle du cylindre sont telles que celui-ci fait au minimum 400 tours à la minute. Ces transmissions de mouvement sont souvent modifiées; elles sont maintenant effectuées par des chaînes sans fin, et le chariot peut tondre en allant et en revenant dans sa course, grâce à la répétition du même mécanisme de commande qui est disposé à chaque extrémité de la machine.

Avec une tondeuse de ce genre, employée de préférence pour les *traversages* et les tissus à haute laine, on peut faire de 10 à 11 pièces par journée de treize heures de travail; la longueur de chacune des coupes étant de 50 à 60 mètres, c'est donc de 500 à 660 mètres.

Tout en se servant pendant longtemps de la machine que nous venons de décrire, on n'avait cependant pas pour cela abandonné complétement l'ancien système des forces; on les employait pendant un certain temps pour finir le tondage. On croyait apprêter le drap plus ras et obtenir une coupe plus avantageuse. Cependant, depuis un certain nombre d'années, les tondeuses ont été tellement perfectionnées dans leurs détails de construction qu'elles opèrent avec une grande précision et régularité, et qu'elles ont fait entièrement abandonner l'ancien mode.

Tondeuse longitudinale. — Par l'emploi du système précédent, le travail étant intermittent, il y a une perte de temps assez notable pour ramener le chariot à son point de départ et surtout pour dérouler et fixer la pièce sur le bâti. Aussi a-t-on eu bientôt l'idée de remédier à ces inconvénients; M. Collier lui-même apporta à cette machine un changement qui permit de tondre d'une manière continue. L'ensemble de l'appareil tondeur, c'est-à-dire le cylindre porte-lames, la lame femelle et la table, au lieu de cheminer sur le drap, restent fixes; le tissu est au contraire mobile dans le sens de sa longueur, et il est tondu lorsqu'il passe sur la table entre les lames tranchantes. Malgré les avantages évidents que présente ce système, les premières applications n'eurent pas de grands succès, et furent presque abandonnées pendant quelque temps; mais on comprit enfin que les défectuosités provenaient de quelques parties secondaires de la machine. On améliora surtout la construction de la table, qui laissait à désirer sous le rapport de la solidité; il en résultait des vibrations fâcheuses et parfois des accidents. De plus, au lieu de relever les filaments par un brossage à la main pour les présenter d'une manière plus convenable à l'action des lames, on munit la machine elle-même de brosses circulaires, établies à sa partie inférieure pour agir avant l'arrivée de l'étoffe à la table et aux lames. Ces tondeuses sont aujourd'hui les plus employées, non-seulement pour la draperie, mais aussi pour les tissus ras, tant en coton qu'en laine. Pour ces derniers et les châles, elles sont usitées presque à l'exclusion de tout autre système.

Nous donnons, fig. 13 (pl. XLVII) un plan, fig. 14 une coupe verticale, et fig. 15 une élévation vue de côté de la machine. Elle se compose d'un bâti A, B, C, D, servant de points d'appui aux différentes parties du mécanisme, qui consistent dans les lames à tondre, leur table, dans leurs transmissions de mouvement et dans celle de l'étoffe et des brosses. La disposition des lames est, à peu de chose près, celle de la tondeuse transversale. A est le cylindre armé de lames mâles hélicoïdes tranchantes en acier; B, celle femelle régnant sur toute la largeur de la machine; C est la table métallique enveloppée d'un tissu pour lui donner l'élasticité nécessaire; D est un guide servant à maintenir convenablement le drap sur la table, pour que les lames agissent sur une surface bien unie, afin d'éviter les coupures; *l*, K, R, est un système de leviers articulés, communiquant de bas en haut au cylindre A; celui-ci est écarté de la lame femelle de la table, et par conséquent de l'étoffe, lorsque l'ouvrier agit avec le pied sur la partie saillante du levier *l*. Le levier à crochet F G sert à maintenir le couteau tondeur dans son écartement lorsqu'on le fait tourner autour du point F, de manière à faire reposer l'extrémité du cylindre dans l'encoche G. E, *f* sont les différentes vis et poupées servant à régler les positions horizontales et verticales entre les lames suivant le tissu à apprêter. M, N, P, Q, R, S, T, U, sont des rouleaux de tension pour maintenir convenablement la pièce pendant l'opération. V et O, les brosses qui relèvent le duvet par leurs mouvements de rotation, lorsque l'étoffe T' commence à se développer et après la tonte. X est un plioir qui, par un mouvement de va-et-vient articulé, dispose le drap en plis réguliers après le brossage, comme on le voit en T". Enfin, I est un vase à huile destiné au graissage, qui doit avoir lieu abondamment et d'une façon continue.

Organe tondeur et moyen de réglage de la tondeuse. — Pour faire mieux saisir les dispositions du cylindre à lames hélicoïdes, la table et ses accessoires, nous donnons en détail (fig. 1 à 4 de la planche XLIX) les organes opérateurs de la tondeuse longitudinale sur une échelle plus grande, tels qu'ils sont exécutés dans les tondeuses les mieux établies chez les constructeurs de Sedan.

Les figures 1 et 4 donnent le cylindre tondeur C en fer tourné avec soin, et entaillé sur son étendue et périphérie de douze rainures hélicoïdales allongées ; des lames tranchantes tondeuses en acier *c* sont retenues dans ces rainures par de petites bandes de cuivre.

L'axe de ce cylindre C (fig. 2) tourne dans des coussinets ménagés sur les bras D fixés de chaque côté du bâti, et formant une espèce de châssis mobile terminé par deux branches verticales E auxquelles sont attachées les bielles mobiles E^1 articulées à la partie inférieure à la pédale mobile E^2 servant à soulever le cylindre. Les bras D et leur chape mobile, et par conséquent le cylindre tondeur, sont réglés dans le sens horizontal par des vis de rappel. Quant au réglage en hauteur pour établir la distance voulue entre la lame fixe *g* et la table T, il suffit, à cet effet, d'opérer dans le sens convenable sur les deux vis F ayant la forme d'un vase et munies chacune d'une espèce de roue à rochet, fixée invariablement par une lame de ressort. La lame femelle *g*, fixe et invariable, est placée sur un porte-lame à fourche G assemblée par ses faces latérales au bâti par des écrous de réglage. La table T, en cuivre, recouverte de plusieurs épaisseurs de drap, est fixée à une règle *t*, taillée en queue d'aronde et dentée à son extrémité droite pour engrener dans un pignon logé dans l'épaisseur de la traverse de fonte T qui supporte la table ; la figure 3 montre en coupe cette disposition. Les petits goujons *h* maintiennent une traverse T′ en équilibre sur deux pièces de fer H, qui sont également disposées de manière à se régler par des vis, de façon à déplacer et à faire varier au besoin la table dans le sens horizontal ou vertical, à volonté. La lame tendeuse du tissu pour l'empêcher de plisser se voit assemblée à la pièce K ; elle fait partie du système et est réglée avec lui par la vis *k′* de l'équerre supportée par le rouleau *n* fixé à la pièce T′.

Transmissions de mouvements (pl. XLVII). — P, P′ sont les poulies fixe et folle commandées par le moteur ; leur arbre traverse la machine sur toute sa largeur, et porte à son autre extrémité la poulie C′ dont la courroie commande celle E′ du cylindre tondeur, après avoir été tendue sur D′. Sur le même arbre *a* se trouve une roue d'engrenage B′ qui en commande une autre transmettant l'action de va-et-vient au plioir X, au moyen d'un excentrique placé sur sa surface et faisant mouvoir une tige à articulation fixée à la pièce X. L'impulsion des brosses O et V leur est également imprimée par les poulies P′, au moyen d'une courroie partant de celles-ci pour embrasser celle placée sur l'axe de la brosse V, et par celle *r′r′* allant de cette dernière à la poulie placée sur l'arbre de O.

x est un levier communiquant à la griffe G, pour opérer l'embrayage et le débrayage des poulies, suivant que l'on veut faire marcher ou arrêter la machine. Le drap cousu à ses deux extrémités forme une chaîne sans fin, mise en mouvement par les rouleaux O et P ayant une vitesse telle qu'ils font passer 3m,815 d'étoffe à la minute; la commande du cylindre tondeur lui fait faire 780 tours pendant le même temps; ce cylindre ayant 8 lames, le drap reçoit sur une longueur de 3m,815 6 000 contacts de lames. Une fois la machine en mouvement et l'étoffe engagée, le travail reste continu jusqu'à la fin de l'opération, si aucun accident ne vient l'interrompre. L'avantage de ces tondeuses à table rigide consiste dans la régularité du travail, si l'écartement entre cette table et les lames est convenablement réglé; mais cette condition est difficile à établir; il en résulte assez souvent des *brûlures* et des accidents. Aussi n'emploie-t-on pas cette machine pour tous les genres indistinctement : on la réserve plus spécialement pour ceux qui ne nécessitent pas un aussi grand nombre de coupes et une tonte tout à fait approchée, tels que les tissus légers dits nouveautés.

Nous avons vu fonctionner en Angleterre des tondeuses longitudinales dont le cylindre à lames mâles, au lieu d'une simple rotation, recevait simultanément un mouvement circulaire autour de son axe et une action de va-et-vient dans le sens de sa longueur, de façon à produire une *coupe allongée* sur le duvet, qui donne, dit-on, un aspect plus affiné aux filaments de la surface. On conçoit qu'il n'y a rien de plus facile que d'obtenir la translation longitudinale de l'organe tondeur : il suffit de faire mouvoir son arbre par la tige d'un excentrique appliquée à l'une de ses extrémités.

Tondeuse longitudinale de M. Pauilhac. — Toutes les tondeuses en usage, quelque bonnes qu'elles soient d'ailleurs, ont l'inconvénient d'occasionner d'assez fréquents accidents, des rongeures et des coupures, surtout dans le tondage de la draperie. Ces accidents proviennent, avons-nous dit, d'un nœud qui pourrait exister dans le tissu, ou de toute autre inégalité. Lorsque cette inégalité ou ce nœud se présente à l'action des lames, il se trouve appuyé sur la table qui existe dans toutes les machines que nous avons décrites. Cette table métallique étant un point d'appui fixe qui ne peut céder, et dont la distance aux lames tondeuses reste forcément la même pendant une opération, il s'ensuit que si une saillie quelconque se manifeste, elle se trouve coupée par les lames, ce qui occasionne ou une inégalité dans le tondage et une trace comme celle que laisserait une brûlure, ou une coupure, ce qui est plus fâcheux encore. M. Pauilhac a eu l'heureuse idée de construire des tondeuses longitudinales dont l'emploi n'expose plus le tissu à ces accidents. Il est parvenu à supprimer la table dans son système. Comme sa machine ne diffère de celles décrites que par cette modification, on s'en rendra facilement compte par la description suivante qui donnera en même temps tous les détails d'exécution relatifs aux divers systèmes de tondeuses en usage.

Les figures 1 et 2 du dessin (pl. XLVIII), qui représentent cette partie travaillante et la plus importante de l'appareil, sont des coupes verticales faites perpendiculairement aux couteaux, à la table et à la contre-table; elles montrent la disposition des pièces par rapport à l'étoffe et au cylindre porte-lames.

La première section représente la lame femelle A, suivant une direction sensiblement inclinée par rapport à l'horizontale, et tangente à la circonférence du cylindre porte-lames B; et de l'autre côté, la table immobile C est placée bien au delà de ce couteau, de manière à laisser entre l'arête tranchante de celui-ci et le bord supérieur de la table un espace qui n'est occupé que par l'étoffe que l'on fait marcher dans la direction indiquée par la flèche.

L'étoffe ainsi tendue, passant sous le cylindre B, est attaquée à la surface, tout contre l'arête tranchante du couteau fixe incliné A, par les lames hélicoïdes du cylindre qui, tournant avec lui, sont animées d'un mouvement de rotation plus ou moins rapide.

Par cette disposition, le tissu est entièrement libre au-dessous. Il en résulte que l'on peut tondre ainsi toute espèce d'articles sans craindre d'accidents ; de plus, la tonte peut être plus ou moins haute, ou plus ou moins rase, à volonté, suivant qu'on le juge convenable.

La lame femelle A est pincée et fortement tenue par des vis dans des mâchoires D, disposées pour lui donner la pente ou l'inclinaison voulue. La mâchoire la plus forte, celle inférieure, est soutenue, à ses extrémités, par des chaises ou des supports de fonte *e*, qui permettent de la régler exactement à la place qu'elle doit occuper ; elle est aussi disposée de manière à laisser au-dessous, entre elle et l'étoffe, un espace vide pour que celle-ci ne la touche que par les bords, comme l'indique le dessin figure 1. Cette disposition donne la faculté, en rapprochant les supports *e*, de se servir de la lame au fur et à mesure qu'elle s'use, et en lui donnant constamment la même inclinaison, ce qui est indispensable pour la bonne réussite de l'opération.

La figure 7 montre l'addition d'un petit rouleau mobile R^2, qui tourne librement sur lui-même, et soutient l'étoffe au-dessous de la lame femelle A, de manière à la maintenir tangentielle au cylindre porte-lames B, sur une plus grande étendue et plus rigoureusement que précédemment. Ce rouleau existe sur toute la largeur de la machine et se place directement au-dessous de la partie des mâchoires D qui pince la lame femelle. Il est en fer ou en cuivre tourné avec soin, et n'a pas plus de 3 centimètres de diamètre; il est supporté par ses extrémités au moyen de fourchettes qui lui servent de coussinets, et dans lesquels il tourne constamment pendant que la machine fonctionne.

Le drap ou l'étoffe passe sur la circonférence de ce rouleau, qui le dirige suivant l'inclinaison voulue et en l'écartant suffisamment du cylindre B pour que le poil ne se trouve jamais rebroussé par celui-ci.

Cette disposition a été imaginée pour pouvoir accélérer le travail.

Pour que le rouleau additionnel puisse être exactement réglé à la position qu'on juge convenable de lui donner, il est utile que les coussinets qui le portent à ses extrémités soient mobiles, c'est-à-dire qu'on puisse les monter ou les descendre à volonté ; ce qui est facile à établir en pratique, soit au moyen de vis de rappel que l'on applique aux supports à fourchette dans lesquels ces coussinets sont ajustés, soit par d'autres moyens. Cette disposition est cependant rarement adoptée; elle a surtout été proposée pour les tissus dits nouveautés. Pour des étoffes lisses, des draps unis, on se sert du même mode de construction d'appareil, mais en ajoutant une contre-table à ressorts G, représentée sur la section verticale (fig. 2).

Cette contre-table est placée de manière à supporter l'étoffe par son arête supérieure tout contre la lame femelle A, et même un peu au delà de son arête tranchante. Au lieu d'être solidaire avec la table rigide et fixe *c*, elle est, au contraire, supportée par des équerres qui forment ressorts, et se boulonnent à la hauteur convenable sur le côté de la table; il en résulte que la contre-table peut fléchir sur elle-même dans toute sa longueur, et par conséquent céder à la trop grande pression qui s'exercerait contre elle.

On avait déjà proposé des tondeuses avec des tables élastiques; le système de M. Pauilhac en diffère cependant dans l'immobilité variable de la table servant à porter par son bord supérieur l'étoffe que l'on fait passer dessus, en se rendant sous les couteaux, et dans la flexibilité élastique de la contre-table ou règle à ressorts G, disposée comme nous venons de le dire.

On voit, en comparant les figures 1 et 2, que ces deux systèmes ne diffèrent réellement que par l'addition de la contre-table à ressorts qui existe dans l'un et non dans l'autre. La table fixe, comme le cylindre porte-lames, et la lame femelle inclinée A, sont absolument les mêmes, dans le second comme dans le premier; c'est donc la même machine qui sert dans tous les cas, seulement on ne fait que rapporter la contre-table G et ses ressorts, lorsqu'on veut tondre des draps, des étoffes unies. Cette addition peut se faire très-facilement et en quelques instants, puisqu'il suffit de mettre quelques boulons qui relient la contre-table avec les ressorts qui la supportent, et qui, lorsqu'on veut enlever celle-ci, restent même attachés à la table fixe, si on le juge à propos, pour ne pas avoir à les rapporter quand on a besoin de se servir de la contre-table.

Les figures 3 à 6, planche XLVIII, donnent les vues d'ensemble de la tondeuse : la figure 3 est une élévation de face; la figure 4 est une vue par bout du côté de la commande principale; la figure 5 est une section verticale et transversale faite par le milieu de la longueur, et enfin la figure 6 est un plan général de tout l'appareil.

Cylindre tondeur. — Le cylindre porte-lames B, comme nous l'avons déjà fait remarquer, se compose de 10, de 15 ou 20 bandelettes ou lames hélicoïdes, retenues sur sa longueur par des coins ou des cales que l'on ajuste et que l'on fixe avec des vis sur le corps même du tambour; ce mode de construction permet de remplacer une ou plusieurs lames avec facilité et très-rapidement.

Pour régler la position exacte de ce cylindre porte-lames, par rapport au couteau ou à la lame femelle A, les coussinets qui le reçoivent sont ajustés dans les supports J, de manière qu'on puisse les monter ou les descendre à volonté par deux petites vis qui sont placées en dessous. Par deux vis de rappel c', qui sont taraudées à l'extrémité des supports J, on donne un peu plus ou un peu moins d'inclinaison, tout en rapprochant ou en écartant le cylindre de l'étoffe. On a donc ainsi deux moyens précis pour régler, avec toute l'exactitude désirable, la position du porte-lames.

Lorsque la lame femelle est usée, il faut nécessairement la rapprocher de la table fixe, afin de conserver le même écartement, pour que le mécanisme se trouve toujours dans les mêmes conditions de bon travail. A cet effet, les mâchoires D doivent être mobiles, c'est-à-dire que les supports E, qui les portent, doivent être ajustés sur le bâti de la machine, de manière à permettre de les faire glisser à droite ou à gauche, d'une petite quantité ; par conséquent, on peut aussi, de ce côté, arriver à régler exactement la position de la lame par rapport à la table, comme par rapport au cylindre. Au reste, on peut également régler l'appareil au moyen des écrous et contre-écrous *d*, et l'écartement des supports J par rapport aux supports E ; on peut encore changer la position de la table, en faisant mouvoir les supports L auxquels elle est boulonnée sur le bâti même, qui est à coulisse à cet effet. Enfin, avec le secours des vis verticales *e*, on peut soulever ou baisser la mâchoire D (fig. 7), et par suite régler la hauteur exacte de la lame femelle. De même, lorsqu'on se sert de la contre-table, on peut régler aussi la hauteur des ressorts qui la soutiennent.

Lorsqu'on veut empêcher que le cylindre porte-lames ne touche l'étoffe, et le débrayer, l'ouvrier n'a qu'à appuyer le pied sur la pédale *m* qui, par les deux tringles *n*, soulève les bascules *o* attachées à l'extrémité des supports J, et, par conséquent, font lever ces derniers avec le cylindre. Et pour maintenir celui-ci élevé tout le temps qu'on le juge convenable, sans être dans l'obligation de laisser le pied sur la pédale, l'ouvrier prend la poignée *è* dont l'axe porte un cliquet *q*, et fait engager celui-ci dans l'une des deux encoches pratiquées sur le côté de la console en fer O, rapportée sur le bâti (fig. 4 et 5), absolument comme dans les tondeuses précédemment décrites.

On peut aussi, quand on le désire, mettre le cylindre porte-lames de côté, afin de dégager entièrement l'étoffe de la lame femelle; il suffit, à cet effet, de l'enlever de ses deux coussinets et de le porter sur les deux fourches R', placées plus loin (voir fig. 6).

Comme il est utile, surtout pour certaines étoffes, que le cylindre porte-lames soit graissé dans toute son étendue, pendant le travail, le côté de la tringle S reçoit un drap ou un autre tissu T imbibé d'huile, qui vient couvrir une partie de la surface du cylindre, et le maintient ainsi constamment humecté.

Lorsque l'étoffe à tondre a moins de largeur que le cylindre et la lame, pour ne pas toucher les lisières à la tonte, on applique aux extrémités de la table une feuille métallique, attachée à une crémaillère *m* (fig. 8), que l'on ajuste dans une rainure pratiquée dans l'épaisseur même de cette table, et dont on règle exactement la position au moyen d'un petit pignon droit *m'* que l'on fait tourner par une clef.

Le drap, suivant la direction indiquée par les flèches (fig. 5), se rend, après avoir subi l'action des couteaux, sur la tringle à cônes *u*, qui a pour objet de supporter l'étoffe, et de régler la tension des lisières trop lâches. Ces cônes, qui peuvent être en bois, sont ajustés sur la tringle, de manière à pouvoir y glisser dans le sens de sa longueur, afin de se rapprocher ou de s'écarter suivent la largeur du drap, et correspondre toujours à la place des lisières. Lorsque leur position est déterminée, on les retient par une vis de pression dont la tête est perdue dans leur épaisseur. Les extrémités sont reçues dans des coussinets que l'on peut monter ou descendre à volonté au moyen de vis de rappel, ce qui permet encore de régler la hauteur de l'étoffe par rapport aux tranchants, de manière à tondre la laine aussi rase ou aussi haute qu'on peut le désirer.

Le drap, continuant sa marche, passe sous la brosse cylindrique *v*, qui a pour but d'enlever les peluches provenant de la tonte, et de coucher les fibres de l'étoffe. On peut aussi régler la position exacte de cette brosse cylindrique par les vis de rappel *x'*, fixées à ses coussinets.

Au moyen des cylindres attireurs ou attracteurs *y*, *y'*, l'étoffe est constamment appelée et tendue comme l'indique la section (fig. 5); deux grands leviers *p*, chargés chacun d'un poids vers leurs extrémités, font constamment presser le cylindre ou rouleau inférieur contre celui supérieur, et déterminent par suite une pression suffisante contre l'étoffe pour que celle-ci reste toujours tendue. Le rouleau inférieur est libre, mais le rouleau supérieur reçoit un mouvement de rotation continu par la roue dentée *q'*, fixée à une de ses extrémités et commandée par un pignon droit monté sur l'arbre moteur *r*, qui porte les poulies fixe et folle S et S'.

En sortant de ces rouleaux, l'étoffe tombe sur le coursier circulaire en bois *t*, en se repliant sur elle-même, puis remonte sur les rouleaux *u*, *u'*, qui servent à la tendre de nouveau. A ce passage, le cylindre *v*, couvert de panne, brosse et nettoie cette étoffe à l'envers. De là, passant sur une traverse *y*, elle redescend sur la brosse Z, qui, tournant rapidement sur elle-même, nettoie le drap à l'endroit, et commence le rebroussage des poils, que le cylindre rebrousseur A' achève en tournant en sens contraire de la marche de l'étoffe. Celle-ci est amenée vers ce cylindre par le rouleau B' et maintenue tendue par celui *c'*; on règle sa tension par des vis de rappel qui, reliées à ses coussinets, permettent de faire rapprocher ce cylindre plus ou moins contre le drap. On peut de même varier la position de la brosse Z et des rouleaux de tension qui la précèdent, parce que les supports de leurs axes sont à coulisses sur les bâtis de la machine.

Par cette disposition générale de l'appareil, on voit que la tonte s'effectue d'une manière continue, sans aucune interruption; l'étoffe, cousue par ses deux extrémités, forme une pièce sans fin; on la fait passer sous l'action des couteaux autant de fois qu'on le juge nécessaire, sans se déranger, sans que l'ouvrier ait besoin de s'en occuper. Il lui suffit de vérifier si toutes les pièces de la machine travaillent convenablement, et d'arrêter ou de modifier la marche quand il le croit utile.

La modification du support de l'organe principal de la tondeuse que nous venons de décrire, constitue un véritable progrès, et complète les divers systèmes en usage.

Production. — Le drap à tondre est entraîné ici encore par la rotation d'un rouleau garni de panne d'un diamètre de 0^m,16, et tournant avec une vitesse uniforme de 7^t,6 à la minute, correspondant par conséquent à un développement de 3^m,820. Pendant le même temps, le cylindre tondeur d'un diamètre de 0^m,112, et garni de 8 lames à hélice, fait 750 tours.

Il en résulte que les 3^m,820 de draps qui passent dans l'unité de temps reçoivent l'action de 6,000 passages de lames; donc entre une spire de l'hélice et la suivante passent 0^m,60 de tissu. Quant à la durée totale d'une coupe, si la pièce a par exemple 52 mètres, $\frac{52}{3,820} = 13',60$ ou environ 4 coupes à l'heure. Dans la pratique on admet généralement 14',5.

Si l'organe tondeur était garni de 10 lames au lieu de 8, le nombre d'actions des lames avec la même vitesse serait par conséquent de $750 \times 10 = 7,500$, c'est-à-dire que la longueur de 3^m,820 recevrait sur toute sa largeur 7,500 coups de rasoirs à la minute, agissant chacun sur la distance de 1/2 millimètre.

Au moyen de ces éléments on pourra se rendre compte, *à priori*, du temps nécessaire et de la dépense du tondage d'un article dont on aura déterminé le nombre de coupes à donner.

Machine à lainer et à tondre simultanément. — En 1851, MM. Peyre et Dolques, de Lodève, se firent breveter pour une disposition dans laquelle ils avaient réuni deux cylindres laineurs horizontaux, tournant dans la même direction ou en sens opposé, à volonté, pour travailler à poil et à contre-poil, et un cylindre tondeur sur le même bâti. Le drap, en sortant du second organe à chardons, se rendait directement et encore humide à la tondeuse. Le tondage était par conséquent effectué sans déplacement. Plus tard les inventeurs reconnurent la nécessité d'ajouter des cylindres chauffés entre lesquels le drap, trop humide, dans certains cas, pour permettre le relevage et le coupage convenable du duvet, venait se sécher avant d'arriver à la tondeuse. Cette machine, d'abord accueillie avec faveur par l'industrie, ne s'est pas propagée, soit à cause de sa complication et de son prix élevé relativement aux services que l'on en obtenait, soit parce que les rapports entre la quantité de travail des deux opérations n'étaient plus proportionnels, le temps nécessaire au lainage et le tondage de l'unité de surface n'étant pas les mêmes, soit enfin à cause du mode vicieux du séchage de l'étoffe entre des tuyaux lamineurs chauffés.

La machine n'était pas d'ailleurs d'une application générale. En effet, tel article doit être bien plus lainé que tondu, et le contraire est parfois nécessaire pour d'autres. On pouvait, il est vrai, faire travailler à volonté, séparément, les organes laineurs ou tondeurs, mais alors l'accouplement des deux opérations spéciales qui exigeait une disposition d'un prix élevé n'avait plus de raison d'être, et entraînait à des frais généraux perdus.

Effets façonnés réalisés à la tondeuse. — On a aussi quelquefois eu l'idée, en France et en Angleterre, de produire des dessins en coupant le poil à des hauteurs différentes sur une même ligne du tissu. On a cherché à atteindre le résultat, en substituant à la table plane rigide, ou support du tissu, en dessous des lames, la table cylindrique, indiquée précédemment; seulement, au lieu d'une surface lisse, la circonférence de ce rouleau était gravée.

Pour saisir cette idée, il suffit de supposer un cylindre cannelé, par exemple, perpendiculairement à son axe, présentant par conséquent alternativement des anneaux en creux et en relief. Une table cylindrique semblable, placée sous le drap au point où les lames agissent en les laissant entrer plus profondément aux parties correspondantes aux sillons creux qu'à celles des sillons circulaires en relief, déterminera une coupe à des hauteurs différentes qui formeront des rayures en long. Si au lieu de cannelures on grave des dessins quelconques, on variera ainsi les effets à volonté, dans des étendues assez limitées cependant. Ces moyens ont eu quelque vogue dans ces dernières années pour certains articles anglais à long poil, mais ils paraissent nécessiter trop de soins et de dépenses de gravure par rapport à leur application forcément restreinte, pour pouvoir être rangés au nombre des procédés couramment utilisés dans la fabrication des étoffes de fantaisie.

Tondeuse à double effet. — En présence de la nécessité d'accélérer la production dans toutes les directions, les constructeurs anglais ont eu l'idée, dans ces derniers temps, d'appliquer à certains articles de lainages un système que nous avons vu employer, il y a plus de vingt ans, au tondage du velours de coton. Il consiste à disposer deux tondeuses sur le même bâti et à soumettre successivement la même pièce à deux organes tondeurs. On double ainsi le travail du tondage. Il n'y a d'ailleurs aucun autre changement dans les détails de la machine représentée planche XLIX. La figure 4 de cette planche est une élévation verticale, vue de côté, de la machine, et la figure 5 est une vue de face montrant les deux cylindres tondeurs étagés. Les descriptions précédentes des éléments constitutifs de ces appareils nous dispensent d'entrer dans de nouveaux détails. Il suffit par conséquent d'indiquer les organes principaux et leur groupement.

A, A (fig. 5) sont les cylindres tondeurs à lames hélicoïdales. Ces organes fondamentaux sont munis des moyens de débrayage et de réglage dont il a été suffisamment question dans les précédentes descriptions pour que nous n'ayons pas à y revenir.

Les cylindres *a*, *a* sont des rouleaux, ou guides sur lesquels passe la pièce en travail, et les cylindres C, C, indiqués par des lignes ponctuées, sont montés de façon à pouvoir tourner librement sur leurs axes. Des bandes sans fin garnies de rubans de cardes passent sur les tambours *r*, *r*, *r*, *r* placés aux extrémités du bâti. Le mouvement imprimé par les tambours aux bandes a pour but de relever le poil du tissu avant son passage aux lames pour faciliter la coupe. Cette disposition, plus spéciale au velours de coton ou aux articles à poil de laine droit, peut être remplacée par des brosses releveuses comme dans les tondeuses ordinaires.

B, B, sont des brosses cylindriques destinées à nettoyer l'étoffe après chaque coupe. La marche du drap de l'ensouple F à l'ensouple E est indiquée par des flèches; afin que ce dernier cylindre n'appelle que la quantité fournie par le premier, on a soin de tendre peu la courroie de la transmission E et de lui permettre de glisser; au besoin, les cylindres tondeurs marchent avec une vitesse d'environ 1,000 tours à la minute. Il est nécessaire de faire remarquer que ce système est peu employé. C'est parce qu'il nécessite l'arrêt des deux organes tondeurs à la fois, lorsqu'une cause quelconque oblige d'en arrêter un : les avantages ne sont pas par conséquent aussi grands qu'on pourrait le supposer *à priori*.

Force motrice nécessaire au tondage.—Le travail du tondage, le plus pénible autrefois de la draperie, est celui qui réclame aujourd'hui le moins de force motrice, et qui fait relativement le plus de besogne; le système longitudinal surtout produit considérablement, comme nous l'avons déjà dit : aussi le prix de la location de la force motrice est-il pour ce système moyennement de 465 francs, et de 225 francs seulement par an pour une tondeuse transversale. Ces chiffres s'abaissent parfois jusqu'à 150 francs pour cette dernière et s'élèvent à 500 francs pour la première, suivant la vitesse, les emplacements, les nécessités du moment, etc. Quoi qu'il en soit, les cours relatifs de la location, plus encore que des expériences précises, indiquent à peu près les rapports de la force motrice consommée. Ils seraient donc entre les appareils à tondre et à lainer comme 1 : 2, c'est-à-dire que le prix payé pour faire tourner une lainerie est le double de celui d'une tondeuse, et cependant il est des cas où une lainerie peut prendre quatre ou cinq fois plus de force qu'une tondeuse. Mais on ne peut raisonner que sur des moyennes et des cas généraux. Voici d'ailleurs des moyennes concernant le prix de revient de cette partie des apprêts.

Prix de revient du lainage.

Intérêt et amortissement de la machine, des croisées, etc. : sur 1,500 à 10 pour 100	150 fr.
Combustible, pour 2/3 de cheval, à raison de 3 kilogrammes par heure et par cheval : 7,200 kilogrammes par an, à 25 francs la tonne	180
Pour la main-d'œuvre de 2 hommes par an	1,500
Usure de chardons et frais généraux	200
	2,030 fr.

par an, ou 6 fr. 76 par jour.

D'après les calculs des transmissions de la lainerie (ch. XX), le nombre de traits ou de voies par jour est de 168.

Chaque voie reviendra par conséquent à $\frac{6,76}{168}=0^{f},04$, c'est à peu près le taux payé à l'apprêteur pour le lainage à façon.

Prix de revient du tondage par la tondeuse longitudinale.

Frais de la force motrice, 3,000 kilogrammes de combustible à 25 francs	75 fr.
Main-d'œuvre d'un homme	900
Usure et frais généraux	100
	1,075 fr.

Soit 3 fr. 58 par jour.

Or, une semblable tondeuse pouvant faire une coupe de 52 mètres en 13′ 60, mettons 14′, le nombre de coupes sera par jour $\frac{7,20}{14} = 51,40$, soit 51 coupes dont le prix est par conséquent $\frac{3,58}{51} = 0^f,07$.

Pour la tondeuse transversale, ne faisant en moyenne que 30 coupes par jour, le prix d'une coupe revient par conséquent à $\frac{3,58}{3}$ $0^f,119$, près de $0^f,12$.

Le tondage total d'un drap lisse, le plus soigné recevant 60 coupes en moyenne, à la tondeuse longitudinale, coûtera donc $4^f,20$;

Et à la tondeuse transversale, pour finir, 6 à 8 coupes, revenant de $0^f,72$ à $0^f,84$.

Total... $4^f,92$ à 5 francs.

Prix de l'ancien système de lainage. — Dans le lainage à la main, le travail était payé en raison du nombre de traits ou de voies, et de la quantité *de paires de chardons* employées au lainage. Une pièce de 44 aunes ou 52 mètres, mesure actuelle, recevait en totalité pour les plus beaux draps 60 voies de 23 paires de chardons, exigeait 240 heures de travail, et était payée 15 *livres*, ou 75 centimes par journée d'ouvrier.

Aujourd'hui, le même travail de 60 voies, sur 52 mètres, demande, d'après les calculs précédents, à peine une demi-journée, ne coûte que $3^f,88$, et rapporte en moyenne 3 francs par jour à l'ouvrier. Quant au prix de revient du tondage autrefois, voici les chiffres.

Prix de l'ancien système de tondage.

	heures	payé.	
Pour une coupe en hermans........................	40	2f,10s	
Pour trois coupes en demi-laine....................	145	9 ,11	5d
Pour cinq coupes en apprêts........................	286	17 ,17	7
Ensemble.....	471	28f,19s	9d

Nous revenons plus loin sur la comparaison des prix de revient dans leur ensemble.

§ 2. — Brossage automatique.

Le brossage est une opération qui se définit d'elle-même ; il peut être nécessaire de l'appliquer à diverses périodes du travail, mais surtout après le tondage, pour enlever complétement les débris de tontisse qui ont pu se loger dans le duvet du tissu. L'action se pratique généralement à sec ; nous avons cependant vu faire intervenir, surtout vers la fin des opérations, un petit jet de vapeur. Le brossage devant avoir lieu rapidement et sur le tissu soumis à une certaine tension, on se sert en général de la brosserie mécanique, représentée en élévation, fig. 9, pl. XLV. Le pièce T à brosser se déroule du rouleau O, se rend sous le galet de tension *t*, et s'embarre ensuite entre les deux cylindres *r*, *r*, pour passer sur la table V, qui peut être élevée ou abaissée pour régler la marche du tissu par la vis *v*; la pièce est guidée par le rouleau G′ à la sortie duquel il se rend sur la circonférence supérieure des deux brosses circulaires à mouvement de rotation continu B, B, d'où il vient s'enrouler sur l'ensouple R, et où il est tendu par le rouleau G, qui peut être soulevé ou abaissé par un levier à la main L.

Un coup d'œil suffit pour comprendre les transmissions de mouvement. Sur l'arbre A', mis en mouvement par une poulie placée du côté opposé à celui de la figure, se trouve la roue d'engrenage 1, qui communique en même temps avec deux roues, 2 et 3, placées sur les axes des brosses B. Un pignon 4, engrenant à son tour avec la roue 2, communique son action à la roue droite 5, placée sur l'axe de l'ensouple R, enrouleur du tissu.

Tout le système est supporté par un bâti en fonte A, B, C, D, solidement établi.

Lorsqu'il est nécessaire de faire intervenir de la vapeur, on fait arriver un tuyau à tête d'arrosoir sous l'étoffe, à son entrée dans la machine.

La force motrice consommée pour une brosserie est de si peu d'importance, qu'on ne la fait ordinairement pas payer lorsqu'elle est employée pour un certain nombre de tondeuses. Dans le cas contraire, c'est-à-dire si elle est installée et louée isolément, le bail de la force motrice pour cet outil dépasse rarement 200 francs l'an.

CHAPITRE XXV.

RAMAGE, APPAREILS A RAMER.

Les tissus drapés, comme nous l'avons dit, sont lainés ou garnis de poils à l'état plus ou moins humide, et séchés avant d'être tondus. Dans les apprêts de la première période, le séchage a lieu sur le drap simplement étendu sans tension, à l'air libre ou dans un séchoir chauffé, suivant le temps. Plus tard, vers la fin des opérations dont le finissage se compose, il est séché, tendu aux dimensions qu'il doit conserver pour la vente. Les appareils sur lesquels le tissu est tendu et séché, soit à l'air, soit par la chaleur artificielle, sont désignés sous le nom de rames. Il existe plusieurs systèmes de rames, mais, avant de décrire les principaux, il est nécessaire de dire un mot du mode d'essorage préalable. Pour diminuer la quantité d'eau à évaporer au séchage, on emploie depuis longtemps les hydro-extracteurs d'un système quelconque, trop répandus et connus pour que nous ayons à les décrire; mais ces appareils ont l'inconvénient de produire des plis qui ne disparaissent complétement qu'avec difficulté. Il était donc intéressant de trouver un moyen de profiter du principe sur lequel repose le mode d'agir des essoreuses en général, tout en évitant les inconvénients des plis. M. Tulpin, de Rouen, a combiné un appareil très-simple à cet effet. Il permet d'extraire une quantité aussi considérable d'eau que celle chassée par les machines à force centrifuge en général, et d'éviter l'inconvénient grave des plis. Le constructeur a baptisé cet appareil du nom d'*appareil à essorer les draps au large*. Comme il est spécialement destiné à la draperie, nous en donnons la description (pl. L) : la figure 1 est une coupe verticale; la figure 2, un plan, et la figure 3, une vue de bout. — Cet appareil se compose d'un cylindre A de 80 centimètres de diamètre et d'une longueur de 1^{m},70, monté sur un axe en fer B. Le rouleau de la lainerie sur lequel se trouve le drap à essorer est apporté directement devant la machine, et disposé parallèlement au cylindre A sur des supports convenables; on détache ensuite l'extrémité libre de l'étoffe du cylindre A, suivant sa génératrice, et l'on met celui-ci en mouvement soit à la main, soit au moyen d'une poulie spéciale qui lui imprime une vitesse modérée, pour produire l'enroulement sur l'appareil, en couches concentriques. Le tissu est ensuite enveloppé d'une toile fixée par des courroies. Le cylindre essoreur ainsi chargé reçoit le mouvement de la poulie de friction C montée à coulisse sur l'arbre B, et guidée sur ce dernier par la vis d'appel E et un volant-manivelle F (fig. 2), de façon à cheminer dans un plan parallèle au plateau D, qui transmet au cylindre A une vitesse variable, suivant les points de sa surface en contact avec C. Le plateau D, claveté sur l'arbre de commande O, reçoit par l'intermédiaire de la poulie fixe L une vitesse de 220 tours par minute. Cette vitesse, transmise au disque C, dont le diamètre est de 35 centimètres, s'accélère à mesure que celui-ci s'éloigne du centre de D, jusqu'au point extrême de sa course, où, parcourant sur le plateau une circonférence dont le diamètre = 80 centimètres, le nombre de tours de l'arbre B s'élève à 500 par minute, ce qui donne 1256 mètres pour la vitesse maxima du cylindre essoreur, à la circonférence.

Lorsque l'essorage est jugé suffisant, la vitesse obtenue est modifiée en sens inverse, en ramenant la poulie de friction C vers le centre du plateau D. Un frein disposé en H sur l'arbre B sert à effectuer le ralentissement de la machine, lorsqu'elle a été préalablement débrayée; puis l'étoffe est déroulée et pliée à la main, comme de coutume, à l'issue du lainage. Une fois le drap ainsi essoré, il contient encore une notable quantité d'humidité, presque égale à son propre poids, puisqu'une pièce de nouveauté sèche, d'un poids de 26 à 28 kilogrammes, pèse de 55 à 58 kil. au moment de la mettre à la rame.

§ 1. — Appareils à ramer.

Les figures 2 et 3 (pl. LI) donnent l'élévation, la vue de côté et une section horizontale du mode adopté depuis un temps immémorial.

L'appareil est formé d'un cadre rectangulaire en bois AA, BB, d'une longueur et d'une largeur suffisantes pour recevoir les draps des plus grandes dimensions. Toutes les pièces de ce système, excepté celle inférieure, sont fixes. Cette dernière est formée, sur toute sa longueur, de traverses assemblées à articulations, et passe dans une rainure des montants verticaux A de devant, comme l'indique la figure 3. Cette pièce A est arrêtée par des boulons qui traversent des trous pratiqués dans la rainure à différentes places et dans un trou correspondant de la traverse, afin de pouvoir faire varier la hauteur. Cette variation peut avoir lieu de la même quantité sur toute la longueur ou sur une portion seulement, suivant qu'on fixe ou non toutes les parties à articulations à la même distance du sol. Pour maintenir l'étoffe, les pièces supérieures et inférieures, ainsi que le premier montant vertical A, sont garnies de petits crochets pointus *h*, ou *havets*. On commence l'accrochage à une extrémité au montant, puis on développe le tissu sur toute sa longueur jusqu'à l'autre, fixée à une espèce de treuil ou cylindre vertical, que l'on fait tourner pour déterminer la tension; celle-ci effectuée, on accroche les lisières aux havets du haut et du bas du cadre de la rame, puis, au moyen de boulons, on fait baisser convenablement les parties du bas pour tendre en largeur d'une quantité suffisante. L'action ne doit jamais dépasser une certaine limite, parce qu'alors on ferait perdre au drap en solidité ce que l'on gagnerait en dimensions. Aussi les anciens règlements sur la draperie défendaient-ils très-sévèrement d'étirer au delà d'une certaine longueur déterminée.

Rame chaude. — Comme il faut pouvoir ramer les tissus en toutes saisons, il est nécessaire d'avoir des rames disposées dans des séchoirs chauffés. On se borne quelquefois à monter dans ceux-ci l'appareil que nous venons de décrire; mais en général, on adopte des dispositions plus convenablement établies d'une manœuvre plus facile, et de manière à pouvoir opérer la tension en largeur ou *mise en laize* en une seule fois, au moyen d'un mécanisme placé à une extrémité de la rame. Nous donnons, figures 5, 6 et 7, les différentes vues d'une rame chauffée à la vapeur, que nous avons fait construire dans un des premiers établissements de Normandie, et qui fonctionne depuis une vingtaine d'années. La première est une vue sur la longueur, la seconde une section verticale, et la troisième une vue horizontale prise au-dessus du tuyau T. On peut ramer deux pièces à la fois; on en accroche une sur chacun des cadres en bois A, qui viennent se réunir à une seule traverse horizontale; au-dessous de cette pièce d'assemblage fixe s'en trouve une B, qui porte des crochets de chaque côté pour attacher une des lisières; l'autre est accrochée à une traverse semblable disposée en *c*, au bas de la rame. Celle-ci est fixe; celle supérieure B est mobile. Elle peut s'écarter parallèlement d'une quantité plus ou moins grande de la première, pour produire une tension proportionnelle. Ce mouvement s'effectue verticalement sur les étriers en fer *g*, servant de guides; il est déterminé par celui des chaînes *e*, attachées d'un côté à la pièce B, et de l'autre à un arbre horizontal *a*, disposé au haut de la machine, parallèlement à la traverse. Cet axe passe dans des coulisses, et l'une de ses extrémités *v*, filetée, traverse un écrou qui forme le moyeu de la roue à engrenage 3, communiquant avec une autre intermédiaire 2, faisant agir un pignon 1, dont l'axe porte la manivelle M. Si l'on suppose le drap accroché comme sur la rame précédente et tendu d'une manière analogue sur sa longueur, il suffira de tourner la manivelle que nous venons de désigner pour opérer la tension sur la largeur. En effet, la manivelle, en imprimant de proche en proche le mouvement à la roue 3, fera tourner et avancer la vis dans son axe, et par suite les chaînes *e*, disposées d'une manière semblable de distance en distance; ces dernières ne peuvent avancer sur la poulie *p* sans faire monter la traverse B. Le mouvement inverse aura lieu lorsqu'on voudra détacher le drap en le décrochant. Pour éviter aux ouvriers les inconvénients de la température élevée du séchoir, ce mécanisme se trouve au dehors, à l'entrée, près de la porte de l'atelier.

Entre les deux montants, on a disposé, sur un support *s*, le tuyau de vapeur T, destiné à sécher l'étoffe.

Avec un séchoir semblable, chauffé à une température d'environ 60 à 65 degrés centigrades, et une ventilation convenablement établie, on peut ramer et sécher deux draps, placés en même temps sur une rame, dans une heure environ, si l'on extrait préalablement l'eau du tissu, aussi parfaitement que possible, avec un hydro-extracteur à force centrifuge. Si, au contraire, on soumet les draps seulement égouttés au séchoir, il faut près de trois heures pour une opération.

§ 2. — Machine à ramer de M. Whiteley.

On emploie en Angleterre et en Belgique, depuis près de dix ans, une machine à ramer, dont la propagation n'a pas eu lieu aussi rapidement en France, où d'autres systèmes moins encombrants et moins dispendieux ont été réalisés depuis. La machine anglaise de l'invention de M. Whiteley ne peut cependant être passée sous silence, à cause des services qu'elle a rendus et rend encore. Cette machine est représentée, pl. LII. La figure 1 en donne une élévation longitudinale de profil; la figure 2, une vue verticale de face; les figures 6 à 11 sont des détails relatifs à l'accrochage et au mode de tension de l'étoffe.

Le bâti rectangulaire en fonte AA, BB, de la machine occupe une longueur de 10 mètres sur 1m,50 environ. Les pièces B, B sont des traverses boulonnées aux montants verticaux A, A. La figure 3 donne la disposition détaillée de ces barres B. Elles sont supportées par les tringles filtées C, de façon à pouvoir opérer le rapprochement et l'écartement de rails creux D, placés de chaque côté dans la direction des lisières et par conséquent perpendiculairement au sens des traverses B. La figure 4 donne une perspective de ce rail D. L'oreille en saillie H porte le trou traversé par l'extrémité du boulon à vis C. Cette disposition étant symétrique, c'est-à-dire la même de chaque côté, il suffit d'agir sur les écrous de la vis assemblés à la barre B, pour écarter ou rapprocher les deux parties dont cette barre est formée. Ce mouvement est imprimé au moyen d'une manivelle fixée sur le carré I de l'une des extrémités de la vis C, et comme les rails D, D sont supportés par les barres F, l'élargissement ou la tension du tissu sera la conséquence de l'action sur la manivelle. L'étoffe est accrochée par des picots ou *havets* fixés longitudinalement sur une chaîne sans fin à anneaux articulés dont on voit un fragment en détail, figures 6 et 7. Les figures 5, 8 et 9 donnent d'autres dispositions, qui pourraient également être appliquées au fixage du drap pour remplacer les havets du système 6 et 7.

Les chaînes sans fin sont adaptées à deux séries de rouleaux K (fig. 2), disposés aux deux extrémités de la machine. Le mouvement de ces rouleaux détermine par conséquent celui des chaînes et de l'étoffe séchée qu'ils supportent. Les figures 10 et 11 montrent l'assemblage de ces rouleaux avec les rails creux D par l'encoche K′ sur la saillie K″. L'axe de ces rouleaux est une barre rectangulaire L (fig. 11), portant les disques M M, N N′, assemblés sur des portées L′, et n'ont d'autre but que de servir de supports intermédiaires aux chaînes sans fin, ou de points d'appui afin de mieux assurer la régularité de leur mouvement. Les disques M, M sont destinés à l'extrémité de la largeur de la barre L et des lisières, et les disques N, N′ sont les supports ou points d'attache des courroies O, qui passent sur les rouleaux K. Sur l'une des extrémités de chacun des axes de ces rouleaux conducteurs, est calée une roue P P engrenant avec une roue Q. Le mouvement de tous les rouleaux a par conséquent lieu simultanément. Le point de départ de ce mouvement vient de la transmission de l'arbre longitudinal R, qui reçoit l'action par les deux roues cônes U, T, commandées elles-mêmes par les roues intermédiaires Y, Z placées sur l'arbre moteur V de la poulie, dont les coussinets *w*, *w* sont fixés sur les montants A du bâti. L'extrémité de l'arbre opposée à celle dont il vient d'être question porte également une roue conique T', engrenant avec une roue U', destinée à faire tourner les rouleaux K de l'autre extrémité de la machine, par l'entremise d'une série de roues droites, identique et disposée identiquement à celle de l'autre bout.

Une troisième paire de roues d'angle *a* et *b*, placée sur l'extrémité de l'arbre longitudinal R, imprime le mouvement de rotation à l'arbre vertical *e*, soutenu par les coussinets et crapaudine *d*, *d*. Cet arbre porte à ses deux extrémités, au haut et au bas, une paire de roues d'angle *f*, *i* : celle du haut imprime le mouvement à un rouleau *h*, et celle du bas un mouvement semblable à un rouleau *i*. Chacun de ces cylindres en commande un second correspondant *m* et *j*, au moyen des courroies *u* et *k k*. Le drap est engagé par le rouleau supérieur *h*, et dégagé des chaînes sans fin par l'inférieur *j*. On voit en *l*, *l* deux rouleaux embarreurs de tension pour mettre l'étoffe en longueur. Une fois tendue, elle passe sous l'action d'une brosse circulaire, mise en mouvement par la courroie *u*, venant du rouleau *h*. Le levier à main *o* est destiné à régler la largeur du tissu par l'intervalle à établir entre les chaînes. On remarque que, pour mettre les ouvriers à l'abri des accidents, toutes les transmissions de la partie où ils travaillent sont renfermées dans une caisse fermée en haut et en bas par des planchers et des cloisons.

L'ouvrier chargé de la besogne se place en *r*, et le tissu à ramer est disposé en *s*, d'où il passe devant l'opérateur, qui l'accroche aux lisières sur les picots des chaînes sans fin; en passant, les pointes sont pressées et fixées dans le drap par le galet *t*.

La machine mise en mouvement, les chaînes et le tissu cheminent lentement dans la direction indiquée par les flèches au-dessus des rouleaux K et le long des rails creux D, en allant et en revenant en zigzag, de la partie supérieure à la partie inférieure de l'appareil. La légère inclinaison qu'on remarque dans la direction du mouvement de la figure 1 a pour but de faciliter la marche de la pièce. Arrivée entre les deux rouleaux *j*, *j*, elle se trouve décrochée par leur action et tombe en *u*, pendant que la chaîne sans fin continue son mouvement verticalement, pour retourner au rouleau *h*. L'ouvrier recommence alors une opération.

Le système est indépendant du mode de chauffage : on peut y employer indistinctement l'air chaud ou la vapeur, ou les deux modes ensemble. La plupart des rames de ce genre sont servies par des tuyaux de vapeur disposés transversalement entre les rouleaux, et sèchent par conséquent par le rayonnement direct des surfaces de chauffe sur le tissu.

L'appareil à ramer que nous venons de décrire ne s'est pas beaucoup propagé en France, à cause de son prix élevé et de l'emplacement considérable qu'il réclame ; on a songé à des moyens aussi efficaces et ne présentant pas les mêmes inconvénients. Nous avions nous-même fait exécuter, il y a vingt-cinq ans, une machine circulaire continue ; mais alors le besoin d'un séchage rapide n'était pas aussi urgent qu'il l'est devenu depuis. Les besoins nouveaux ont fait reprendre ces idées et simplifier les appareils que nous décrivons plus loin, après avoir décrit l'application suivante.

§ 3. — Système de rame continue de Whiteley appliqué au garnissage et au tondage.

M. Whiteley a songé à se servir du moyen de tension et du genre de mouvement qu'il a appliqués au drap pendant le séchage à la rame, pour le conduire de la même façon, soit sous la tondeuse, soit sous l'action d'un cylindre chardonneur. Quoique cette disposition ne paraisse pas avoir été adoptée par la pratique, qui n'y a sans doute pas trouvé un avantage suffisant pour changer d'errements dans cette direction, nous croyons néanmoins devoir donner une idée de la disposition imaginée par M. Whiteley.

La planche LIII donne les diverses vues et détails de la machine.

La figure 1 est une élévation d'un côté de la machine, montrant la chaîne sans fin et le système de rails décrits dans la machine à ramer. La figure 2 est une élévation verticale du côté opposé de la précédente. La figure 3 est une élévation vue de bout. La figure 4 est un détail en coupe de l'organe laineur et de sa position sur le tissu. Les figures 5 à 10 sont des détails des transmissions et des modes d'attache expliqués plus loin. Les mêmes lettres indiquent les mêmes objets dans les différentes figures.

AA indique le bâti en fonte ou en bois, à volonté.

B, B sont des rails d'une construction identique à celle précédemment décrite pour la machine à ramer du même auteur.

C, C, chaînes sans fin, guidées dans l'intérieur des rails creux B, B.

D, D′, tambours ou rouleaux sur lesquels passent les chaînes.

O, O sont des leviers à main, pour agir sur le centre P des

tambours D, D′, pour les rapprocher ou les éloigner entre eux et régler ainsi la tension.

Q, Q sont des écrous de réglage agissant transversalement par des vis sur les rails creux pour mettre en largeur.

R, R′, R″ sont les cylindres garnis de cardes ou de chardons. Les deux rouleaux R et R″ tournent dans le même sens, et en sens opposé à celui du milieu R′.

S, S, traverses d'ajustage et points d'appui des cylindres précédents.

X, X′, X″ sont des brosses circulaires destinées à enlever la bourre des cylindres sur lesquels elles sont placées.

Z, Z (fig. 4) sont des points d'appui placés sous chaque organe R, R′, R″; ils sont fixés de façon à pouvoir être réglés verticalement dans le bâti, pour servir de table et de tension au drap représenté par la ligne ponctuée *x*, qui est guidé par le petit rouleau *i*. Le réglage des pièces *z*, *z* a lieu par les pignons et crémaillère *a* et *b*, disposés à cet effet (voir fig. 1 et 2). Le levier à contre-poids fixé à chacun de ces pignons *a* a pour but de maintenir le contact des tissus contre l'organe chardonneur correspondant.

Le drap est engagé, comme à l'ordinaire, suivant la ligne ponctuée, dans la direction de la flèche; il vient se placer sur la table *d*, pour se rendre sous les cylindres R, R′, R″, et revient autour du tambour D′ et du petit rouleau *f*, s'engager entre les deux cylindres délivreurs *g*, d'où il est disposé en plis sur le plancher.

La figure 5 est une portion du plan horizontal donnant les éléments mécaniques de la disposition des chaînes, des rails, etc., sur une plus grande échelle. La figure 6 est une coupe verticale en travers de la même partie. Les figures 7, 8 et 9 sont des détails des rails creux, et la figure 10, une portion longitudinale de la chaîne sans fin, sur lesquels il a été suffisamment insisté dans la description de la rame du même constructeur.

Transmissions de mouvement. — L'un des tambours principaux D' de la chaîne sans fin est mis en mouvement par la poulie motrice F placée sur l'arbre E ; de celui-ci part le mouvement de l'arbre I, par l'intermédiaire de la poulie G, dont une courroie vient donner le mouvement à la poulie J. Un pignon K, placé sur cet arbre, engrène avec la roue L, dont le pignon M de l'arbre commande la roue N, calée sur l'extrémité de l'arbre du tambour D'.

Le mouvement des deux rouleaux extrêmes R et R", tournant dans le même sens, leur est donné par la courroie T, et celui du rouleau R, en sens opposé, par la courroie croisée U.

Les brosses X, X', X" reçoivent leur action par les courroies Y, Y des poulies W, W ; elles-mêmes sont entraînées par les bandes venant de la grande poulie V, calée sur l'arbre moteur E. Le drap, après avoir passé sur les tambours D et D', est entraîné par le cylindre de tension *f*, d'où il est dirigé entre les galets *g* commandés par la bande croisée *h*, qui part d'une poulie placée sur l'arbre principal E, ou encore par des roues d'engrenage *h'*, indiquées par des circonférences ponctuées.

§ 4. — Rame continue sous la forme d'une toile sans fin.

L'appareil de M. Pasquier, de Reims, déjà mentionné pour le séchage des laines, et représenté figure 1, planche LI, sert également à ramer les draps au moyen d'une légère addition. Il suffit à cet effet d'enlever la toile sans fin *a*, *a*, sur laquelle la laine à sécher est étendue, et d'y substituer des chaînes de Galle, munies de crochets. Ces chaînes sont manœuvrées par des écrous mus par des vis horizontales placées de distance en distance, perpendiculairement à la direction des chaînes *j*, *j*. Il suffit de faire mouvoir ces vis dans un sens ou dans l'autre pour rapprocher ou écarter les chaînes, et par conséquent pour mettre en laize ou étendre le tissu sur la longueur. Toutes les vis du système communiquent par des pignons coniques à un même arbre longitudinal, terminé par une poignée pour opérer simultanément sur toutes les vis. Quant à la tension en longueur, elle est effectuée, comme dans la machine anglaise, par une combinaison de rouleaux tendeurs *o* placés à l'entrée. L'étoffe, après avoir fait tout le tour de l'appareil avec une vitesse en rapport avec la difficulté du séchage, est détachée par les cylindres *f*, puis disposée en plis par un plieur ordinaire *p*. Nous n'avons pas à revenir sur les modes de chauffage et de ventilation, décrits lorsqu'il a été question du séchage de la laine.

Il est évident qu'un tissu réclame d'autant plus de temps pour le séchage qu'il est plus épais. On pourrait arriver à une durée uniforme de l'opération en élevant proportionnellement la température, mais ce serait un moyen vicieux; il est préférable de maintenir une chaleur constante et modérée dans le séchoir et de donner à l'étoffe une différence de vitesse en raison inverse de son épaisseur et de la difficulté du séchage. Il suffit à cet effet de disposer sur l'arbre de commande une poulie à plusieurs gorges de diamètres différents, ou un cône gradué, et de changer la courroie en conséquence des vitesses à obtenir. On peut en général classer en trois catégories les tissus à sécher : la draperie épaisse pour la saison d'hiver; les lainages de printemps et pour dames; enfin, les articles légers et mélangés pour robes. La longueur de la *rameuse* est invariable; elle a ordinairement 12 mètres. Pour les tissus les plus épais, elle développe en moyenne 1^{m},80 à la minute; pour le lainage du printemps, 2^{m},75, et pour les étoffes tout à fait légères, environ 8 mètres dans le même temps. Le séchoir est généralement chauffé par de la vapeur à trois atmosphères; la température maxima de l'air intérieur ne dépasse pas 50 degrés, et celle du tissu reste à environ 25 degrés. Les quantités ramées sont, en douze heures, pour la première catégorie, la plus épaisse, de 1 000 à 1 200 mètres; pour la seconde, de 1 800 à 2 000 mètres, et de 5 à 6 000 mètres dans le même temps pour les articles très-légers.

Dans les diverses dispositions de rames que nous venons de décrire, les deux surfaces du drap restent exposées à l'air chaud; les lisières seules sont fixées sur des rebords plus ou moins évidés. M. Tulpin aîné, constructeur à Rouen, a eu dernièrement l'idée de construire une rameuse où l'étoffe peut s'appliquer par une de ses surfaces sur un appareil chauffé; c'est nécessairement l'envers du tissu qui est en contact avec la partie métallique chauffée. Le calorique est par conséquent utilisé directement. Ayant vu fonctionner cette machine avec succès dans l'établissement de MM. Simon et fils aîné, à Elbeuf, où la première a été employée, il est intéressant que nous la fassions connaître.

§ 5. — Rame Tulpin.

Cet appareil à ramer permet de sécher les étoffes par rayonnement ou par contact. Hâtons-nous de dire que le contact redouté tout d'abord par l'industrie pour les étoffes de laine est appliqué sans inconvénient et n'offre pas plus de danger pour les nuances que pour l'apprêt du tissu. On a injustement comparé le séchage par contact de la rame Tulpin au repassage du linge, attendu que l'étoffe pose sur la surface métallique sans pression, et les tissus à haute laine ne sont nullement froissés. L'humidité de l'étoffe la garantit d'ailleurs en interposant entre elle et le métal une couche de vapeur humide.

La description de la machine fera d'elle-même ressortir les avantages de la rame Tulpin, dont le premier consiste dans un emplacement relativement restreint : elle peut être installée dans un atelier de 7 mètres de longueur sur 2^m,50 de largeur et 4^m,50 de hauteur. L'appareil consiste, comme on le voit dans la planche LIV (fig. 1, 2 et 3), dans un tambour de 4 mètres de diamètre, formé de douze segments creux en tôle D, D, D... et porté sur un bâti en fonte A, A', A". Chacun des segments reçoit la vapeur destinée au chauffage du tambour par un des tuyaux de cuivre E, E, en communication par un joint métallique e" avec la partie gauche de l'axe creux c du tambour, cet axe étant séparé en deux compartiments égaux par une cloison métallique (fig. 2). La partie droite reçoit l'eau de condensation des segments amenés par un des tuyaux E, E', E" en cuivre, comme les prises de vapeur, et fixés comme celles-ci au moyen de joints métalliques. Tous ces tuyaux sont ployés en forme de S (fig. 1), afin de supporter facilement les effets de la dilatation.

L'axe tourne autour des presses à étoupes, ou stuffing-boxes, qui laissent arriver la vapeur à droite et échapper l'eau de condensation à gauche par les orifices c, c' (fig. 2). Les segments, formés de deux plaques parallèles rivées entre elles, exigent, comme on le voit par l'écartement indiqué dans la coupe (fig. 2), très-peu de vapeur, qui se trouve renouvelée dans le mouvement du tambour, et d'autant plus vite que celui-ci fait plus de tours, c'est-à-dire sèche plus d'étoffe, et par suite condense davantage.

Le tambour porte sur le cercle extérieur deux séries doubles de picots, dont l'une est fixée à demeure sur les segments mêmes en L (fig. 3), dont l'autre, fixée sur une bande de tôle L' (même figure) peut glisser parallèlement à la première, c'est-à-dire s'en approcher ou s'en éloigner suivant la laize exigée, au moyen des mouvements articulés d'un ensemble de leviers I, I (fig. 2 et 3), que le constructeur compare aux baleines d'un vaste parapluie. Ces leviers, réunis autour de l'axe du tambour sur une glissière, dont on voit la coupe en H (fig. 2), sont appelés par une vis J commandée par la roue j et la vis sans fin K (même fig. 2), menées elles-mêmes par le volant K''' et l'arbre K (fig. 3). Le volant K''' commande en même temps, par l'intermédiaire des pignons R', R'', le cadre P P (fig. 3), qui porte les chaînes sans fin garnies de picots destinées à amener le tissu graduellement à sa laize avant son passage sur le tambour. La figure 7 indique le détail des picots, dont la position en 1 et 2 permet de sécher à volonté par contact ou par rayonnement.

Les figures 4 et 5 donnent des détails de l'appareil de mise en laize faciles à saisir à l'inspection des dessins.

Un homme et un enfant suffisent à la conduite du travail, qui n'offre pas le grave inconvénient de développer dans l'atelier une température fatigante, comme cela a lieu avec les autres machines à ramer ; car le tambour est enveloppé d'une chemise en planches jointes exactement et peu distantes des segments. La lisière de l'étoffe, piquée à la main de chaque côté de l'appareil de mise en laize par l'ouvrier et son aide, est enfoncée sur les picots de la chaîne par les petites brosses s'', s''' (fig. 1, 3 et 6); elle est entraînée par cette chaîne jusqu'aux points de tangence déterminés par les petites brosses s, s (fig. 1 et 3) qui l'appliquent sur les picots du tambour. Celui-ci, dans son mouvement, entraîne à son tour le tissu soumis à l'action de la brosse T, si le brossage est nécessaire à l'apprêt. Les trois ventilateurs semblables M, M', M'' dégagent la buée qui se forme à la surface de l'étoffe, et la chassent dans une cheminée d'appel. Le tissu, après avoir fait un tour à peu près complet, quitte le tambour ou rouleau v (fig. 1), qui le guide sous le rouleau V' d'où il s'enroule sur l'ensouple V''. S'il s'agit d'une étoffe qui ne doive supporter aucun frottement, on remplace le rouleau v et l'ensouple V'' par un organe à dents de carde, sur lequel passe l'envers de la pièce ramée, et d'où celle-ci tombe librement dans un plieur mécanique.

La commande est des plus simples : l'arbre g' (fig. 1 et 3) porte : 1° un cône commandé par un cône semblable, mais placé en sens contraire sur l'arbre de transmission, afin d'obtenir des vitesses variables; 2° un petit pignon derrière le cône, pignon caché dans les figures par le tambour à l'intérieur duquel il se trouve, et qui engrène avec une couronne dentée fixée sur le cercle intérieur des segments; 3° une poulie Y qui commande à la fois la chaîne sans fin et le plieur ou l'ensouple. Les ventilateurs sont commandés par un courroie spéciale (fig. 1) qui passe sur la poulie M. L'arbre du ventilateur M porte, à l'extrémité opposée à la poulie, une seconde poulie qui commande M'. Celle-ci transmet à son tour le mouvement au ventilateur inférieur.

Durée de l'opération et dépense. — La machine dont nous venons de parler et dont nous avons pu constater les résultats est chauffée avec de la vapeur à une pression de deux atmosphères. La quantité séchée en articles épais d'hiver est de 1 mètre à la minute ou de 60 à l'heure, et de 120 mètres en articles de printemps. Elle n'est pas appliquée là à des produits très-légers, mais à des articles de couleurs d'un poids intermédiaire. Nous avons déjà vu que pour le blanc la durée du séchage est généralement plus grande; cependant, dans le système par contact, la différence n'est pas aussi sensible que dans les séchages à l'air libre. Quant à la quantité d'humidité contenue dans les lainages, elle est à peu près constante pour les mêmes produits en les mettant à la rame, étant essorés tous au préalable à l'hydro-extracteur. Cette quantité varie entre 45 à 52 d'eau pour 100 de poids du tissu humide. Des pièces de 116 kilogrammes au moment d'être fixées sur l'appareil pesaient 56 kilogrammes après le séchage à la rame; le poids d'autres était de 104 avant et de 52 après. On peut donc admettre une moyenne assez exacte de 50 pour 100.

Poids de l'eau à évaporer en douze heures. — Pour le cas dont il vient d'être question, la quantité de tissu épais étant 60 mètres à l'heure et 720 mètres par jour, dont le poids mouillé, après essorage, représente en moyenne 700 kilogrammes, les

50 pour 100 d'eau à évaporer donneront 350 kilogrammes. Le combustible dépensé pour débarrasser complétement le tissu de cette quantité d'eau est très-variable, suivant les dispositions plus ou moins rationnelles du séchoir; pour ceux également bien installés, la dépense est moindre pour un travail continu de nuit qui utilise la température à laquelle se trouve le séchoir à la fin de la journée, que si on laissait refroidir la chambre en ramant pendant le jour seulement. Dans la plupart des cas aussi, les espaces vides de la pièce où se trouve la rame sont utilisés pour sécher de la laine en filaments, et souvent, au lieu de faire arriver directement de l'air du dehors, toujours à une température assez basse ou chargé d'humidité, lorsqu'on est obligé d'avoir recours au séchage à l'intérieur, on alimente le séchoir avec de l'air chaud provenant des salles voisines; la température des ateliers de l'encollage, de la chambre des générateurs, etc., est souvent mise à profit à cet effet.

Quoi qu'il en soit, il résulte de nos observations directes et des nombreux documents à notre disposition que le maximum d'effet utile obtenu dans les séchoirs est de 5 kilogrammes d'eau évaporés pour 1 kilogramme de houille consommé. A cette dépense, il faut ajouter celle de la main-d'œuvre et des frais généraux. Nous donnons ici ces frais tels que nous les avons pu constater par le fonctionnement de la rame Tulpin qui vient d'être décrite.

La consommation moyenne en combustible pour le service de l'appareil était de 22 kilogrammes à l'heure, et par conséquent de 264 kilogrammes en douze heures.

Les 264 kilogrammes à 26 fr. le 100, prix de revient à Elbeuf..	6f,75
Service de la machine, 2 hommes à 2f,50..........................	5 ,00
Intérêt et dépréciation de la machine à 10 pour 100 sur 5,000 fr..	1 ,65
	13f,40

Cette dépense pour 720 mètres ou 12 pièces de 60 mètres,

articles d'hiver, ou 18 draps de 80 mètres, articles d'été, représente :

Pour le séchage d'un drap d'hiver. . . . . 1 fr. 11
Pour le séchage d'un drap d'été. 0 74

Ce sont là des chiffres qui ne sont pas invariables, mais dont l'exactitude est certaine. Nous devons faire remarquer, par exemple, que nos expériences ont porté sur l'emploi de la vapeur à 2 atmosphères, et qu'elle a sans inconvénient une pression de 3 atmosphères 1/2 dans la plupart des cas. La durée du séchage étant alors diminuée sans augmentation de dépenses pour la main-d'œuvre et les frais généraux, le prix de revient s'abaisse par conséquent encore.

Ces prix sont, bien entendu, ceux du fabricant lorqu'il rame chez lui ; ils sont nécessairement plus élevés dans les établissements publics qui sèchent à façon ; ces derniers cours varient de 2 francs à 2 fr. 80 la pièce. Cet écart considérable entre les prix directs et ceux du dehors s'explique par la nécessité pour l'industriel à façon de se couvrir des frais généraux perdus pendant les temps de chômage auxquels ces sortes d'établissements sont particulièrement exposés.

CHAPITRE XXVI.

DU BATTAGE DES ÉTOFFES DE LAINE, SOIT POUR FAIRE UN TISSU A POIL DEBOUT, SOIT COMME MOYEN D'APPRÊT.

Depuis une douzaine d'années que M. de Montagnac s'est fait breveter pour la production du velours de laine, en général désigné sous le nom de cet industriel, et obtenu par des modifications apportées aux apprêts et par l'introduction du battage comme opération fondamentale, il a été beaucoup parlé de cette pratique. De nombreuses contestations ont été soulevées sur le caractère de nouveauté de ce genre d'apprêts, et, comme toujours, les uns ont voulu nier l'originalité du moyen et ses conséquences avantageuses, d'autres ont cherché à lui donner une extension anormale et à revendiquer des résultats indépendants du battage. Consulté nous-même par la justice sur les points techniques soulevés par ces discussions, nous avons tout d'abord reproduit la théorie du procédé, telle que nous l'avons établie depuis plusieurs années dans notre enseignement du Conservatoire.

En principe, disions-nous, l'apprêt nouveau a pour but d'ajouter aux moyens généraux employés pour apprêter les lainages foulés et drapés une action mécanique spéciale, *le battage*.

La période du travail à laquelle cette action doit avoir lieu et l'état de l'étoffe qui doit la subir ne sont pas sans influence sur la réussite : c'est après les opérations du foulage et du lainage et sur l'étoffe humide ou fraîche qu'elle doit être appliquée; c'est donc sur une étoffe de laine qui, après avoir été feutrée, a diminué plus ou moins de surface.

Pour certains articles, la diminution est de la moitié sur la largeur et d'un tiers à un huitième sur la longueur; c'est-à-dire qu'une pièce ordinaire de 76 mètres de nouveauté, sur 2^{m},20 de largeur moyenne avant le foulage, n'aura plus que 66 mètres sur 1^{m},36 à 1^{m},40 après.

Il s'ensuit que les fils, dans ce cas, se sont non-seulement rapprochés jusqu'au contact, mais mariés d'une façon si intime, qu'il y a eu forcément enchevêtrement des brins élémentaires qui les constituent, comme si on les avait feutrés directement, sans les avoir préalablement filés.

La surface réduite après le foulage est donc relativement bien plus riche en fibres laineuses qu'elle ne l'était avant.

Seulement, comme le choc ou la pression énergique exercée

a considérablement froissé et emmêlé les filaments dont les fils se composent, que ces filaments et fibrilles existent dans toutes les parties du tissu et plus encore dans celles qui sont cachées que dans la surface apparente, il est nécessaire de les faire apparaître, de les démêler, de les peigner en quelque sorte pour les ranger, afin par conséquent de transformer la surface rêche et informe en une surface convenablement garnie de filaments réguliers, de la draper, en un mot.

Le chardon naturel sert depuis un temps immémorial à cet effet, et afin que ses crochets fins et pointus n'endommagent pas le tissu, on a soin de mouiller ou d'humecter l'étoffe au préalable. L'on donne ainsi plus de flexibilité et plus de malléabilité aux brins de la laine.

C'est encore pour ménager la matière et arriver plus sûrement au résultat que l'opération ordinaire du garnissage a lieu progressivement, par un plus ou moins grand nombre d'opérations réitérées.

Lorsqu'on veut obtenir un certain genre d'étoffes à longs poils couchés, il suffit de presser l'étoffe pour la terminer.

Lorsque, au contraire, c'est un drap qu'il s'agit de produire, on tond la surface du duvet après chaque chardonnage ou lainage, de façon à obtenir une surface aussi unie que possible. C'est de la bonne combinaison entre les lainages et les tondages successifs que dépend en grande partie l'obtention de cette surface rase, et cependant assez garnie pour dissimuler complétement la tissure qui caractérise les étoffes de laine drapée. L'inclinaison dans un sens ou dans un autre, que l'on remarque dans ce genre de tissu, est déterminée d'abord par la direction imprimée aux crochets des chardons pendant leur action, et ensuite par l'influence des apprêts ultérieurs qui consistent dans l'effet de la vapeur et dans des pressions énergiques appliquées à chaud et à froid.

Pour obtenir une étoffe garnie par du poil debout ayant

l'apparence et le toucher du velours, le meilleur moyen, d'après les brevets Montagnac, consiste à faire subir l'action du battage en général, au moyen de baguettes flexibles et élastiques, à cette étoffe humide entre les opérations du lainage et du tondage. La manière fort simple de pratiquer ce battage a été suffisamment décrite dans les brevets pour que nous n'ayons pas à y revenir actuellement.

Précisons seulement les effets qui en résultent et qui consistent : 1° dans le développement des fibres et fibrilles de la laine cardée, qui deviennent droites et parallèles au moment du battage, de mêlées et enchevêtrées qu'elles sont à l'état naturel ; 2° dans le redressement des filaments normalement à la surface ; 3° enfin dans l'utilisation, au profit du duvet, d'une grande quantité de fibrilles ou filaments courts et fins incorporés au tissu par l'action du foulon, et que le garnissage ordinaire du chardon naturel n'aurait pu atteindre sans détériorer l'étoffe.

Théorie des apprêts par le battage.

Ces trois résultats sont obtenus en vertu de l'élasticité naturelle des fibres. Si elles étaient entièrement libres, elles se dénoueraient, se développeraient et se répandraient dans tous les sens sous l'action des chocs ou vibrations brusques. Fixées au tissu par l'une de leurs extrémités, elles se dévrillent, se redressent, se relèvent perpendiculairement au plan de la surface. Si l'opération est bien faite, aucune de ces fibres ne peut échapper à l'action. Celles du fond de l'étoffe les plus incorporées et cachées par l'entrelacement des fils et le foulage, sont atteintes aussi bien que celles demeurées apparentes à la surface.

De là, un garnissage en quelque sorte touffu, et un toucher qui, par sa douceur, rappelle celui du velours en général, comme la direction verticale du duvet lui en donne l'aspect. C'est donc à la propriété particulièrement élastique des fibres de la laine et de certaines autres matières qui peuvent être condensées et redressées mécaniquement par le choc ou la pression, sans être détériorées, que sont dus les caractères des tissus à filaments debout. L'intervention d'un certain degré d'humidité dans l'étoffe au moment de l'application de l'apprêt à poils droits a pour but d'augmenter la flexibilité et la faculté naturelle du glissement des fibres, de les isoler les unes des autres, de les faire flotter en quelque sorte, et de les soustraire aux chances de rupture.

L'opération pratiquée sur le tissu sec réussit mal : les filaments ne pouvant se dégager convenablement les uns des autres, l'effet se produit irrégulièrement et seulement à la surface, en laissant des traces sensibles des chocs. Si l'étoffe est trop mouillée, au contraire, la charge de l'eau contre-balance l'action de la force élastique des filaments, et s'oppose à leur redressement : le résultat est encore défectueux.

Enfin, si les filaments sont d'une grande finesse et d'une élasticité proportionnelle à leur ténuité, comme ceux du cachemire, par exemple, ils se redresseront sous l'action du choc et se vrilleront aussitôt spontanément, comme les poils de certaines fourrures naturelles, surtout si on leur fait subir une action rétractile assez brusque par le séchage.

Le jaillissement de l'eau, l'apparence du brouillard dont il est question dans les brevets, n'est que la conséquence de l'action mécanique qui extrait l'humidité des filaments. Ce fait est un effet accessoire et non une cause déterminante des résultats.

Une fois la surface garnie de filaments verticaux par les moyens qui viennent d'être exposés, l'étoffe, si elle ne doit être ratinée, c'est-à-dire avoir des filaments roulés, est plus ou moins tondue, comme à l'ordinaire; cette tonte peut être pratiquée sur le tissu humide ou sec, sans troubler l'apparence du poil droit, quoiqu'on insiste en général sur le séchage préalable à la tonte.

Il résulte des observations qui précèdent :

Que toute action mécanique qui mettra la force élastique des fibres en activité pour la faire réagir suffisamment pourra opérer leur redressement et former une surface à poils debout; le passage du tissu sur une règle angulaire douée d'un mouvement de rotation et tournant à l'envers de l'étoffe humide, déterminera un effet d'autant plus sensible à l'endroit, que la vitesse de l'appareil sera plus grande. L'action rapide des aiguilles d'un cylindre garni de ruban de carde dans la surface à apprêter, ou des cardes à main, l'agitation même de la pièce dans l'air, sont des moyens qui, sans être identiques au battage, peuvent, lorsqu'ils sont convenablement appliqués, donner des résultats analogues à ceux obtenus par cette action mécanique. Il y a cependant cette différence entre ce dernier moyen et les autres, que le battage bien fait réussit indistinctement dans tous les cas et pour tous les genres d'articles, tandis que ceux qui viennent d'être indiqués n'agissent pas toujours avec l'énergie voulue, et n'atteignent pas avec la même certitude et la même sécurité la partie contenant les filaments les plus resserrés de l'étoffe.

Les cylindres à aiguilles, par exemple, si propres à la préparation des surfaces non foulées, où la recherche du poil est facile, peuvent compromettre la solidité de la tissure, lorsqu'on les emploie à l'apprêt d'un article très-serré, dont les filaments ont été énergiquement condensés au foulage, ou si l'on n'agit pas progressivement, avec prudence et à plusieurs reprises.

Quelle que soit d'ailleurs la manière dont le redressement du poil a été obtenu, il sera permanent ou momentané, suivant l'état dans lequel le tissu a été tondu et séché.

Le duvet restera perpendiculaire à la direction de la chaîne, si on le laisse sécher une fois relevé; il sera, au contraire, plus ou moins incliné ou couché, suivant qu'il aura subi les opérations voulues à cet effet. La régularité de la direction du poil et son apparence plus ou moins identique à celle du velours dépendent du parallélisme parfait de tous les filaments de la surface. Des croisements ou enchevêtrements de brins déterminent, au contraire, un garnissage *brouillé*, offrant un velouté imparfait.

Cette imperfection peut résulter d'un apprêt mal fait, et surtout du caractère même de l'étoffe.

Si le tissu n'est pas suffisamment réduit au foulage pour fournir la quantité de filaments nécessaire à un garnissage touffu, ceux-ci se trouveront sensiblement espacés, ce qui leur permettra de s'infléchir par leur propre poids et de se diriger dans des sens divers.

Le moelleux, la douceur présentée au toucher par une étoffe apprêtée à poil debout est à son tour la conséquence du garnissage plus ou moins parfait ; plus la réduction ou la quantité de filaments sera grande par unité de surface, et plus le tissu sera velouté et doux au toucher.

Ce caractère est surtout inhérent aux articles intimement transformés par l'action mécanique du foulage, de manière à condenser considérablement les filaments qui composent les fils des entrelacements, au point de les rapprocher assez pour intercepter entièrement le passage de la lumière qu'ils laissaient pénétrer avant l'action du feutrage.

Si l'apprêt à poils droits est convenablement pratiqué, s'il atteint suffisamment la tissure, il ramènera progressivement à la surface tous les filaments du fond ou de la surface de la pièce. Il en résultera la douceur particulière et caractéristique d'un velours soyeux, très-garni en poil, produit par le nombre et surtout la qualité des filaments qui constituent le duvet. Ce duvet est en effet formé, dans ce cas, non-seulement des fibres ou brins de la surface du produit, mais aussi et surtout par la masse des fibrilles les plus fines de la laine, par celles qui sont les plus feutrables, qui se sont par conséquent feutrées les premières et se sont fixées dans les points les plus impénétrables à l'action ordinaire du lainage.

Le choc ou battage les atteint et les dégage au profit du garnissage formé alors par la matière la plus belle. Ce fait explique la supériorité de valeur et de qualité que les articles, même en laine commune, acquièrent par l'apprêt à poil debout.

Toutes les laines, malgré le triage pratique le plus soigné, sont composées de filaments de finesse et de qualité variables; les meilleurs, incorporés dans la tissure après le foulage, y resteraient si on ne les atteignait par un moyen spécial.

Considérée en elle-même, l'application du battage ou des moyens équivalents à l'apprêt des tissus peut produire des résultats divers, suivant la nature et la composition de l'étoffe. Ces moyens peuvent être tout à fait sans effet, presque nuls, ou produire un duvet vertical participant plus ou moins de l'apparence et du toucher du velours, suivant que l'apprêt sera appliqué sur des tissus dont les filaments seront sans élasticité sensible, comme ceux du chanvre et du lin, par exemple, ou doués d'élasticité sans propriété feutrante, comme ceux de la soie, ou enfin sur ceux qui réunissent la feutrabilité à l'élasticité, comme les laines en général et certains autres poils.

Caractères distinctifs d'un tissu foulé, lainé et apprêté à poil debout.

Un produit foulé, lainé et apprêté à poil debout, d'après les faits précédemment exposés, doit donc offrir les caractères suivants : un duvet régulier, touffu, homogène de la surface à la contexture intime de l'étoffe, de façon à ce qu'en la rasant ou tondant successivement et à plusieurs reprises, l'apparence du poil après chaque coupe reste la même, sans inclinaison ni différence au toucher, quelle que soit la direction dans laquelle on promène la main, que le duvet soit haut ou très-ras.

La tranche de la tissure doit être entièrement dissimulée par les filaments; ceux-ci doivent affecter une position normale à la surface et exactement parallèle entre eux, aussi rapprochés que possible. L'ensemble de leurs extrémités libres doit offrir un plan lisse, uni, ayant de l'analogie avec un semé de poudre extrêmement fine, homogène et plus ou moins brillante.

La douceur au toucher et les apparences du velours seront la conséquence de la réalisation de ces diverses conditions de l'apprêt à poil droit.

Les avantages principaux des étoffes qui réunissent les propriétés élastiques et feutrantes résident dans l'apparence nouvelle de ce genre de produit, dans leur légèreté relative et leur faible conductibilité de la chaleur. Lorsqu'elles sont à duvet long, destinées aux vêtements chauds, les propriétés de la matière ont été si rationnellement développées, qu'elles participent des qualités pour lesquelles les fourrures naturelles sont le plus recherchées. C'est donc principalement et essentiellement appliqué aux étoffes feutrées par le foulage, que l'apprêt à poil debout donne des caractères dont la réunion ne se rencontrait avant son emploi, au même degré, dans aucune espèce de lainage.

Remarquons en effet que ce même moyen du battage à frais, appliqué comme apprêt à une étoffe qui ne serait pas feutrée ou qui ne le serait que très-peu, serait sans intérêt, sans effet, et ne produirait pas de résultats nouveaux.

Il serait sans intérêt, car à quoi bon appliquer un moyen aussi énergique pour faire redresser des filaments qui ne sont pas incorporés dans la tissure, et que la moindre action atteint facilement?

Il serait sans effet, car il ne pourrait garnir plus complétement que ne le font les moyens généralement en usage.

Le battage ou les moyens mécaniques équivalents, appliqués

à une étoffe non feutrée, ne pourraient donc servir que comme travail d'épuration, pour extraire les impuretés des parties qui ne peuvent être atteintes autrement.

C'est dans ce but que le battage est appliqué aux velours et peluches de toute espèce, aux vêtements, aux meubles, et qu'il l'était même quelquefois à la draperie à certaines périodes des apprêts lorsque la pièce était mal épurée.

Machine à battre. — Le battage à frais des tissus de laine foulés étant usité aujourd'hui, non-seulement pour faire relever les poils pour former le duvet droit, mais encore comme un moyen pour faciliter un garnissage plus complet, et employé à cet effet à diverses périodes des apprêts, il est convenable d'indiquer comment il est appliqué. Sauf quelques exceptions, le battage a encore généralement lieu à la main. Le drap est placé sur un cylindre à l'extrémité d'un bâti ou cadre horizontal, sur lequel il vient se dérouler pour se fixer à un cylindre placé à l'autre extrémité du support. L'étoffe affecte par conséquent la position qu'elle a sur la tondeuse transversale. La pièce ainsi étalée, deux ouvriers viennent se placer un de chaque côté des lisières ; armés chacun de deux baguettes, ils frappent le drap dans le sens de la trame, aussi régulièrement que possible et d'une façon continue, de manière à superposer leurs coups d'une extrémité à l'autre de la partie tendue. Si le tissu n'est *ni trop sec ni trop humide*, si l'action a été pratiquée énergiquement et avec la régularité voulue, il résultera de cette opération la formation d'un duvet normal au plan de la pièce et d'une uniformité remarquable : c'est là le velours Montagnac. Il est à peine nécessaire d'ajouter que les parties s'enroulent et se déroulent successivement après le battage de chaque tablée.

On a imaginé des machines à battre pour remplacer le travail lent et plus ou moins régulier des hommes. Les divers appareils sont basés sur un modèle de ce genre qui existe dans les galeries du Conservatoire, et dont on se servait autrefois pour le battage des fibres ; cependant ni ce modèle, ni les machines existantes ne nous paraissent aussi parfaitement établis qu'une machine à baguetter ou à battre les peluches, construite par M. Martin, de Tarare, dans le bel établissement duquel nous l'avons vue fonctionner. Nous la donnons comme également et parfaitement applicable au battage des lainages. La machine est représentée planche LV. La figure 1 est une élévation verticale de côté, et la figure 2 un plan horizontal, vu par-dessus, de l'appareil. Il se compose d'un bâti A, B, C, D, en avant duquel est placée une caisse E contenant le tissu à battre. La pièce est dirigée tendue sur la partie supérieure ou table du bâti par les petits rouleaux de tension *r*, *r*, *r*, et déplissée en largeur par les cylindres élargisseurs R, R′, R″. Le dernier est placé sur l'arbre O, fixé en avant du bâti, avec des coussinets *c*, *c*. Le tissu T est conduit sur la machine par une toile sans fin qui passe autour de deux cylindres C, C, C′ C′, disposés chacun à l'une des extrémités du bâti. Du côté opposé à son entrée, l'étoffe se rend sur une ensouple L, où elle est enroulée ; on peut y substituer un appareil plieur comme aux laineries.

C'est dans sa marche régulière et continue de R en R′ que le tissu est battu par les baguettes *b*, *b*, *b*. Chacune d'elles est fixée à une touche *t*, manœuvrée successivement par l'un des quatre galets *g*, fixé à une came. Il y a par conséquent autant de cames que de baguettes. Elles sont placées symétriquement, en nombre égal, sur deux arbres de renvoi S, S′. C'est pour faciliter l'action et la combinaison mécanique qu'il y a deux arbres semblables l'un de chaque côté de la machine.

Le mouvement des cames et par conséquent des galets et de la baguette qui leur correspond est imprimé aux arbres longitudinaux S, S′, par les deux paires de roues d'angle 1, 2, 3 et 4, placées chacune à l'une des extrémités de l'arbre transversal *a*, qui reçoit lui-même son mouvement par la roue droite *b*, qui engrène avec la roue 5, de l'arbre principal X, des poulies motrices P, P'.

La roue 7, placée sur le même arbre X, est chargée du mouvement du rouleau L, par l'engrènement de la roue 8 disposée sur l'arbre *x* de cette ensouple. Ce même arbre *x* reçoit également un manchon d'embrayage et de débrayage *m*, manœuvré à la main par la fourchette *f*, lorsqu'on veut remplacer le rouleau L sans arrêter la machine.

i, *i*, sont des ressorts à boudins fixés aux touches des baguettes, pour les faire revenir à leur position initiale après chaque coup et assurer leur action. Il suffit donc de placer la courroie motrice sur la poulie fixe P, au moyen de la tringle *n*, après avoir passé l'étoffe, pour que les baguettes viennent la frapper avec une régularité parfaite.

Parties additionnelles. — Dans la machine à baguetter les peluches se trouvent, outre les baguettes à battre, des brosses dures circulaires en crin G, G, et des rouleaux F, F, F (fig. 2), recouverts en panne. Ces derniers surtout ne nous paraissent pas indispensables. Quant aux premiers, peut-être pourrait-on y substituer des cylindres releveurs garnis de chardon métallique, et activer ainsi l'action.

Ces cylindres sont commandés par une série de pignons cônes *k*, *k'*, placés sur l'arbre longitudinal S'.

L'inspection des figures suffit pour faire comprendre cette commande.

§ 4. — Frisage ou ratinage.

Le frisage ou ratinage a pour effet de rouler ou onduler les filaments qui constituent le duvet de la surface d'une étoffe de laine, pour lui donner une apparence boutonnée ou d'une moire opaque. C'est une opération qui paraît dériver de celle désignée autrefois sous le nom de *tuilage*.

Elle consistait dans le couchage du poil dans le sens voulu après la tonte et le brossage, au moyen d'une planche ou tuile dont l'une des surfaces était enduite d'un mastic de résine, de grès pilé et de limaille de fer tamisée, le tout mêlé et broyé de manière à prendre la consistance d'une pierre. Des ouvriers promenaient régulièrement d'un bout à l'autre du drap tendu, plus ou moins humecté, et avec une certaine pression, le côté de la tuile ainsi préparée, pour coucher uniformément le duvet. La vignette, pl. XLII, montre un homme pratiquant cette opération.

On eut bientôt l'idée, au lieu d'agir avec la tuile constamment en ligne droite, parallèlement aux lisières, d'opérer par un mouvement circulaire assez rapide; on en obtint l'effet particulier du ratinage qui devint à la mode, et comme l'opération à la main était lente et fatigante, on imagina une machine fort ingénieuse, qui consiste en une table fixe, sur laquelle passe, sous une certaine tension, le drap à friser à l'endroit. Sur cette table était assemblée la tuile, au-dessous d'une surface de pression. Les pièces inférieures, table et tuile, recevaient un mouvement oscillatoire excentrique au moyen d'un pivot courbé verticalement, placé dans une encoche assez spacieuse pour permettre la translation en question; le mouvement de ce pivot lui était imprimé par un arbre vertical dont il formait l'extrémité supérieure. Cette machine paraît avoir été construite en Hollande, pendant le dernier siècle, à une époque où la fabrication des lainages était très-prospère dans cette contrée. Les premières applications en France semblent en avoir été faites à la manufacture royale des Andelys. Quoi qu'il en soit, le principe du ratinage n'a pas été changé; on a seulement perfectionné la construction et les transmissions de la machine, conformément à la description suivante.

§ 8. — Ratineuse ou frieuse.

La figure 4 de la planche XLIII montre la ratineuse à un bout. Les figures 5 et 6 sont des détails.

La machine est également apte à la production de l'apprêt dit *frisé* et à celle de l'apprêt dit *ondulé*.

Une table creuse en fonte A, dressée à la raboteuse et fixée horizontalement sur une traverse également en fonte H, est recouverte d'une panne collée et maintenue solidement sur les côtés par des vis. Une table en bois B, garnie comme la première et souvent recouverte d'un drap uni, est boulonnée au cadre J, et suspendue dans un plan parallèle à A au moyen des chaînes verticales *c*. Ces chaînes permettent de varier la distance entre les faces internes de A et de B, suivant l'épaisseur de l'étoffe à ratiner, suivant la pression exercée par les vis ou chandelles en fer E, E′. Le levier L et le cliquet D suspendent la table mobile à 10 centimètres environ au-dessus de la table fixe, lorsque après avoir dévissé et enlevé E, E′, on veut, avant de commencer le travail, dresser le drap et régler le mouvement des excentriques *f*, destinés à guider la table supérieure.

L'arbre vertical G porte, en effet, à sa partie supérieure un renflement *r* terminé par une partie horizontale bien dressée. C'est sur cette plate-forme que glisse l'extrémité *f*, fixée dans une glissière *s* au moyen des vis *i*, *i*, à l'un des points de repère 0, 1, 2, 3 de l'échelle *e* gravée sur la plate-forme (voir détail fig. 5). Cette échelle a pour but de faciliter le règlement de l'excentricité qui, pour imprimer à la table mobile un mouvement régulier, doit être la même sur les deux arbres verticaux de cette machine.

Les excentriques *f* tournent dans des coussinets en bronze, placés au centre d'une pièce K, en fonte (fig. 4 et 6). Ces coussinets peuvent, à volonté, être fixés à demeure au moyen des boulons *b*, *b'* (fig. 6), et de la platine U maintenue par les petites vis *o*, *o'*, *o''*, *o'''*, ou glisser de droite à gauche et de gauche à droite dans la coulisse Y, les boulons *b*, *b'* étant écartés et la platine U desserrée. Que se passe-t-il dans l'un et l'autre cas? Dans le premier, lorsque les coussinets ne peuvent varier, ils impriment à la table, qui fait corps avec eux, une oscillation circulaire, et la laine est vrillée, frisée; dans le second, lorsqu'ils sont libres, ils n'éprouvent de résistance de la part de la table qu'en avant et en arrière, puisqu'ils peuvent glisser de gauche à droite et de droite à gauche, c'est-à-dire qu'ils n'impriment le mouvement à la table que d'arrière en avant et d'avant en arrière, l'étoffe est ondulée.

Le drap placé sous la machine en M est embarré sur le rouleau de bois N et sur le rouleau de carde P, dont la résistance est encore augmentée par le frein O, le levier R et le poids *p*; de là, l'étoffe passe entre les deux tables, l'envers contre A, et est appelée par le rouleau S garni de ruban de carde en sens contraire de celui de P. Un *babillard* T détache le drap de dessus le rouleau S et le laisse tomber en V. La tension à laquelle est soumis le tissu, et la pression exercée par les chandelles E, E',... au nombre de cinq, exigent une transmission de mouvement solidement établie; aussi voyons-nous dans la figure 4 que l'arbre vertical porte un pignon cône 1 en fonte, qui engrène avec une roue également en fonte 2, mais à denture de bois, clavetée sur l'arbre de travail. Le rouleau d'appel S porte du côté opposé un pignon commandé par l'arbre de travail. Ce pignon peut être changé, lorsqu'on a besoin d'activer ou de ralentir la vitesse du tissu. Enfin le babillard T est mis en mouvement soit par une corde, soit par une courroie étroite dont l'adhérence sur l'arbre de la machine suffit à l'entraîner.

La ratineuse, avec une vitesse de 112 tours par minute pour l'arbre de travail ou de 435 tours des arbres verticaux, exige, pour onduler ou friser une pièce de 35 mètres de longueur, 1 heure 15 minutes à 1 heure 45 minutes, suivant le pignon de rechange. En supposant le premier cas, nous trouvons, en effectuant les calculs des vitesses, que le drap parcourt $0^m,304$ en une minute, et comme les tables présentent une largeur de $0^m,350$, un point quelconque du drap met 69 secondes à parcourir cette largeur. Ce même point est soumis, en raison de la vitesse des arbres verticaux, à $435 \left(\frac{69}{60}\right) = 500$ oscillations. Et, comme ce point ne parcourt que $0^m,0007$ dans le temps d'une oscillation, et que l'excentricité normale a $0^m,0035$ de rayon, c'est-à-dire qu'il n'avance dans une oscillation que de 1/10 du diamètre de l'excentricité, le bouton de laine a tout le temps de se former et d'acquérir assez de ténacité pour résister dans la suite à un long usage. Cependant, un seul passage sur la ratineuse n'est jamais suffisant ; le drap doit y être traité au moins deux fois, souvent trois et même quatre fois, pour arriver au degré d'apprêt convenable, surtout si l'on veut obtenir un grain moelleux et, par conséquent, ne pas précipiter l'apprêt en serrant avec excès les tables l'une sur l'autre au moyen des chandelles.

Les effets produits par la ratineuse en frisé ou en ondulé peuvent, d'ailleurs, varier à l'infini, non-seulement avec le pignon de rechange, la pression des chandelles et l'écartement des tables, mais suivant l'apprêt antérieur, suivant le plus ou moins de hauteur et d'humidité de la laine, le garnissage plus ou moins bien réussi de la surface feutrée, le tissage plus ou moins serré, plus ou moins régulier, suivant surtout le montage de l'étoffe et l'élasticité des fibres qui constituent le produit.

CHAPITRE XXVII.

APPAREILS A LUSTRER, A DÉCATIR ET A PRESSER.

A diverses périodes des apprêts dont il a été question jusqu'ici, les lainages sont soumis, comme nous l'avons vu, à des opérations spéciales, ayant pour but de régulariser la direction du duvet et d'en développer le brillant, surtout lorsqu'il s'agit des draps lisses bien garnis. Les moyens auxquels on a recours depuis longtemps à cet effet consistent dans des pressions énergiques de l'étoffe repliée sur elle-même, avec des cartes polies interposées entre les plis. Pour que l'action soit plus efficace et donne un certain brillant, la pression a lieu avec l'intervention d'un certain degré de chaleur. Les éléments de cette opération sont par conséquent la pression, le contact des cartons lisses et la chaleur. La première est obtenue à l'aide de la presse hydraulique; elle couche le poil; la seconde, par l'interposition des cartes minces et laminées entre les plis de la pièce, lisse les filaments; et la chaleur, par le chauffage au rouge de plaques métalliques de la dimension des plis, ramollit la substance cornée, facilite et détermine l'action des deux premiers moyens. Ces plaques sont placées entre deux plateaux en bois, et ainsi disposées entre chaque pièce de tissu. Le nombre des pièces apprêtées à la fois est en raison de la hauteur entre les plateaux inférieurs qui reposent sur la tête du piston de la presse hydraulique, et son chapeau supérieur fixé à l'extrémité opposée des colonnes ou jumelles de la presse. Les plateaux métalliques sont chauffés tantôt directement dans un four des plus primitifs, tantôt à l'aide d'un courant de vapeur. Ils sont alors creux à l'intérieur, au lieu d'être massifs. La presse hydraulique étant bien connue, et le mode d'opérer pouvant être compris par l'indication précédente, nous nous dispensons de donner une figure représentant cette disposition, d'ailleurs analogue à celle du décatissage dont il va être question.

Décatissage. — Cette opération consiste dans l'exposition du tissu à l'action de la vapeur libre. Elle a pour but de fixer l'effet produit par la pression à chaud, et d'empêcher que l'humidité ou l'eau ne modifie les résultats obtenus par les traitements précédents.

Appareil à décatir. — La disposition généralement adoptée pour soumettre le tissu à l'action de la vapeur est celle représentée par les figures 8 et 9, pl. LI : la première est une élévation, et la seconde une vue horizontale de l'appareil qui est connu sous le nom de *table à décatir*. Il se compose en effet d'une table métallique creuse T, disposée à la partie inférieure sur un bâti A dont la surface est percée d'une infinité de petits trous. Cette table communique avec un tuyau *t* d'un générateur de vapeur, et avec d'autres *o* et *t'* servant à laisser échapper l'eau de condensation. De chaque côté est fixée une colonne L, L; une traverse B les réunit à la partie supérieure au milieu de la longueur de la table; un écrou est disposé pour livrer passage à la vis V, qu'on peut faire monter et descendre à volonté par le levier *l*. En descendant elle est reçue par un pivot en fer fixé dans une planche *b'* en bois qui presse uniformément le tissu E. Pour exposer l'étoffe à la vapeur, on la replie sur elle-même comme l'indique la figure 9, sans rien interposer entre les plis. Lorsqu'on en a monté ainsi une certaine hauteur, on la recouvre seulement d'une toile qui enveloppe la pile de toutes parts, et on pose la table en bois *b* par-dessus. On livre passage à la vapeur en ouvrant un robinet qui pénètre dans la table creuse et se dégage par les petits trous pour en imprégner le tissu, qu'on presse plus ou moins, en serrant la vis sur la table *b*. La pression que l'on exerce doit aller en augmentant avec chacune des expositions à la vapeur. Leur nombre est ordinairement de trois ou quatre. Si l'on commençait par une pression trop énergique, on exposerait le tissu à des marbrages s'il contenait encore quelques corps étrangers, car alors la vapeur les fixerait; ce sont ordinairement des traces de savon ou de graisse laissées par les opérations du foulage ou du dégraissage, et qui ressortent irrégulièrement à la surface lors des apprêts. En appliquant la vapeur sous une pression faible d'abord, il devient beaucoup plus facile de faire disparaître ce genre d'accidents, s'il s'en présente. Les premiers passages ont pour but d'atténuer le lustrage qui aurait un aspect plaqué métallique, de décatir, en un mot. Le dernier est destiné à rendre les apprêts persistants et imperméables à l'eau; c'est pour cette raison qu'on le nomme *apprêt indestructible*. L'action du fluide gazeux sur les filaments les ramollit, les rend plus flexibles, plus faciles à coucher, plus propres à former une surface lisse et brillante par le pressage, qui produit en quelque sorte sur les tissus de laine les effets d'un fer chaud sur les cheveux ou du repassage sur le linge en général.

Le décatissage à la table est intermittent, et l'appareil a l'inconvénient de laisser dégager dans la pièce la vapeur qui passe à travers la toile et qui peut avoir une action nuisible sur les personnes qui s'y trouvent exposées.

M. *Mouchard* d'Elbeuf a imaginé un appareil continu à décatir et à lustrer, dont l'usage commence à se répandre. Au lieu de replier le tissu en pile, on le dépose sur une table, comme on le voit en E (fig. 10, pl. LI), pour le déployer et le tendre entre des cylindres de tension *o*, *o*, de manière à ce qu'il enveloppe les surfaces du croissant creux D et du cylindre R. Ce croissant est un récipient de vapeur qui peut la transmettre, soit à l'étoffe, soit à un rouleau sécheur en cuivre L vu en détail figures 11 et 12, soit enfin à la cheminée *c*, *c*, à double enveloppe représentée en coupe figure 10. La vapeur arrive par le robinet du tuyau *i*, dans une enveloppe recourbée *b*, percée de petits trous, et au lieu de se répandre dans toute la pièce, comme cela arrive ordinairement, elle est appelée ici par la cheminée *c*, *c*, dont on peut augmenter le tirage en lâchant un jet de vapeur par le tuyau *m*. Un tube *l* la conduit du croissant à la double enveloppe du sécheur *l*. Les petits tubes *j* et *k* servent à l'écoulement de l'eau de condensation des différentes parties.

L'étoffe est entraînée de E en E', par le mouvement des rouleaux de tension *o*, *o* et du cylindre L, L. Ce dernier et deux autres sont commandés directement par des poulies indiquées par les lignes ponctuées (fig. 10). Ce système de décatissage est principalement appliqué aux articles légers. Pour les lainages épais, on se trouve mieux de l'emploi de la table à décatir dont il a été question précédemment. Le tissu est plus pénétré de vapeur par ce système que par celui de l'enroulage continu au contact du cylindre métallique.

§ 1. — Machine cylindrique à auge pour presser et décatir.

Nous avons vu fonctionner, dans l'important établissement de MM. Biolley, de Verviers, une élégante machine à apprêter à chaud, de l'invention de MM. Chemery et Letellier, de Sedan. Cet appareil, quoique peu répandu encore, est déjà ancien : les auteurs l'ont fait breveter en 1847.

Les figures 6, 7, 8 et 9, planche XLIV, donnent cette machine : la figure 6 est une coupe transversale par un plan vertical ; la figure 7, une élévation de côté ; la figure 8, une coupe verticale longitudinale ; la figure 9, un plan vu par-dessus. Le drap, enroulé sur le petit cylindre *n*, passant sur le rouleau conducteur *o*, vient présenter son endroit aux brosses *m*, garnies de soies ou de cardes ; de là, il reçoit un jet de vapeur et passe entre le presseur *b* et la table à auge *f*, où il reçoit une pression à chaud ; cette chaleur est obtenue par la vapeur introduite dans la chambre *g*; de plus, l'envers du drap, entraîné par le cylindre presseur, garni d'un feutre à cet effet, force l'endroit du drap à frotter sur la table polie *f*; par ce frottement les poils du drap se trouvent couchés et pressés en même temps.

Dans la presse hydraulique ou à vis, pour laquelle on emploie des cartons, cet effet n'est pas aussi sûr, les filaments se trouvent pressés dans la position qu'ils occupaient lors de leur entrée en presse.

Dans la presse à chaud, au moyen de plaques chauffées au feu, les plis du drap les plus voisins des plaques se trouvent naturellement exposés à une chaleur plus forte que les autres; de là une certaine irrégularité d'effet. Dans la machine à auge dont il s'agit, le drap paraît soumis à une chaleur uniforme dans toute sa longueur.

La table *f*, en forme d'auge, est la pièce principale de la machine; car, si la pression avait seulement lieu entre deux cylindres, l'effet du frottement de l'endroit du drap sur l'auge n'existant pas, les poils ne seraient plus forcés de se coucher; l'auge permet non-seulement de coucher les fibres, mais elle fait aussi, par sa largeur, que le drap reçoit la chaleur plus longtemps que si la pression avait lieu seulement entre deux cylindres.

§ 2. — Pliage et métrage.

La draperie est de toutes les étoffes celle pour laquelle les machines à plier et à métrer simultanément sont aujourd'hui le moins employées. Cela tient à deux motifs : 1° aux épaisseurs différentes des nombreux articles de la spécialité, qui rendent l'usage d'une seule plieuse automatique assez difficile avec une égale précision; 2° à la quantité relativement peu importante à plier à la fois dans les manufactures même les plus considérables. Nous ne parlons ici, bien entendu, que du pliage lorsque la pièce est terminée, attendu que, pendant le courant du travail, certaines machines à apprêter, telles que la tondeuse et les rames, ont parfois un appareil, déjà décrit, pour disposer la pièce sous forme de plis réguliers, afin de rendre son maniement plus facile.

Les machines à plier automatiquement ont cependant été le but de beaucoup de recherches. Il en existe un grand nombre employées au métrage et au pliage des tissus légers d'une épaisseur assez uniforme et d'une production relativement très-rapide. Il résulte de cette circonstance que, contrairement à ce qui a lieu dans les manufactures de drap, un établissement d'une faible importance peut encore utiliser une plieuse automatique d'une façon permanente.

Ne nous occupant ici que des lainages drapés, nous ne passerons pas en revue les divers systèmes proposés depuis trente ans, et dont plusieurs inventeurs et constructeurs de mérite se sont occupés. L'une des premières métreuses automatiques a été réalisée par Josué Heilman, en 1835. Depuis lors, MM. Menet (de Rouen), Harenger (de Paris), Enot, Rupf, Krieger, Atkins et Milles, Vimont, Caplain, Tulpin aîné se sont fait successivement breveter pour des machines de ce genre. Afin de donner l'idée de l'une des plus complètes, nous représentons, planche LVI, la machine à plier de M. Tulpin, de Rouen, d'après l'intéressante publication industrielle des machines-outils de M. Armengaud aîné.

La figure 1 représente une élévation longitudinale de la machine.

La figure 2 est une coupe faite par le milieu de sa largeur.

La figure 3 est un plan général vu en dessus. Dans cette figure on a rapproché les deux flasques du bâti ; mais leur écartement réel, ainsi que les longueurs de la table et des rouleaux, peuvent varier en raison des largeurs à plier.

La figure 4 est une section transversale suivant la ligne 1-2 du plan.

Enfin la figure 5 est un détail en section, à une échelle double, de l'ensemble de la boîte à ressort servant de buttoir aux leviers qui commandent le conducteur de l'étoffe.

Du bâti. — Il est composé de deux flasques semblables A, réunies par des boulons *a* formant entre-toises et par un certain nombre d'arbres qui servent d'axes à plusieurs organes de la machine. Il porte des évidements de forme variable, qui lui donnent une grande légèreté sans compromettre sa résistance. Le double support A^1 et A^2, venu de fonte avec le bâti, reçoit l'appareil mesureur et le compteur.

Sur des bras A^3, également venus de fonte avec chaque flasque, est fixé le palier dans lequel tourne l'arbre de la roue qui donne le mouvement au balancier, et, à son extrémité, ce même bras reçoit l'ensouple de l'étoffe à plier.

A la partie supérieure du bâti sont boulonnés deux arcs en fonte évidés a^2, a^3, qui soutiennent une table en bois E, guidant le tissu vers le plieur. Ni ces arcs, ni la table, ne sont répétés dans le plan, pour laisser voir les organes placés au-dessous et qui autrement auraient été cachés.

Dans chaque flasque on a ménagé une coulisse rectangulaire a' parfaitement dressée, et dont nous expliquerons l'usage un peu plus loin. Enfin, les montants du milieu sont traversés par les arcs des deux balanciers oscillants et sont fixés sur des dés, ainsi que les montants extrêmes.

Métrage de l'étoffe. — L'étoffe est déposée préalablement dans une boîte en bois B, indépendante de la machine et pouvant se déplacer à volonté sur des rails, ou bien elle est enroulée autour d'une ensouple B' qui, ainsi que nous l'avons vu, repose sur le support A^3. Comme il faut toujours, pour éviter les faux plis, donner à l'étoffe une tension assez grande, on la fait passer, si elle vient de la boîte B, entre une série de barres en bois *b*, fixées sur des montants qui sont eux-mêmes cloués sur les côtés de la boîte. Lorsque le tissu se déroule directement de l'ensouple, on lui donne cette tension en faisant passer une corde munie d'un contre-poids autour d'une poulie calée sur l'axe de l'ensouple. La corde fait l'office de frein et force le tissu à se tendre tout en se déroulant.

L'étoffe, appelée par les rouleaux *c*, *c'*, arrive d'abord sur le cylindre mesureur C, dont le développement est exactement de 1 mètre. Celui-ci, formé d'une série de douves en bois parfaitement dressées, puis tournées et fixées sur des croisillons en fonte, reçoit un autre rouleau C', également en bois, qui peut se déplacer à volonté dans les rainures verticales des supports A', disposés pour recevoir son axe. Les deux cylindres C et C' ne sont pas commandés directement : c'est l'étoffe qui, appelée par les rouleaux *c* et *c'*, entraîne le cylindre mesureur par friction. Il est donc nécessaire, pour que ce mouvement se fasse convenablement, que le tissu entoure ce cylindre suivant une assez grande partie de sa circonférence, afin d'éviter toute espèce de glissement.

Pour avoir le nombre de mètres et de fractions de mètre du tissu, il suffit de lire exactement, sur un petit appareil compteur, le nombre de tours et de fractions de tour du cylindre mesureur. La plupart des compteurs employés habituellement, étant mis en mouvement par une vis sans fin fixée sur l'arbre de commande, offrent cet inconvénient très-grand de compter toujours pendant toute la durée de la marche de la machine, qu'il y ait ou non du tissu : de sorte que si l'ouvrier, en même temps qu'il conduit la machine, ne suit pas constamment l'étoffe, la main sur la poignée du débrayage, pour arrêter aussitôt que la pièce est arrivée à sa fin (manœuvre excessivement difficile à bien faire, pour ne pas dire impossible), le compteur accuse un chiffre inexact. Aussi, il arrive que le plus souvent on ne s'en rapporte pas à cet instrument ; on compte les plis après le pliage. Ce moyen est fort défectueux, et encore ne peut-il être employé que lorsqu'on plie sur le mètre; autrement il serait impraticable.

Avec la disposition que nous allons décrire, il n'y a pas d'erreur possible; c'est le tissu qui donne le mouvement au compteur et qui constate sa propre longueur en mètres et en fractions de mètre. Plus de tissu, plus de compteur; si la machine continue à marcher, elle ne change rien aux résultats; enfin, s'il reste une fraction à la fin de la pièce, on la mesure très-exactement :

Sur l'axe du rouleau mesureur est calée une aiguille *d* (fig. 1 et 3), qui parcourt un cadre fixe D, divisé en 100 parties égales correspondant chacune à 1 centimètre. Cette aiguille se meut avec le rouleau, au bout de l'axe duquel est ménagé un petit excentrique qui donne un mouvement de va-et-vient au cliquet *d'*, lequel engrène avec une roue à rochet de 100 dents faisant partie d'un autre cadran D', mobile et divisé également en 100 parties égales. A chaque révolution du rouleau mesureur C, le cliquet *d'* saute d'une dent et déplace le cadran d'une division, ce qui indique que 1 mètre de tissu a passé sur le rouleau mesureur. L'étoffe étant arrivée à sa fin, le compteur s'arrête de lui-même, et pour connaître la longueur de l'étoffe, il suffit de lire le nombre de mètres sur le cadran D', et les fractions de mètre sur le cadran D.

Pliage de l'étoffe.— Celle-ci doit être pliée pendant que s'effectue le mesurage, pour que le travail soit continu. A cet effet, le tissu livré par les rouleaux d'appel passe sur la table en bois E, supportée par les arcs en fonte a^2, a^3, et sur un rouleau en bois E', dont l'axe peut tourner librement dans une coulisse ménagée à la partie supérieure du support a^3. Cette table dresse l'étoffe et lui donne une faible tension nécessaire et suffisante pour empêcher les faux plis. De là elle est saisie par l'appareil plieur proprement dit, qui dispose les plis le long d'une seconde table en bois F, sur laquelle ils sont maintenus au moyen de deux traverses en fer garnies d'aiguilles et analogues aux chapeaux de carde. Avant d'entrer dans la description des organes qui servent au pliage, il est bon de faire connaître la construction de cette table et le mode de pression exercé sur le tissu par les chapeaux de carde.

Cette table F est formée par la juxtaposition de planchettes en bois dressées aussi bien que possible et fixées sur un cadre *f* en fer à T. Deux des traverses de ce cadre sont munies de chapes *f'* qui servent à les relier par articulation avec deux tiges F', autour desquelles elles peuvent tourner. Celles-ci à leur tour glissent dans les guides en fonte f^2, boulonnés sur les montants intermédiaires du bâti ; elles reçoivent, fixées par des vis, des bagues f^3, auxquelles sont attachées les chaînes *g*, reliées à des secteurs qui font partie des deux balanciers en fonte G. Ceux-ci sont montés sur un même axe *g'*, qui repose sur le support en fonte G, G', venu de fonte avec le bâti. L'autre bras des balanciers présente une courbe excentrée qui reçoit une forte lumière à laquelle sont suspendus des contre-poids destinés à soulever la table F, et par suite à maintenir le tissu plié contre les aiguilles des chapeaux de cardes. Cette table peut donc se déplacer verticalement, descendre au fur et à mesure que l'épaisseur de l'étoffe pliée augmente, et remonter ensuite sous l'action du contre-poids, quand on enlève cette étoffe guidée dans ses mouvements par les tiges F'; de plus, elle peut osciller légèrement autour des articulations *f'* ; ce qui permet à l'étoffe, à un moment donné, de se séparer des aiguilles d'un côté seulement, tandis que de l'autre côté les plis restent maintenus contre le second chapeau de carde.

Ainsi que nous l'avons fait remarquer plus haut, les bras des balanciers G', qui portent les contre-poids P, sont légèrement excentrés. Cette disposition a pour but d'obtenir une pression constante. En effet, à mesure que le nombre des plis augmente, leur poids s'ajoute à celui de la table ; et si l'effort exercé par le contre-poids restait le même, la pression tendrait à diminuer; mais comme les balanciers sont excentrés, les contre-poids agissent sur un plus grand bras de levier après la formation de chaque nouveau pli; il en résulte naturellement un équilibre qui régularise la pression et la rend uniforme pendant toute la durée du pliage.

L'étoffe venant du rouleau E' est saisie immédiatement par le plieur, qui la dépose en couches parfaitement égales sur la table, ainsi que nous allons l'expliquer. Le plieur est double, et la même disposition se répète des deux côtés de la machine. Il est mis en mouvement par deux grands leviers en fonte H, évidés pour leur donner plus de légèreté; ils oscillent sur de forts boulons A fixés à des oreilles venues de fonte avec les flasques du bâti, sous les patins des traverses intermédiaires. Des bielles H' relient ces leviers à des volants J, dont l'un des bras fait l'office de manivelle. On règle la course de celles-ci, et par suite celle des leviers H, au moyen d'une vis j ajustée dans l'œil de la manivelle et traversant le bouton taraudé qui reçoit la tête de la bielle. Le poids de celle-ci et du levier correspondant est équilibré par une partie pleine conservée à la fonte des volants.

Le mouvement est communiqué à l'arbre J' qui porte ces volants au moyen de la roue R et du pignon r, dont l'arbre p reçoit la poulie de commande P'. Celle-ci est montée folle sur cet arbre et fondue avec un moyeu à griffe, destiné à être engrené par le manchon p', que l'on fait mouvoir à l'aide du levier P^2. L'arbre de commande p est en outre muni d'une petite roue m (fig. 3), qui, par l'intermédiaire d'une chaîne, commande une roue semblable r^2, fixée sur l'axe du rouleau d'appel inférieur C.

Par ce mode de transmission, il est facile de reconnaître que le mouvement des volants est constant, et qu'alors s'accomplissant régulièrement pour chaque tour, celui du balancier n'est plus uniforme; que sa vitesse augmente vers le milieu de sa course, tandis qu'elle diminue au commencement et à la fin. Cette circonstance, qui est souvent un inconvénient dans les machines où l'on emploie ce mode de transmission de mouvement, est au contraire un avantage ici. En effet, il est indispensable, pour obtenir des plis convenables, de ne pas dépasser une certaine vitesse au moment de leur formation; et si elle augmente dans l'intervalle de superposition des couches, le produit de la machine n'en est que plus considérable.

L'avantage de cette disposition ressort bien mieux encore si l'on compare cette nouvelle machine de M. Tulpin avec celles qu'il construisait il y a quelques années (brevet du 31 octobre 1853), et dans lesquelles le tissu était plié aussitôt qu'il était livré par le cylindre mesureur. Il en résultait une tension variable, due au mouvement irrégulier du balancier qui, arrivé au milieu de sa course, imprimait à l'étoffe une vive impulsion. Celle-ci, étant assez forte, faisait quelquefois mouvoir le rouleau mesureur quand le balancier était arrêté et pouvait même déranger les plis précédemment faits; de là un pliage défectueux.

Il est donc préférable de donner au cylindre mesureur un mouvement uniforme, et de produire l'appel de l'étoffe par deux rouleaux superposés et commandés directement. La vitesse de ces derniers rouleaux étant en rapport avec le chemin parcouru par le balancier, si, à la mise en train, on ménage une poche de $0^m,70$ environ de longueur, elle suffit pour compenser l'irrégularité de vitesse des balanciers; le tissu n'offre plus alors de résistance, puisqu'il n'a plus qu'une tension insuffisante produite par son frottement sur la table supérieure, et les inconvénients inhérents au premier système ne se présentent pas.

Le plieur proprement dit, qui constitue la partie la plus importante de la machine, est composé de deux lames minces en tôle K et K′, bien dressées, isolées l'une de l'autre pour laisser passer le tissu, mais réunies à leurs extrémités par une même pièce K, fondue avec deux contre-poids destinés à l'équilibrer dans les différentes positions qu'elle doit occuper pour effectuer le transport de l'étoffe. A cet effet, ces pièces en fonte sont munies d'un axe qui peut tourner librement dans un double coulisseau *l* engagé à la fois dans deux coulisses : l'une *a'*, pratiquée dans le bâti; l'autre *h'*, ménagée à l'extrémité du levier H.

Traversant le double coulisseau *l*, l'axe de rotation des pièces en fonte K, qui relient les lames K, K', reçoit un petit levier un peu plus long L', mobile sur le grand levier H, autour du point *l'*.

Fonctionnement de la machine. — Pour nous rendre compte de l'effet de ce mécanisme, nous supposerons, afin de fixer les idées, le grand levier H au milieu de sa course et marchant vers la droite pour former le pli (fig. 2). Dans cette position fictive, les deux petits leviers L occuperont une position verticale, ainsi que le grand levier de commande H, et les coulisseaux *l* se trouveront au milieu des deux coulisses *a'* et *h'*.

A mesure que le grand levier s'incline vers la droite, les coulisseaux, obligés de suivre une ligne horizontale, guidés par les coulisses *a'* du bâti, glissent en même temps dans les coulisses des grands leviers qui, en s'abaissant, font tourner l'axe à contre-poids K des lames du plieur. Avant d'occuper la position extrême indiquée figure 2, la lame K, qui conduit l'étoffe, appuie d'abord sur les précédents, pour les détacher du chapeau de carde *e'*, qui est fixe, tandis qu'ils sont encore retenus de l'autre côté par le second chapeau *e*. En même temps, la table baisse sous la pression de la lame K, qui, ne trouvant plus d'obstacle devant elle, peut passer entre la pièce pliée et le chapeau *e*, pour conduire l'étoffe jusqu'à l'extrémité de sa course, point où doit s'effectuer le pliage. La position du balancier et de la lame K' à ce moment est représentée dans la figure 2.

Lorsque le mouvement change, la lame K se retire ; l'étoffe est retenue par les aiguilles, et la pression de cette lame devenant de plus en plus faible à mesure que le grand levier H tend à devenir vertical, la table F, sous l'action des contrepoids P, se rapproche du chapeau de carde ; et lorsque la lame K' a tout à fait abandonné l'étoffe, la pression sur les plis est suffisante pour les maintenir et s'opposer à la traction exercée par cette lame K', lorsqu'elle a fait le pli à droite. Du reste, le mouvement à gauche s'effectuera absolument comme nous venons de le décrire pour le pli à droite.

Par les tracés indiqués sur les figures 1 et 2, qui donnent trois positions différentes de la manivelle et des leviers, il est facile de se rendre un compte exact des différentes phases du mouvement.

Lorsque le balancier quitte la position verticale pour se rapprocher du chapeau de carde, il est indispensable que le levier L' s'incline en sens contraire, afin que ce soit la lame K', par exemple, lorsque le pli doit se faire à droite, qui vienne se placer entre les aiguilles et la pièce pliée. Si rien n'obligeait cette bielle à se mouvoir dans le sens indiqué, il se pourrait qu'elle s'inclinât en sens contraire, et aucune combinaison décrite jusqu'ici ne pourrait l'en empêcher. Pour éviter cet inconvénient, le constructeur a disposé le buttoir à ressort, représenté en détail figure 5.

Ce buttoir est composé d'une tige en bois *m*, terminée par une partie lenticulaire et fixée à l'extrémité d'un petit arbre *m'*, ajusté à frottement doux dans une douille qui forme la tête de la colonne M fixée sur le bâti ; à son autre extrémité, cet arbre *m'* est muni d'un petit balancier *n*, aux deux bouts duquel sont suspendues deux tiges en fer *n*, entourées chacune par un ressort à boudin, renfermé dans une boîte en cuivre mince *n*², et qui s'appuie d'une part sur une embase faisant partie de la tige, et, d'autre part, sur une platine O, rapportée à l'extrémité intérieure de la colonne M. La hauteur de la lentille que porte le buttoir en bois *m* est telle, que le centre d'articulation des deux petits leviers L et L' rencontre le buttoir, lorsque le grand levier H est vertical.

Il est facile de voir, d'après cette disposition, que, malgré le mouvement rapide du grand levier qui, étant vertical, a sa vitesse maximum, le buttoir cède d'abord sous l'impulsion, mais en faisant osciller le petit balancier et par suite en comprimant l'un des ressorts, lequel réagit aussitôt et force le levier L à s'incliner en sens contraire du grand levier, ce qui est indispensable, d'après ce que nous avons vu, afin que ce soit une lame plutôt que l'autre qui vienne se présenter pour former le pli.

Cette ingénieuse disposition remplit parfaitement le but que voulait atteindre le constructeur. Il a su éviter un choc violent et le remplacer par une action que l'on peut rendre aussi énergique qu'il est nécessaire en donnant une tension plus ou moins grande aux ressorts.

Lorsque l'étoffe est complétement pliée, on constate le métrage indiqué par les aiguilles des cadrans, puis on enlève la pièce. Cette opération a lieu aisément, il ne faut pour cela que baisser la table, ce qui permet de la détacher des aiguilles des chapeaux qui la retiennent. A cet effet, sur l'axe *y'* du balancier G', est calé un levier à mannette S, que l'on soulève pour faire tourner les balanciers, et par suite neutraliser l'action des contre-poids P. Lorsqu'il est soulevé, ce levier vient reposer sur un siége *e* (fig. 2 et 4), qui fait partie d'une lame formant ressort, laquelle cède d'abord pour laisser passer la mannette, et revient ensuite reprendre sa position première. Par ce moyen, la table n'étant plus soumise à aucune pression et étant même contrairement maintenue abaissée au-dessous des chapeaux de carde, il est facile d'enlever la pièce pliée.

Pour recommencer une nouvelle opération, il suffit de fixer

l'un des bouts d'une nouvelle étoffe à plier sur l'un des deux chapeaux de carde, suivant la position du plieur, et de ramener ensuite le levier à mannette S dans la position indiquée figures 1 et 2, pour rétablir la pression de la table sur les aiguilles des chapeaux de carde.

Remarquons que ces chapeaux sont fixés par des oreilles et des pièces en fer e^2, qui peuvent fléchir au besoin, afin de pouvoir prendre la position la plus avantageuse pour arrêter les plis du tissu, et que ces pièces attachées solidement au bâti peuvent, au moyen des coulisses t, ménagées dans l'épaisseur des flasques du bâti, être mobilisées, afin de régler à volonté leur écartement, et de les mettre en rapport avec la course variable que l'on peut donner au levier du plieur.

De ce qui précède il résulte que cette machine peut être réglée avec la plus grande facilité. Il n'y a, en définitive, que la vis de la manivelle du volant qui ait besoin d'être touchée, chaque fois que l'on veut faire varier la longueur du pli.

Elle est donc à la portée de tous les ouvriers et peut être dirigée avec précision. Si nous ajoutons qu'elle peut métrer et plier 2 000 mètres à l'heure, on se fera une idée des services qu'elle est appelée à rendre.

CHAPITRE XXVIII.

APPRÊTS DE LA BONNETERIE DITE ORIENTALE.

Les calottes grecques, les bérets catalans et un certain nombre d'articles du même genre constituent des produits dont les moyens manufacturiers participent de la draperie et de la chapellerie. Ils tiennent de celle-ci par le feutrage direct, et de la première par le mode d'apprêts et surtout par les appareils à lainer et à tondre. Les chardons ou cardes servent en effet à leur garnissage ou lainage, et les tondeuses décrites précédemment, à égaliser le duvet de leur surface. Il y a une vingtaine d'années encore, ces deux opérations étaient pratiquées à la main. Depuis on a eu l'idée de modifier les dispositions des machines à lainer et à tondre la draperie pour les rendre applicables aux articles connus sous le nom de *bonneterie orientale*. Nous allons donner les petites machines employées dans ce but, brevetées en 1842 et 1844, sous les noms de M. Casimir d'une part, et de M. Fouard, des Basses-Pyrénées, de l'autre. La planche LVII donne les deux systèmes de lainage; quant au tondage, il ne varie pas.

La figure 1 représente la machine à lainer, vue en longueur, en élévation et du côté des formes verticales.

La figure 2 est l'élévation, par bout, de cette machine du côté des poulies motrices.

La figure 3 est l'élévation, en longueur, de la même machine du côté des formes inclinées.

La figure 4 est l'élévation, par bout, de la machine du côté opposé à celui représenté figure 2.

Enfin, les figures 5 et 6 représentent la machine à tondre : la figure 5 est l'élévation et la figure 6 le plan.

On voit donc que la première machine se compose de deux parties bien distinctes destinées à faire, chacune, une des opérations d'apprêt ou de lainage, du fond et des côtés, et cela simultanément, au moyen du même mouvement communiqué en même temps aux deux parties.

a (fig. 1 et 2), poulie motrice, fait mouvoir un engrenage *b*, qui, par l'intermédiaire de la roue *c*, commande la bielle *d*, liée au levier *e* pour opérer sur l'arbre *f*, de sorte que les chardons *c'* (fig. 2) montent et descendent le long des bonnets ou fèzes placés sur les formes. Ces formes 2 sont inclinées, pour que le chardon lève le poil en biais, afin de ne pas trop écarter les mailles.

Quant à l'apprêt du fond des bonnets, il est pratiqué de la manière suivante :

Sur l'axe des poulies *a* et de la roue *b*, est la roue d'engrenage *g*, mise en rapport avec la roue *h* par une chaîne à la Vaucanson ; sur l'axe de la roue *h* se trouve une roue *i*, qui engrène elle-même avec la roue *k* ; l'axe *v* de cette roue reçoit un pas de vis sans fin qui fait tourner la roue *o*, montée sur l'arbre des formes 1, qui reçoit, par conséquent, un mouvement de rotation.

La figure 1 représente la roue *o* et la vis sans fin de l'axe *v*, en détail figure 12.

La même roue sert, du reste, à faire mouvoir les formes 2 au moyen des roues *l*, *m*, *n*, avec vis sans fin sur l'arbre *m*.

Les figures 3 et 4 font voir le mécanisme employé pour faire mouvoir les poupées et chardons servant à apprêter le dessus des fèzes ; avançant ou reculant, la bielle *b* ou *z* (fig. 10) fait osciller, au moyen du bras de levier 4 (fig. 2), la tige 5, à l'extrémité de laquelle est placée la poupée 3 (fig. 3), qui porte les chardons.

Il y a donc, dans cette première machine, deux mouvements : mouvement des formes et mouvement des poupées ou porte-chardons ; et, comme, au moyen de vis de rappel, on peut approcher plus ou moins les formes ou les incliner à divers degrés, il en résulte qu'on peut apprêter ces articles à un point quelconque.

L'apprêt étant une fois donné, on place les fèzes sur leurs formes pour les tondre, ainsi que l'indique la machine figures 5 et 6, dans laquelle il y a encore mouvement simultané des formes *l*, *m*, *l'*, *m'* et des cylindres tondeurs *g*, *g*.

L'outil tondeur, par sa forme en hélice, offre des avantages déjà analysés pour le tondage des tissus aussi approché que l'on veut. Voici d'ailleurs la légende de la transmission de mouvement :

a, tambour à courroie.

b, poulies qui font tourner les arbres *c*, lesquels portent la poulie *d*, qui communique avec *e* et enfin avec *f*, du cylindre tondeur *g*.

h, vis sans fin sur l'axe de *b*.

r, roue engrenée par *h*, dont l'arbre porte une poulie qui va commander K, et par suite la forme L.

La forme *m* tourne par les organes *v*, *q*, *p*.

S, crochets pour maintenir le châssis *t* à une certaine distance lorsque le tondeur ne doit pas agir.

Figure 10 *bis*, organe déplaçant la courroie.

La figure 13 est la seconde disposition imaginée pour lainer les bérets.

A chaque extrémité d'un arbre en fer tourné, roulant sur des coussinets, et auquel le moteur imprime alternativement un mouvement de rotation de droite à gauche et de gauche à droite, se trouvent placés, sur des mandrins rembourrés, les bérets auxquels on veut faire subir l'apprêt du garnissage.

Un autre arbre aussi en fer, placé parallèlement au premier et recevant de lui, au moyen d'un excentrique, un mouvement de va-et-vient, se trouve armé de mains de fer ou croisées sur chacune desquelles on place plusieurs têtes de chardons traversées par des broches en fer.

Le béret, par son mouvement circulaire, fait rouler les chardons que le mouvement alternatif du second arbre déplace continuellement.

Ces deux mouvements, combinés durant l'intervalle de cinq ou six minutes, relèvent verticalement les fibres de la laine que le feutrage avait tapies, et donnent au béret un lainage et un apprêt qui, faits à la main, non-seulement étaient très-coûteux, mais devenaient presque impossibles, à cause du nombre d'ouvriers réclamé pour ce genre de travail.

Détails du dessin.

La figure 13 donne l'élévation de la machine.

R, R, sont les croisées de chardons agissant à l'extrémité des tiges *a*, *a*, manœuvrées par l'arbre *i* placé dans le montant à gorge K. Les axes des bérets *d*, *d* sont animés simultanément d'un mouvement de rotation imprimé par des poulies et des courroies dont on ne voit que les traces en *n*, *q* et *o*; et *x* est un levier débrayeur pour arrêter ou mettre le système en train. Nous n'insistons pas davantage sur le fonctionnement de ces petits appareils, dont les principes sont ceux des machines à lainer et à apprêter en général.

CHAPITRE XXIX.

APPLICATION PRATIQUE DES APPRÊTS AUX PRINCIPAUX GENRES DE TISSUS.

Les considérations générales relatives aux apprêts placées en tête du chapitre et la description détaillée des machines du chapitre précédent nous permettent de terminer ce qui concerne cette partie de la fabrication par des exemples et des applications générales, sans rentrer autrement dans l'examen théorique des opérations. Nous nous bornons à rappeler quelques termes techniques en usage dans les usines, se rapportant aux différentes périodes des opérations.

Nous avons déjà dit que le lainage, ou le garnissage et le tondage alternent; que le premier a lieu sur l'étoffe plus ou moins humide, et que celle-ci est séchée avant de subir le tondage. De là, le nom de lainage en première, en deuxième ou troisième eau, etc., suivant la période du travail. Le premier garnissage, ou lainage en première eau, est parfois aussi désigné sous le nom de lainage en *hairement* ou *harment* [1]. Les opérations suivantes des lainages en deuxième eau sont quelquefois désignées sous le nom de lainage *en demi-laine*. Et à partir de la troisième eau, ils sont considérés comme des lainages en apprêts proprement dits. Enfin, le *gitage* est un chardonnage, pratiqué sur certains articles avec du chardon presque usé, pour produire plutôt un peignage ou lissage pour démêler, ranger et régulariser le duvet formé que pour produire un tirage à poil.

Le passage de la pièce entière sur la machine à lainer, constitue une *voie*, un *trait* ou une *avalée*. Le premier terme est le plus généralement adopté aujourd'hui, les deux derniers sont plus anciens et plus spécialement appliqués au travail à la main. Un *changement*, indiquant qu'on a retourné ou changé le chardon, correspond en général à 20 voies.

Une *coupe* est, par rapport au tondage, ce qu'une voie est au lainage, et correspond par conséquent à un seul rasage ou passage de la pièce entière sous l'organe tondeur.

Le nombre des eaux et des tondages correspondants, avons-nous dit (chap. XX), varie avec les articles; il est en général plus grand pour la draperie lisse que pour les nouveautés, pour les étoffes épaisses que pour les légères. Nous ajoutons que, pour un même article, le nombre des voies et des coupes augmente en général avec la période des apprêts, par conséquent de la première à la dernière eau. Le gitage ne suit pas

[1] Ce terme vient sans doute du mot *haire*, qui désigne un tissu brut en crin ou poil de chèvre, appliqué parfois sur la chair par esprit de mortification et de pénitence. Son étymologie vient de l'allemand *Haar*, cheveux ou poil.

la même règle, il comprend un nombre de passages moindre que le lainage. Il est bien entendu aussi que la quantité du tondage n'est pas toujours proportionnelle à celle du lainage, mais plutôt en raison du genre d'étoffe. Toutes choses égales d'ailleurs, le nombre des coupes sera en raison inverse de la hauteur du duvet, on le coupera d'autant moins de fois qu'il doit être moins long, et pour la même sorte de tissu à qualité et réduction égales, il sera d'autant moins tondu qu'il sera destiné à une teinture ou nuance plus éclatante.

Il est important de procéder à l'*énouage* après chaque séchage qui suit le lainage et avant le tondage, afin d'enlever tous les corps étrangers, les nœuds et les défectuosités susceptibles de déterminer des accidents, des trous, etc. Un *brossage* doit à son tour suivre chaque tondage pour faire disparaître la tontisse et la bourre résultant des opérations précédentes. Ce brossage est suivi d'une visite et d'un *rentrayage*, ou réparation des défauts qui ont pu se révéler.

Quelles que soient d'ailleurs la valeur et la qualité d'un tissu, les diverses applications d'apprêts auront toujours lieu dans les conditions suivantes :

Le *lainage en première eau* devant être pratiqué avec modération et produire en quelque sorte un débrouillage ou démêlage des filaments, on y emploie du chardon en partie usé ou déjà bourré ; son action se trouve conséquemment amortie. On sèche à l'étente sans tendre la pièce, puis on égalise les filaments de la surface par une coupe seulement, à la tondeuse.

Le *lainage en deuxième eau* est la période réelle du garnissage proprement dit ; l'action doit être menée progressivement et commencée en général par de vieux chardons pour être terminée par des neufs. Le nombre des voies et la durée de l'opération sont en général proportionnels à l'épaisseur du tissu et du genre de chardon employé ; pour un article lourd, comme les paletots d'hiver par exemple, l'opération peut durer de dix à quatorze heures. Pour la faciliter convenablement, il est bon de mouiller l'étoffe après chaque changement de chardons. Les chardons végétaux et les aiguilles métalliques sont employés suivant le but qu'on se propose ; si le tissu est façonné et qu'on cherche à dégager le dessin, à débrouiller et à éclaircir, pour ainsi dire, le fond, sans poursuivre un garnissage trop condensé et particulièrement fourni, on pourra utiliser le chardon métallique avec succès, sauf à terminer la dernière opération, le gitage, avec le chardon ordinaire. Pour les articles bien garnis, tels que les draps lisses qui ont besoin de nombreux apprêts réitérés pour développer et faire foisonner le duvet, ce qui nécessite par conséquent des ménagements particuliers, on préfère toujours le chardon végétal.

Pendant longtemps le nombre des eaux et des voies était réglé et pratiqué avec une grande uniformité pour chaque article. Il est évident qu'il était facile d'établir des règles à peu près fixes à une époque où, à chaque tissu d'un prix déterminé, correspondait une laine donnée et parfaitement connue, soumise à des errements imposés pour les transformations. Aujourd'hui tout est changé sous ce rapport, les matières et les moyens peuvent varier à l'infini ; on ne peut par conséquent indiquer que des errements suivis et réussis dans des cas déterminés, en les citant comme exemples à consulter, mais non comme des méthodes immuables à suivre.

§ 1. — Apprêts généraux appliqués aux draps lisses, depuis les prix de 12 jusqu'à 23 francs le mètre.

1° *Lainage en première eau*, selon la qualité de l'étoffe, de 30 à 40 traits;

2° Il est suivi d'un séchage à l'étente et tondu par deux ou quatre coupes à l'endroit et une à l'envers;

3° Exposition à de la vapeur libre agissant sur le tissu sec;

4° *Lainage en 1/2 laine.* 1° à poil, 10 traits;
— 2° à contre-poil, 30 à 60 traits;
— 3° à poil; suivant la qualité encore, 80 à 100 traits;

5° Deux à trois pressages;

6° Six coupes au tondage;

7° Catissage à la vapeur;

8° *Lainage en troisième eau* ou en apprêts, à poil, suivant la qualité, de 50 à 70 traits;

9° Séchage et tondage, 12 coupes;

10° Catissage par une pression énergique entre des cartons chauffés pour donner le brillant, et séjournant de deux à douze heures sous les plateaux de la presse hydraulique;

11° *Lainage en quatrième eau*, 60 à 80 traits;

12° Lavage et dégorgeage à la terre et à l'eau pendant cinq à six heures, si le drap est teint en pièce;

13° *Gitage* ou *striquage*, 24 à 30 traits;

14° Ramage, tondage;

15° Pressage;

16° Décatissage à la vapeur libre;

17° Dernier gitage, 20 à 24 voies;

18° Ramage;

19° Tondage en apprêts sur les tondeuses longitudinales, et à la tondeuse transversale pour finir.

§ 2. — Apprêts généraux appliqués aux nouveautés velours.

1° Lainage en première eau, 10 à 30 voies;

2° Séchage à l'étente;

3° Énouage et tondage (suivi du brossage), 2 ou 3 coupes.

4° Lainage en deuxième eau, dix à quatorze heures de travail, moitié à poil, moitié à contre-poil;

5° Essorage et battage;

6° Séchage sur rames;

7° Tondage et brossage à l'envers de l'étoffe, 6 à 20 coupes, suivant les étoffes;

8° Décatissage, l'envers de l'étoffe appliqué sur le rouleau de vapeur;

9° Métrage et pliage;

Pour les ratinés, l'apprêt particulier qui les constitue s'obtient sur la machine à ratiner après le décatissage; ils reçoivent plus ou moins de passages.

§ 3. — Caractères et apprêts des tissus genre velvets de laine et sealskins, plus particulièrement produits en Angleterre.

Lors d'une enquête qu'il était de notre devoir de faire avec le plus grand soin, en Angleterre, pour rendre compte à la justice des moyens spéciaux employés par les industriels de ce pays pour fabriquer les deux genres d'étoffes connus sous les noms de *velvets* et de *sealskins*, nous avons caractérisé ces deux variétés et les moyens de les obtenir, dans des termes qui retrouvent naturellement leur place ici.

§ 4. — Caractères et apprêts des velvets.

Les velvets, qui sont en général composés d'une chaîne coton et d'une trame laine neuve ou mélangée de déchets (*shoody*), sont foulés pour les faire feutrer sensiblement sur la largeur; ils rentrent à peine sur la longueur, à cause de la chaîne coton; à la sortie du moulin à foulon, lorsque l'étoffe a été dégraissée et épurée, elle est portée mouillée à la machine garnie de chardons ou laineuse ordinaire. Nous avons cependant remarqué à cette laineuse une addition qui doit être mentionnée. Cette addition consiste en un tube chauffé par la vapeur à l'intérieur et au-dessus duquel on fait passer l'étoffe à sa sortie de la machine. Sur notre question, l'on nous a dit qu'il avait pour but d'adoucir le tissu. Cette réponse ne nous satisfaisant pas, nous nous sommes demandé si ce séchage partiel d'une étoffe mouillée à sa sortie de la machine à chardonner n'aurait pas pour but d'évaporer une certaine quantité d'humidité, afin que la pièce, au lieu d'arriver mouillée à l'opération suivante, s'y présentât seulement humide ou fraîche. Ce motif nous a d'autant plus frappé que nous n'avons remarqué l'application de ce tuyau de vapeur qu'aux tissus destinés à devenir des velvets. Quoi qu'il en soit, immédiatement après cette opération, l'étoffe est en général portée à une machine spéciale, qui peut varier dans ses dispositions de détails, mais dont l'organe principal consiste en un cylindre garni de rubans de cardes. C'est donc un cylindre dont la circonférence est hérissée d'une quantité considérable d'aiguilles fines, très-rapprochées les unes des autres.

Ces aiguilles, presque droites, sont plus ou moins longues; appliquées sur de la peau ou sur une toile qui enveloppe intimement le cylindre, elles tournent avec lui lorsqu'on lui imprime un mouvement de rotation.

Pour redresser les filaments à la surface du tissu, l'on fait passer celui-ci sous ce cylindre hérisson, qui tourne en sens opposé à la direction donnée au drap par un rouleau qui l'attire. Les aiguilles, dans des conditions de longueur, de finesse et de vitesse convenables, pénètrent plus ou moins dans la surface des filaments, les agitent et les redressent, si le tissu n'est ni sec ni trop mouillé, mais frais.

L'opération du redressage se renouvelle d'ailleurs à plusieurs reprises; quelquefois, au lieu d'un cylindre à aiguilles métalliques, l'appareil en a deux, pour opérer plus sûrement et progressivement. Les aiguilles du premier sont alors plus espacées et moins fines que celles du suivant; le tissu se trouve ainsi exposé à une action méthodique. Nous avons pris des échantillons de la pièce avant et après lui avoir fait subir cette action des aiguilles, et nous avons pu nous rendre compte de leur efficacité à produire le redressage complet des fibres après un certain nombre d'opérations bien faites. D'ordinaire, le tissu est soumis deux ou trois fois à l'action des aiguilles, puis tondu, puis de nouveau apprêté deux ou trois fois au cylindre à aiguilles, puis tondu une seconde fois; enfin, pour le terminer, il est soumis une troisième fois aux aiguilles et à la tondeuse. Ces combinaisons peuvent naturellement varier avec la qualité du produit, le fini que l'on veut obtenir et la disposition plus ou moins rationnelle de la machine.

Remarquons incidemment que, par la disposition de ces cylindres à rubans de cardes et des directions opposées des mouvements relatifs du tissu à apprêter et des aiguilles, les fibres peuvent être constamment relevées dans le même sens et être dressées aussi parallèlement que possible, si d'ailleurs la longueur des aiguilles et la rapidité de leur action sont convenablement combinées. Le même effet n'est pas tout à fait possible par le lainage à poil et à contre-poil. La direction des crochets du chardon naturel et le mouvement qui leur est imprimé par rapport à celui du drap, dans l'opération désignée sous le nom de lainage à poil et à contre-poil, ont pour résultat de donner des filaments qui sont moins couchés, il est vrai, que par le garnissage effectué dans une direction unique, mais qui sont en général enchevêtrés en sens opposés, au lieu d'être parallélisés et peignés debout. Les industriels anglais préfèrent donc avec raison l'action du cylindre à cardes au lainage à poil et à contre-poil, pour apprêter les velvets. Ceux-ci, après leur passage sur ce cylindre spécial, passent à la tondeuse.

Cette tondeuse n'offre rien de particulier, si ce n'est la disposition d'une espèce de règle tournante à deux ou trois ailes (un *babillard*), que l'on fait mouvoir rapidement sous le drap qui se rend aux lames de l'organe tondeur. Cette règle ou espèce de moulinet, qui était autrefois en usage pour secouer la poussière ou la tontisse au tondage, a été modifiée en apparence; on a allongé les petits appendices pour en faire de véritables ailes qui, par une accélération de vitesse, produisent un effet analogue à celui du battage proprement dit, que nous n'avons vu pratiquer nulle part en Angleterre.

Une fois le velvet tondu pour la dernière fois, il ne reste plus qu'à le ramer à ses dimensions pour qu'il soit terminé et prêt à être livré.

§ 5. — Caractères et apprêts des sealskins.

Avant d'exposer les divers détails de la fabrication de ce genre de tissus, il n'est pas inutile d'indiquer l'origine de leur création, telle qu'elle paraît être admise par la notoriété publique en Angleterre, et surtout dans le Yorkshire. L'on fait depuis un temps immémorial, en Angleterre, des étoffes en diverses matières, employées sous le nom de *mohair*, qui, selon le dictionnaire, veut dire poil de chien de Turquie. Il n'en est pas moins vrai que la masse du mohair consommé en Angleterre est composée en poil de chèvre, de chevreau et autres dépouilles de peaux d'animaux plus ou moins bien déterminées. Nous entrons dans ces détails sur la désignation pratique du mot *mohair*, parce qu'elle a soulevé des discussions sans motif. Ces matières sont employées pures ou mélangées, suivant leur prix et la valeur de l'étoffe que l'on veut obtenir.

Pendant longtemps on n'a pu se procurer que des poils très-longs et d'une finesse variable. C'est avec ces substances que l'on faisait et que l'on fait encore un article spécial à longs poils, couchés et brillants, principalement utilisé pour couvertures de voyage, pour vêtements de femmes, etc. L'industrie anglaise excelle dans ce genre de fabrication, dont la plupart des produits sont en chaîne coton.

Depuis dix ans environ, si nos renseignements sont exacts, on est parvenu à filer des poils d'animaux plus courts et plus fins, provenant en partie d'un triage plus complet des masses ou des brins courts du peignage, et même d'une importation de matières spéciales, composées de filaments plus courts et plus fins, et par conséquent moins propres aux tissus à longs poils couchés et ondulés qu'aux étoffes rases foulées ou à poils d'une hauteur intermédiaire.

On eut alors l'idée (vers 1849 et 1850), nous a-t-on assuré, de faire avec ces poils une étoffe veloutée spéciale, qu'on désigna sous le nom de *peau de veau marin* (sealskin). Elle fut surtout remarquée par le caractère brillant de la surface duveteuse.

Un fabricant de Oakes, près Hudderfield, M. Benjamin Crosland, aurait été le premier à fabriquer cet article.

Il procédait de la manière suivante, d'après ce qu'il nous a expliqué lui-même sur les lieux.

Après le lainage appliqué comme à l'ordinaire, la pièce, séchée ou presque sèche, passait sur une brosse circulaire qui avait un mouvement de rotation en sens inverse de la direction du poil, le relevait par conséquent avant le tondage, qui terminait les apprêts : on n'obtenait ainsi qu'un produit imparfait, la direction du duvet laissait à désirer et n'était pas permanente. L'étoffe manquait surtout de brillant, ce qui était un défaut grave pour ce genre de tissu. Pour remédier à cet inconvénient, M. Thomas Witham, l'ingénieur de la maison A. S. Henry et Cie, d'Hudderfield, eut l'idée d'appliquer aux apprêts des sealskins un très-ancien procédé, presque entièrement abandonné depuis l'introduction de la vapeur dans les apprêts, et qui consiste à faire bouillir dans l'eau les étoffes de laine ou autres matières animales, plus ou moins longtemps, sous une forte tension. Cette opération, convenablement appliquée, fixe la direction du duvet, lui donne une souplesse et un brillant remarquables. Le succès des sealskins date de l'emploi de cet apprêt.

La manière de procéder pour relever le poil varie avec les établissements, mais la manière de le fixer et de l'appliquer reste la même partout; les établissements les moins bien outillés, comme ceux qui sont le plus en progrès, font tous bouillir le tissu dans des conditions identiques et à la même période des apprêts; la marche suivie est en général la suivante :

L'étoffe, à la sortie du foulon, est lainée comme à l'ordinaire; le lainage a lieu humide, comme toujours, le plus souvent à l'eau chaude, sans addition du tuyau sécheur.

Le tissu est ensuite placé sur une espèce de table inclinée verticalement, bombée dans son milieu, pour qu'il s'y applique convenablement, et on le laine avec des chardons montés sur un croisillon manœuvré à la main, comme autrefois; seulement, au lieu d'opérer longitudinalement dans le sens de la chaîne ou à poil et à contre-poil, la pièce est attaquée dans le milieu de sa largeur par deux croisillons qui la lainent en allant, l'un vers la lisière de droite et l'autre vers la lisière de gauche; le poil est ainsi relevé plus ou moins droit, et il arrive encore humide sous la tondeuse.

D'autres fois, on fait simplement passer l'étoffe sur un cylindre garni d'une carde métallique, et on la tond.

Le tissu ainsi tondu est enroulé sous une très-forte tension, au moyen d'un treuil automatique, autour d'un cylindre, de manière à former un rouleau de plusieurs couches superposées, que l'on recouvre d'une enveloppe en toile fermée de toutes parts. Un certain nombre de pièces, semblablement disposées, sont introduites et placées verticalement dans une citerne d'eau amenée à l'ébullition. L'action est prolongée plus ou moins longtemps et à plusieurs reprises; ordinairement on les y laisse une nuit à chaque immersion.

Les pièces sorties du liquide en ébullition sont déroulées, lainées de nouveau, comme précédemment. Puis elles sont bouillies de nouveau toute une nuit.

Elles sont lainées encore une fois, puis portées à la teinture.

Après la teinture, on les tond en relevant le poil par l'un des moyens que nous avons précédemment indiqués.

Enfin, on rame comme à l'ordinaire, pour établir la pièce aux dimensions voulues et pour la laisser entièrement sécher sous une tension suffisante pour faire disparaître toutes espèces d'inégalités.

Arrivé à cet état, le sealskin présente les caractères que nous avons analysés précédemment.

§ 6. — Origine des procédés appliqués aux sealskins.

Les procédés spéciaux du débouillissage, après avoir relevé le poil d'une certaine façon usitée en Angleterre, étaient appliqués autrefois pour apprêter les pannes ou peluches en poil de chèvre ou en laine, faites au tissage à la façon du velours de soie, c'est-à-dire que la partie pelucheuse était formée par des boucles obtenues au tissage par l'intersection de fers ou baguettes plus ou moins hautes, remplissant les fonctions de moules ou points d'appui, pour occuper le sommet des boucles dont l'épanouissement forme la peluche; mais comme dans celles-ci les filaments sont en général plus hauts que dans le velours ordinaire, et faits avec des matières moins élastiques, qu'ils se couchent naturellement, ils ont besoin d'être préparés, régularisés et redressés, pour arriver convenablement sous la tondeuse. C'est pour atteindre ce but que l'on avait recours aux procédés décrits dans les anciens auteurs, et notamment dans l'*Art de préparer et d'imprimer les étoffes en laine,* par Roland de La Platière; in-folio publié à Paris en 1780. On y lit, page 19, l'article suivant :

Apprêts des pannes ou peluches-poils.

« Après la fabrication des pannes, avant tout autre apprêt, « elle doivent être *débouillies.* La manière de faire cette opé- « ration sur la panne diffère, à quelques égards, de celle sur les « autres étoffes; il est bon de la décrire à part. On jette la *panne* « dans une chaudière d'eau bouillante, on l'y laisse tremper « jusqu'à ce qu'elle soit pénétrée et parfaitement imbibée par- « tout. On la dépose dans un baquet, on la roule fortement « toute mouillée et, pendant cette opération, deux ouvriers, « avec de fortes brosses, en relèvent le poil d'abord contre le « rouleau, puis le couchent du côté opposé, afin que, saisi par « la pression du rouleau, il se tienne toujours tout couché dans « la même direction.

« Lorsqu'on faisait tout uniment débouillir les étoffes comme « les autres, il en résultait beaucoup de directions, de diver- « gences dans le poil, qui ondoyait et réfléchissait diversement « les couleurs, ce qui était très-irrégulier et donnait des chan- « gements surtout aux coutures, devenait désagréable au coup « d'œil.

« Je pense qu'on pourrait, au lieu de deux ouvriers employés « à cette manipulation, n'en employer qu'un pour relever le « poil en avant, et adopter une brosse ou mieux peut-être une « lame de fer à tranchant non acéré, placée très-près de la partie « de l'étoffe qui s'enroule inclinée en arrière, raclant le poil, « le relevant et le tenant couché en arrière jusqu'à ce que, saisi « par la pression, il ne peut plus changer de direction. Peut- « être même pourrait-on éviter les deux ouvriers par telle inter-

« position d'une première ou d'une seconde brosse; les pièces « ainsi roulées, on les fait bouillir, comme les autres étoffes, sur « le rouleau posé verticalement dans la chaudière pendant deux « heures; on appelle dans la fabrique cette façon de bouillir : « *bouillir à la grecque*. On laisse refroidir le rouleau et on porte « à la teinture; après la teinture, on fait dégorger les pannes « et on les remet au tondeur, qui les fait sécher et les tond avec « les mêmes outils et suivant les mêmes procédés que pour le « drap. »

Suivent quelques considérations qui nous paraissent sans intérêt dans la question qui nous occupe; l'extrait qui précède a surtout pour but de démontrer l'influence du débouillissage sur la direction du poil, lorsqu'il a lieu d'une certaine façon. *Lorsqu'on faisait uniment bouillir*, comme dit l'auteur, *il en résultait beaucoup de directions, de divergences dans le poil*, c'est-à-dire ce que nous avons nommé depuis le poil brouillé. Mais lorsqu'on enroule le tissu serré après avoir donné aux poils une direction par des brosses ou une règle, cette direction inclinée reste et elle est formée par des filaments régulièrement serrés. Les apprêteurs des sealskins anglais ne font pas autre chose aujourd'hui, et c'est cet enroulement serré d'un duvet préalablement soulevé qui le couche plus ou moins ou l'incline forcément de la racine à la pointe.

Nous avons pensé qu'il était intéressant de donner l'origine d'un procédé appliqué avec beaucoup de succès en Angleterre, et qui paraît être trop complétement oublié en France, depuis que l'on fait les apprêts à la vapeur.

§ 7. — Débarrage.

Le débarrage est une opération pratiquée à la main, ayant pour but de corriger les apparences irrégulières qui se manifestent dans l'étoffe finie, sous la forme de barres longitudinales ou transversales plus ou moins étendues. Nous avons déjà eu plusieurs fois occasion de parler de ces fâcheux accidents et de leurs causes principales : tantôt c'est une irrégularité de torsion provenant du filage ou du retordage, tantôt c'est un manque d'uniformité du serrage et des tensions auxquelles les fils sont soumis pendant le tissage ; parfois aussi la teinture ou le foulage déterminent ces défauts. Ils sont d'autant plus choquants, que les effets façonnés sont plus étendus et plus opposés, que les couleurs de la chaîne et de la trame tranchent plus entre elles. Aussi se présentent-ils le plus fréquemment dans les étoffes dont l'une de ces séries de fils est blanche et l'autre noire.

Il existe plusieurs moyens plus ou moins parfaits pour débarrer ; ils varient en raison du genre d'effets, c'est-à-dire suivant qu'il s'agit de traiter les étoffes de couleurs foncées dites *de fondation*, comprenant principalement les noir, bronze, bleu et Amélie ou bleu violet, ou des tissus de fantaisie dits nouveautés. Dans le premier cas, on corrige les effets à la plume ou au pinceau, en peignant en quelque sorte à froid, avec de la teinture délayée les parties qui laissent à désirer. Ce procédé est long et coûteux ; on peut évaluer sa dépense en moyenne de 4 à 12 francs par pièce de 70 mètres. Pour les nouveautés on procède d'une manière analogue, en se servant du pastel, ou d'une couleur à l'huile et de crayons colorés. On applique ces crayons aux places voulues pour corriger et rectifier les points qui laissent à désirer ; après cette espèce de crayonnage, on cherche à fixer les teintes, au moins momentanément, et on détermine leur plus ou moins d'adhérence, en frappant sur les traces des crayons avec un morceau de drap. Malgré cette précaution, l'effet n'est pas solide, à moins toutefois qu'on n'ait appliqué la couleur à l'huile ; mais cette méthode demande plus de soin, plus d'habileté et entraîne à plus de dépense.

Pour les articles communs, on procède plus grossièrement,

en employant une couleur dite *cache-épouti*, après l'avoir étendue d'eau. La brosse dont on se sert dans ce cas est promenée, aussi habilement que possible, sur les parties à corriger. Enfin, tout dernièrement, on a imaginé un procédé nouveau, consistant à faire passer la pièce barrée dans une dissolution savonneuse à base métallique, afin qu'elle n'ait pas d'action sur les nuances et serve néanmoins à fixer une espèce de tontisse très-fine, placée dans un tamis d'où elle est répandue sur les endroits défectueux ; on passe ensuite l'étoffe entre deux rouleaux pour régulariser les nuances et les effets.

L'emploi de chacun de ces moyens exige des soins et une grande habileté pratique pour graduer convenablement l'opération et n'agir qu'aux places à rectifier. Aussi dans les centres manufacturiers y a-t-il des personnes et des établissements qui s'occupent exclusivement de cette besogne. On envoie des pièces à débarrer, comme on le fait pour les autres apprêts. Il est cependant exact de faire remarquer que ces sortes d'accidents diminuent en raison des perfectionnements apportés à la filature et au tissage. Mais comme, d'un autre côté, la production va en augmentant en raison du progrès, les *débarreurs* de profession sont toujours très-occupés.

Procédé cache-épouti. — L'épouti est un point ou filament étranger à la laine qui n'a pas pris la teinture. Il se rencontre surtout dans les draps noirs ordinaires les moins soignés. Pour corriger ce défaut, on s'est servi pendant longtemps, et on se sert encore, plus ou moins, d'une teinture spéciale, une espèce d'encre renfermée dans une fiole, dont on fait usage en y trempant un pinceau pour l'appliquer aux places où la teinture fait défaut. Ce procédé est long et coûteux, tant à cause du prix de la liqueur destinée à cacher l'épouti, et dont la composition est un secret, qu'à cause de la lenteur de l'opération, du temps indispensable pour examiner toute la pièce et pour réparer à la main et une à une toutes les défectuosités. Ces appréciations perdent de leur importance pour les draps fins, parce que les époutis y sont assez rares, et que leur prix permet des dépenses impossibles pour les draps communs. M. Joly a donc été bien inspiré lorsqu'il imagina, en 1855, un moyen plus expéditif et plus économique pour cacher les époutis. Son procédé est fort simple ; il consiste en quelque sorte à se servir, au profit du cache-épouti, des moyens un peu modifiés et déjà usités dans la teinture en pièce. Voici en quoi ils consistent : 1° dans un mordançage appliqué aux substances végétales ; 2° dans l'application de la teinture d'une manière uniforme sur la pièce ; les substances étrangères se trouvant seulement dans les conditions voulues pour prendre la matière tinctoriale s'en imprègnent simultanément.

Les moyens matériels pour faire l'application sont tout aussi simples. La pièce à époutier est passée entre deux cylindres ou rouleaux placés dans un bac contenant la dissolution du mordant. Au fur et à mesure de son passage, et aussitôt qu'elle s'est mordancée, elle reçoit une pluie de teinture par une tête d'arrosoir ; cette teinture se fixe naturellement sur les points qui ont de l'affinité pour la substance colorante, c'est-à-dire sur les parties étrangères à la laine. Cette première manière d'appliquer le bain a pour but de s'en servir toujours au même degré de concentration, tandis que par le trempage, les proportions changent et le bain pourrait se décomposer. Pour éviter cet inconvénient, en agissant néanmoins par immersion et en faisant passer la pièce dans le bain de teinture, on ajoute à la liqueur colorante une certaine proportion d'alcali pour la concentrer; le tissu peut alors passer complétement dans le bain avant que la décomposition dont il vient d'être question ait eu lieu.

Cette teinture des époutis d'une manière continue, au moyen d'un mordançage sans effet sur la laine et propre à fixer la matière colorante sur la substance végétale, par l'emploi d'appareils dont on fait usage d'ordinaire dans la teinture, s'est rapidement propagée à cause de son efficacité et de l'économie qu'elle offre sur les anciennes méthodes. Les localités surtout qui font des produits à bas prix, tant en France qu'à l'étranger, emploient aujourd'hui presque exclusivement ce nouveau mode de cacher l'épouti, breveté il y a dix ans.

§ 8. — Procédé pour rendre les lainages imperméables.

A une époque, on s'était beaucoup occupé de la recherche d'un moyen pour rendre les tissus impénétrables à l'eau et perméables à l'air. Il existe une foule de recettes à cet effet; les applications les plus importantes qui en aient été faites concernent surtout les bâches et les toiles employées dans les entreprises de transports. Quant aux lainages, ils sont en général suffisamment imperméables à l'eau lorsqu'ils sont foulés et d'une certaine épaisseur; aussi a-t-on à peu près abandonné l'idée de les préparer pour les garantir autrement que par leurs caractères propres. Cependant les étoffes légères, en laine, bien que feutrées, les twines destinées à faire des pardessus, sont souvent apprêtées de façon à allier la légèreté et la souplesse à l'imperméabilité. L'industrie anglaise a pendant longtemps fabriqué presque exclusivement les articles *water-proof*. On connaissait cependant ailleurs les éléments de la composition des liquides qui donnaient la propriété hydrofuge aux étoffes. On savait qu'elle repose sur l'emploi de la dissolution d'alun (sulfate d'alumine) ou du sulfate d'alumine et de potasse combinée tantôt avec des acides gras, tantôt au savon de Marseille, et le plus souvent avec de l'acétate de plomb ou d'étain. Le composé ainsi obtenu est rendu adhérent au tissu par le mélange d'une certaine proportion de gomme, de dextrine, de colle ou de gélatine. Si on n'a pas toujours réussi dans les résultats, cela tenait aux proportions des éléments constituants et à l'exécution des détails d'application. Nous croyons par conséquent convenable de fixer ces points par l'indication des moyens et des errements généralement adoptés en Angleterre. Ils consistent dans les proportions suivantes :

On dissout 25 kilogrammes d'alun et 25 kilogrammes d'acétate de plomb dans 3,000 litres d'eau. La durée de l'opération est de trois jours environ. Cette dissolution faite dans un premier vase ou citerne, on la fait passer dans un second récipient par un tuyau et un robinet, en ajoutant dans ce deuxième compartiment une proportion de 1,125 litres de la meilleure colle de Flandre dissoute par l'ébullition ; puis on agite ensemble ces deux liquides, colle et dissolution d'alun, pour les bien mélanger, et on laisse refroidir. La liqueur ainsi préparée est transvasée dans une troisième citerne disposée pour y immerger l'étoffe. Celle-ci doit être parfaitement sèche pour recevoir l'apprêt. Une fois trempée dans le liquide hydrofuge, on l'étend d'une quantité suffisante d'eau pour bien la mouiller tout entière. On la retire pour la faire sécher sans l'exposer à aucune opération qui pourrait enlever le liquide destiné à rendre le produit imperméable.

Le volume du composé hydrofuge dépend évidemment de la quantité d'étoffe à traiter ; on sera toujours sûr de réussir en prenant pour point de départ les proportions ci-dessus.

§ 9. — De quelques autres recettes d'imperméabilisation et de lustrage des tissus.

Les journaux scientifiques et industriels donnent de temps à autre des moyens d'apprêts pour les étoffes en général ; nous croyons devoir en indiquer quelques-uns, quoiqu'ils ne soient pas appliqués à la draperie, mais parce qu'ils pourraient présenter de l'intérêt dans de nouveaux essais à faire.

Perfectionnements dans l'imperméabilisation des tissus de soie et autres, par MM. Stephen Barnwell et Alexandre Rollason.

MM. Barnwell et Rollason ont trouvé une nouvelle application du collodion pour imperméabiliser les tissus. Voici comment ils procèdent, en supposant, par exemple, qu'il s'agisse d'opérer sur une étoffe de soie.

On prend du collodion et on le mélange avec de l'huile de ricin ou toute autre, telle que l'huile d'œillette, de lin, d'olive, de colza, etc., pourvu qu'elle soit très-pure. Ce mélange est ensuite versé ou étendu sur des plaques ou des cylindres de métal ou de verre, et, avant qu'il prenne consistance, le tissu est couché ou roulé dessus, puis enlevé un instant après, de manière qu'il en emporte une légère couche. Ainsi enduite, la soie est placée dans un séchoir en forme de four, où elle est soumise à une température de 100 à 300 degrés Fahrenheit. L'enduit subit alors, sous l'influence de la chaleur, une certaine décomposition, dont le résultat se traduit par un glàcis léger, qui a la propriété d'augmenter la force du tissu et qui peut en même temps le rendre complétement opaque, si on a eu le soin d'ajouter une matière colorante au mélange d'huile et de collodion. C'est ainsi qu'une étoffe de soie légère peut acquérir une consistance spéciale, tout en devenant d'une complète imperméabilité.

Les inventeurs préparent leur collodion soit avec du coton-poudre, soit avec de la xyloïdine provenant du chanvre, du lin, de la paille, de la sciure ou de l'amidon, qu'ils font dissoudre dans un des dissolvants du coton-poudre et qu'ils mélangent avec l'une des huiles ci-dessus mentionnées. Si l'on désire que l'étoffe de soie ou autre soumise au procédé d'imperméabilisation conserve de la flexibilité, on verse, en outre, dans la dissolution, une petite quantité d'huile animale.

Les proportions du mélange indiquées pour la soie sont : 30 parties de xyloïdine dissoute dans 300 parties environ en poids d'éther, avec 100 parties d'esprit-de-vin, auxquelles on ajoute de 75 à 100 parties d'huile végétale. Ce mélange est mis dans un alambic, où on le soumet à l'évaporation jusqu'à ce qu'il acquière une densité telle, qu'en le versant en couche égale sur une plaque de verre il se fige sous forme de pellicule solide au fur et à mesure du coulage. (*Journal of the Franklin Institute.*)

Moyen d'obtenir un nouveau lustre sur les étoffes de soie, de coton, de laine, de lin, de chanvre et autres fibres, par M. Crace-Calvert.

Pour produire sur les fibres, fils ou étoffes le lustre que l'on désire obtenir, on les passe, soit à froid, soit au bouillon, dans des dissolutions de sels métalliques, tels que ceux de plomb, de cuivre, d'argent, de bismuth, ou de tout autre métal, et, suivant les circonstances, on peut sécher les étoffes ou s'en dispenser avant de procéder à la seconde opération.

Quelquefois aussi on dépose sur les étoffes des oxydes ou des sels métalliques insolubles, ou bien on les passe dans des dissolutions d'alcalis ou d'oxydes terreux qui précipitent l'oxyde métallique sur les étoffes, fibres ou fils.

Quand on veut imprimer, on épaissit soit des sels insolubles ou solubles, soit des oxydes métalliques, de manière à pouvoir les appliquer sur les toiles, fibres ou fils.

Afin que l'étoffe s'imprègne uniformément du sel métallique, on la passe dans une grande cuve contenant, par exemple, une dissolution d'acétate de plomb marquant 1 degré Baumé, et portée près de son point d'ébullition. Dans cette cuve existe une série de rouleaux arrangés de telle façon que la pièce d'étoffe est obligée de passer de rouleau en rouleau, pour s'imprégner uniformément, et ne laisser aucune chance à la formation des plis.

Les pièces ainsi traitées pendant une demi-heure sont ensuite parfaitement lavées et séchées, et sont prêtes à être soumises à la deuxième opération.

Cette seconde opération consiste à placer les étoffes ainsi préparées dans une chambre close, dans une guérite ou dans un tonneau, où l'on peut introduire un jet de vapeur à différentes pressions, et imprégnée d'hydrogène sulfuré, produit par la décomposition d'un sulfure par un acide ou par un composé sulfuré susceptible d'être volatilisé ; on peut aussi obtenir cette source de sulfure en plaçant dans la chambre, guérite ou tonneau, des vases contenant des sulfures volatils, ou des substances qui peuvent donner de l'hydrogène sulfuré.

Quand les sulfures sont mêlés à un acide, pour obtenir le même résultat on peut remplacer la chambre close par des cylindres percés d'orifices d'où s'échappe la vapeur qui sert à fixer le lustre, c'est, en un mot, le moyen bien connu des imprimeurs sous le nom de *fixage à la colonne*. On peut encore produire le même résultat en imbibant une toile ou flanelle d'un sulfure alcalin ou terreux et en la mettant en contact avec l'étoffe, les fibres ou fils imprimés préalablement imprégnés comme ci-dessus ; on arrive aussi au même effet en mettant ces toiles ou flanelles ainsi imbibées entre les plis des étoffes. On les soumet, pendant quinze à vingt minutes, à l'action de la vapeur, soit sèche, soit humide, soit à basse ou haute pression, pour fixer le lustre.

Le même lustre s'obtient en exposant les étoffes préparées comme ci-dessus et dans les mêmes circonstances, à la vapeur imprégnée de carbure d'hydrogène, tel que le gaz d'éclairage, ou de composés organiques, tels que l'aldéhyde, l'acide formique.

Pour produire des effets colorés, il suffit d'imprégner ou

d'imprimer les étoffes avec des dissolutions de sels métalliques, tels que ceux de mercure, plomb, antimoine, arsenic et autres, et de les soumettre à un jet de vapeur contenant de l'hydrogène sulfuré ou des sulfures volatils, ou bien de l'iode ou de l'acide iodhydrique. (*The Engineer.*)

Nous indiquons les origines de ces dernières recettes, n'étant pas jusqu'ici fixé par l'expérience sur leur efficacité.

CHAPITRE XXX.

SPÉCIALITÉS DISTINCTES QUI CONSTITUENT L'INDUSTRIE DES LAINAGES.

Nous avons déjà établi (chap. III, § 10) le classement des produits de la laine, d'après leurs caractères spéciaux, en tissus ras, non foulés, provenant de la laine lisse, plus ou moins longue de fibres et peignée avant d'être filée, et en articles résultant des brins courts vrillés et cardés. Deux grandes industries distinctes en sont la conséquence, celle de la laine peignée et celle de la laine cardée; chacune d'elles se subdivise à son tour en un certain nombre de types fondamentaux. Tels sont, par exemple, dans les étoffes rases, les mérinos unis, les tissus façonnés, les châles en laine pure, les nombreuses variétés en matières mélangées, les articles poils de chèvre unis ou veloutés, etc. Dans la draperie proprement dite, les produits dits lisses ou unis sont distingués des façonnés, qui se subdivisent également en raison des genres et des destinations.

Chaque centre manufacturier donne un certain cachet propre à ses articles, résultant de la nature de la matière première employée et de ses transformations plus ou moins complètes. Ce n'est pas de ces distinctions caractérisées dans le cours de cet ouvrage qu'il va être question, mais des usines se partageant entre elles les diverses opérations successives dont l'ensemble constitue la fabrication d'une même sorte de lainage, lors même qu'un seul manufacturier réunit toutes les spécialités dans un établissement unique. Une usine de ce genre comprend, de fait, la *filature*, le *tissage*, la *teinture* et les *apprêts*. Chacune de ces spécialités nécessite des connaissances distinctes. L'ordre dans lequel on opère dans ces industries n'est pas le même pour les deux grandes branches de la fabrication des lainages. Dans celle de la laine peignée, on file et on tisse toujours ou presque toujours en blanc ou en écru; la teinture n'est appliquée que sur la pièce tissée[1]; mais quel que soit le mode d'opérer pour le peigné, le dégraissage de la laine se fait par le filateur, ou plutôt par le peigneur, dont l'établissement n'est pas toujours réuni à celui du filateur. Dans la fabrication des lainages foulés, où les laines sont en quelque sorte toujours teintes avant la filature, c'est au teinturier qu'incombe le dégraissage. L'ordre dans lequel procèdent les deux branches de la transformation des laines est le suivant :

Pour la laine peignée : 1° *dégraissage et peignage*; 2° *filature*; 3° *tissage*; 4° *teinture* et 5° *apprêts*, en tout, cinq spécialités fondamentales.

Pour les lainages foulés, cinq spécialités également : 1° *dégraissage et teinture*; 2° *filature*; 3° *tissage*; 4° *dégraissage et foulage*; 5° *apprêts*.

Dans les centres manufacturiers, il existe des entrepreneurs à façon du travail correspondant à chacune des divisions précédentes; cet état de choses s'est tellement développé et régularisé qu'il s'est formé des cours en quelque sorte officiels et normaux, variables avec les circonstances. A mesure que les pro-

[1] Nous disons « presque toujours, » pour faire allusion à certains articles, que l'on commence à imprimer à l'état de mèches préparées avant de les soumettre au métier à filer.

grès se propagent, qu'un perfectionnement se réalise, les prix de façon baissent ; ils varient également avec les causes ordinaires qui affectent les cours des denrées en général, avec l'offre et la demande.

Quoiqu'il y ait aujourd'hui une tendance marquée à l'érection de grands établissements et à la centralisation de toutes les opérations entre les mêmes mains, dans une seule manufacture, on ne peut néanmoins nier les services qu'ont rendus et que rendent encore le fractionnement et la spécialisation ; nous constatons ce fait plus loin par la comparaison des prix de revient de la fabrication dans un seul établissement à ceux du travail à façon. Nous allons, par conséquent, donner un devis aussi exact que possible de la construction d'une usine, et, afin de pouvoir estimer les dépenses de toutes sortes et connaître tous les éléments qui concourent à la fabrication, nous indiquerons, en regard de chaque opération, l'espace nécessaire aux machines et aux manipulations qui la concernent; cette évaluation nous donnera la surface totale du terrain à couvrir et des constructions à faire.

Fabrique de lainages dits nouveautés, montée pour traiter 12 1/2 draps de laine dégraissée par jour, soit 500 kilog.

	EMPLACEMENT.	PERSONNEL. Hommes.	Femmes.	Enfants.	COUT des machines.	Force motrice en ch. vapeur.
2° Triage, dégraissage et teinture.	m. q.					
Magasin aux laines pouvant contenir 300 balles, plus l'atelier de triage	400	2	»	»	»	»
1 pompe à eau, 200 à 300 litres par minute.........................	2	»	»	»	500	1
Installation de cuves en bois pour l'extraction des eaux de laine destinées à la fabrication de la potasse........	30	1	»	»	1,000	»
Magasin aux drogues............	40	»	»	»	»	»
1 moulin à indigo, 1 cuve pour dégraisser la laine	105	1	»	»	1,000	1
2 paniers à laver, à la mécanique..		4	»	»	1,500	
6 cuves de teinture, en cuivre, 1 panier à laver mécanique, accessoires........................	150	6	»	»	30,750	1/2
1 essoreuse (y compris l'emplacement nécessaire aux laines essorées ou à essorer).............	60	1	»	»	2,000	2
1 machine à sécher les laines avec ventilateur...................	20	2	»	»	1,800	1 1/2
1 dégorgeuse pour les draps teints en pièces......................	15	foulon.	»	»	1,000	3
	822	17	»	»	39,550	9
Machine à vapeur de 12 chevaux..	18	1	»	»	12,000	»
Générateur de 50 chevaux (*).....	65	»	»	»		»
Direction......	»	1	»	»	»	»
3° Filature.						
Direction, contre-maîtres.........	»	3	»	»	»	»
Magasin aux laines dégraissées et teintes..........................	200	»	»	»	»	»
2 batteries..........................	60	2	»	»	1,600	5
1 échardonneuse..................	30	1	»	»	4,500	2
Triage à la main................	140	»	30	»	»	»
3 loups et accessoires............	120	4	»	»	6,000	
36 cardes, 2 tours à aiguiser, 1 dévidoir à échantillonner.........	1,000	6	18	»	90,000	48
36 garnitures à 830 francs l'une, bobines, etc..................	»	»	»	»	34,250	
18 métiers renvideurs de 400 broches, 2 retordeuses, dévidoirs...	2,000	18	14	28	90,000	
A reporter...	4,455	53	62	28	283,900	64

(*) L'importance du générateur est nécessitée par l'emploi de la vapeur pour le chauffage des cuves et séchoirs.

	EMPLACEMENT.	PERSONNEL.			COUT du MATÉRIEL.	Force motrice en ch. vapeur.
		Hommes.	Femmes.	Enfants.		
	m. q.					
Report...	4,455	55	63	28	285,900	64
Cabinet aux fils, bureau..........	250	1	»	4	»	»
Machine à vapeur de 30 chevaux... 2 générateurs servant à tour de rôle, de 30 chevaux chacun..........	200	1	»	»	60,000	»
3° Tissage.						
40 draps de 65 mètres, en moyenne, après foulage, par jour..........						
Directeur, contre-maîtres et mécaniciens....................	»	4	»	»	»	»
10 ourdissoirs à la fonte, 1 cuve à colle....................		»	10	10		
3 machines à encoller et sécher les chaînes, 1 monteir	300	8	»	»	14,000	3
130 métiers à la main et accessoires		130	»	»	50,000	»
65 métiers mécaniques, 3 cannetières, etc....................	2,900	»	74	»	58,500	25
4° Foulage et apprêts.						
Directeur et contre-maîtres.	»	3	»	»	»	»
1 mouveuse à terre, 1 mouveuse à savon....................	30				2,000	
6 dégraisseuses (ensimage à l'oléine)	100	4	»	»	6,000	34
7 fouleuses.............. .	84				14,000	
1 essoreuse....................	15				2,600	
Séchage à l'air ou au séchoir......	105	»	»	»	»	»
Épinçage et rentrayage en écru et en apprêt....................	300	»	145	»	3,000	»
10 laineries occupées seulement une partie de l'année..............	75	10	»	5	10,000	3
1 machine à ramer..............	40	1	»	1	8,000	1
4 tondeuses et 2 brosseries	100	4	»	4	9,600	1
1 presse à chaud, 1 presse à froid, 1 décatissage....................	100	4	»	»	8,000	1
Atelier d'emballage, magasin, bureaux, etc....................	700	4	4	»	5,000	»
1 machine à vapeur pour tissage, foulage et apprêts, de 75 chevaux, 1 générateur de 100 chevaux avec prises de vapeur pour le chauffage des ateliers, de l'étente, de la machine à ramer et du décatissage....................	200	2	»	»	70,000	»
Matériel de chauffage et d'éclairage.	»	»	»	»	30,000	»
Transmission et matériel accessoire, tel que courroies, cordes en cuir, chanvre, coton, etc., imprévu...	»	»	»	»	65,400	»
TOTAUX.....	9,954	229	235	52	700,000	132

Résumé des prix de revient.

	Fr.
Prix d'achat du terrain	50,000
Construction, 9,954 mètres à 32 francs	318,528
Matériel	700,000
	1,068,528

Frais annuels.

	Fr.	Fr.
Intérêt, 5 pour 100 sur 50,000 francs	2,500	139,352
Intérêt et déperdition, 10 pour 100 sur 318,528 fr.	31,852	
Intérêt et déperdition, 15 pour 100 sur 700,000 fr.	105,000	
Achat des laines, 150,000 kilogrammes à 7f,50		1,125,000
Achat des drogues de teinture	40,000	99,000
Achat d'huile d'ensimage	22,500	
Achat de colle, lames, ros	19,500	
Achat de terre à foulon, savon, cristaux	7,000	
Achat de chardons divers	10,000	
Combustible pour chauffage et force motrice	48,000	60,000
Eclairage	12,000	
Salaires, 231 hommes à 3 fr. pendant 300 jours.	207,900	357,810
Salaires, 295 femmes à 1f,50 —	132,750	
Salaires, 52 enfants à 1f,10 —	17,160	
578, ou 1,10 homme par kilogramme de laine.		
Frais généraux, accessoires, tels que frais de voyage, employés, contributions, assurances		43,000
Total des frais de fabrication		1,824,162

En divisant ce tableau en six groupes principaux par nature de dépenses, on arrive à la répartition suivante :

1° Intérêt et amortissement des capitaux engagés	139,352 fr.
2° Dépense pour la matière première	1,125,000
3° Dépense pour les drogues de toute sorte	99,000
4° Dépense pour le chauffage, l'éclairage et la force motrice	60,000
5° Dépense pour les salaires de la main-d'œuvre	357,810
6° Frais généraux non compris dans les articles ci-dessus	43,000
Total égal	1,824,162 fr.

Cette dépense pouvant fournir 195,000 mètres d'étoffe vendus au prix moyen de 10 francs le mètre produira 1,950,000 francs ;

Soit un bénéfice total de 125,838 francs.

Si on admet un déchet de 10 pour 100 dans la fabrication, les 150,000 kilogrammes de laines ouvrées représenteront 135,000 kilogrammes de tissus, d'une valeur de $\frac{1,950,000}{135,000}$, soit 14 fr. 44 c. le kilogramme, et le poids sera $\frac{135,000}{195,000}$, c'est-à-dire 692 grammes par mètre, en moyenne.

Les bénéfices s'élèvent par conséquent à 6,4 pour 100 du capital de la somme des produits fabriqués.

Il est évident que ce résultat n'indique qu'une moyenne approximative. Les bénéfices peuvent être plus élevés lorsqu'il s'agit d'articles de fantaisie assez bien réussis pour avoir la vogue au point de se vendre avantageusement et de ne pas laisser de stock à solder ; mais, dans le cas contraire, le manufacturier se voit parfois exposé à une réduction dans son inventaire.

Quoi qu'il en soit, les éléments de dépense d'après le tableau précédent, pour une production normale, sont les suivants calculés au mètre :

Dépenses calculées au mètre pour chacun des éléments intervenants.

		Pour 100
Intérêt et amortissement pour le capital engagé....	0^{f},7129	7,623
Pour la laine, en moyenne..........................	5 ,7692	61,689
Pour l'huile, colle, matières tinctoriales et autres drogues..	0 ,5070	5,421
Chauffage et éclairage.............................	0 ,3076	3,289
Salaires de la main-d'œuvre........................	1 ,8349	19,620
Frais de bureau, non compris dans les éléments ci-dessus..	0 ,2205	2,358
	9^{f},3521	100,000

Il est inutile de faire remarquer que ces proportions ne sont pas absolues : elles peuvent varier avec presque tous les éléments. L'intérêt et l'amortissement sont nécessairement plus ou moins élevés avec les prix du terrain, des constructions de la localité, le genre de matériaux employés, la rareté et l'abondance des capitaux et la nature du moteur. La valeur de la matière première portée ici à un maximum est variable à son tour, non-seulement en raison des fluctuations qui se présentent pour les denrées en général, et avec les causes analogues qui en modifient le cours, mais encore suivant l'habileté du manufacturier assez expérimenté pour faire des mélanges permettant d'atteindre des moyennes de prix avantageux. Ces considérations sont applicables aussi aux huiles, drogues, etc.; leur intervention est plus ou moins onéreuse suivant leur choix et la proportion employée. Tel fabricant fera, par exemple, des graissages à 15 pour 100, à raison de 1 franc le kilogramme d'huile, avec un avantage marqué sur un autre qui est dans l'habitude d'employer 20 pour 100 de liquide gras coûtant de 1 fr. 50 à 1 fr. 60. La dépense du chauffage et de l'éclairage varie nécessairement aussi avec les localités. Il en est de même pour la main-d'œuvre. Mais, si chacun des éléments peut changer, les bases restent à peu près dans les relations ci-dessus, en présence des conditions actuelles de la fabrication en France. Elles peuvent être consultées avec un degré d'exactitude suffisant lorsqu'il s'agit de l'appréciation de l'importance de chacun des éléments. Elles démontrent, par exemple, que la matière première dont l'agriculture profite si largement peut s'élever à plus de 60 pour 100; que les salaires directs, à la sauvegarde desquels chaque contrée est intéressée, atteignent près de 20 pour 100; que les loyers des capitaux viennent chez nous au troisième rang des dépenses, les matières accessoires au quatrième, et que le cinquième appartient à une série de frais concernant le personnel en dehors de celui occupé aux transformations techniques, aux frais de voyages, d'assurances, pour les contributions, etc.

Du jour où ce bilan sera établi avec la même exactitude pour chaque localité d'un même pays et d'une contrée à l'autre, il sera facile d'estimer les avantages réciproques de chacune d'elles au point de vue de la production. Le manufacturier appréciera immédiatement les points avantageux ou vulnérables de sa situation, les éléments à modifier, s'il y a possibilité de le faire. La besogne des hommes d'État et des économistes dans la discussion des traités internationaux sera presque réduite à de simples règles de proportions. Cependant tous les éléments qui peuvent influer sur le sort industriel des nations concurrentes ne sont pas directement chiffrables. A côté des questions relatives à la valeur des capitaux, des machines, des salaires, du combustible, de la puissance de production, viennent s'en placer de plus difficilement appréciables qui ont néanmoins leur importance. La facilité des débouchés, la diffusion des connaissances générales nécessaires aux travaux industriels, l'habileté de main, le goût, les errements et les usages commerciaux, etc., entrent chaque jour pour une part plus large dans les luttes pacifiques internationales. Il est à peine nécessaire de faire ressortir leur influence sur le succès des transactions. Au point où l'industrie en est arrivée, sa prospérité repose en grande partie sur ses ventes à l'étranger et surtout sur ses exportations d'outre-mer. Or il est évident qu'à prix de revient égal sur les lieux de production, ce sont ceux dont les débouchés sont le mieux assurés au dehors qui seront les plus favorisés, le fabricant se trouvant garanti contre les stocks et la nécessité des soldes désastreux. Les connaissances nécessaires à l'industriel constituent également un élément de succès qui n'est plus controversé. Un manufacturier à la tête d'une grande exploitation doit être dans sa sphère ce que le chef d'une armée est dans la sienne. Il doit joindre à l'instruction générale et aux données économiques des connaissances techniques complètes, indispensables à l'appréciation de tous les points, embrassant la matière première dans ses transformations depuis son épuration jusqu'après son entier achèvement. Il doit, de plus, posséder la précieuse faculté de diriger les hommes et de s'en faire estimer.

A la prudence du commerçant, il lui faut joindre un amour suffisant du progrès, pour ne pas rejeter de parti pris les innovations qui viennent troubler ses errements. L'invention qui apparaît parfois incomplète et *boiteuse*, parvient souvent, avec un peu d'aide de la part du praticien expérimenté à rendre tributaire l'industrie qui l'a un moment dédaignée. Le progrès étant le but du manufacturier et de l'inventeur, les défiances réciproques qui existent trop souvent par suite d'un fâcheux malentendu disparaîtront immanquablement avec la diffusion des connaissances.

L'habileté de main, variable avec la constitution des individus, l'est également avec le mode d'organisation ou la division du travail et surtout avec les précédents de la classe ouvrière d'une contrée. Elle augmente, toutes choses égales d'ailleurs, avec les errements transmis de génération en génération. De là l'habileté des Indiens, des Chinois dans certaines transformations à la main, de la soie, des laines et du coton, et celle de la classe ouvrière anglaise dans la conduite des machines qui réalisent les mêmes opérations. Quant à l'influence du goût, dont nous avons parlé dans une autre partie de cet ouvrage, elle ne peut se nier, surtout pour les articles de luxe. Il faut espérer que la France continuera à rester au premier rang dans cette direction, et que ses articles si renommés sous ce rapport serviront à élargir de plus en plus ses débouchés dans les produits courants. Nous arriverons sans aucun doute à réaliser pour ceux-ci des progrès économiques aussi importants que ceux obtenus chaque jour par nos concurrents pour les objets de goût.

La manière même dont la fabrication se réalise n'est pas indifférente ; or, comme nous venons de le dire, elle est tantôt fractionnée en petites usines s'occupant chacune d'une spécialité distincte et opérant à façon, et tantôt en grands établissements réunissant toutes les parties qui concourent à la confection du produit.

§ [illegible]. — De la fabrication centralisée et de la fabrication à façon.

Dans certaines localités, ce sont les grands établissements réunissant dans une seule usine la filature, le tissage, le foulage et les apprêts qui dominent; dans d'autres, la masse des produits est obtenue par la fabrication à façon et divisée par spécialités. Louviers, Sedan, Châteauroux, Vire, etc., sont dans le premier cas; quelques-unes des usines de ces centres manufacturiers ont même leur teinture. Elbeuf, Lisieux, Bitschwiller et certaines villes du Midi sont dans le second. Dans celles-ci, la majorité des fabricants n'ont pas d'établissement ou possèdent seulement les machines concourant à une spécialité. Lorsque les fabricants de cette catégorie réalisent une partie du travail sous leurs yeux et à leur compte, ce sont d'ordinaire les apprêts, à partir du foulage jusqu'au moment du décatissage. Le rôle de ces fabricants consiste dans l'achat et le triage de la matière première. Une fois triée, la laine est envoyée à la teinture, où elle est dégraissée et teinte, puis retournée à son propriétaire, qui l'expédie à la filature. Les fils rentrent ensuite au comptoir du fabricant pour être livrés par celui-ci aux tisserands, qui rendent l'étoffe écrue; elle est remise dans cet état, après avoir été visitée, au foulonnier. Elle revient de nouveau au fabricant après le dégraissage et le foulage, pour être apprêtée plus ou moins complétement chez lui ou chez l'apprêteur à façon. Ce serait une erreur de supposer que, pour fabriquer dans ces conditions, il n'est pas nécessaire d'avoir des connaissances spéciales, puisqu'on s'en décharge sur les façonniers; nous pensons, au contraire, que, pour opérer avantageusement dans ce cas, il en faut autant que pour diriger une grande usine. En effet, il est nécessaire de savoir apprécier la matière première, le degré de perfection du produit, et, lorsque quelque défectuosité se déclare au moment des dernières transformations, d'en déterminer l'origine et la cause. Il faut, d'ailleurs, imaginer, composer et confectionner chez soi de nombreux échantillons, pour s'arrêter aux plus avantageux lorsqu'il s'agit des tissus nouveautés, qui forment la base actuelle de la fabrication des lainages; puis, les spécimens arrêtés, assortir convenablement les matières pour faciliter la réalisation du résultat de la manière la plus favorable. La tâche est donc plus délicate qu'on ne pourrait le supposer tout d'abord. A côté de la partie technique vient se placer la question économique. Le fabricant qui fait faire toutes les opérations au dehors peut-il supporter les pertes qui résultent des allées et venues de la matière, évitées dans les établissements où toutes les transformations sont réunies?

Les faits ont répondu à cette question par le succès et la prospérité d'une foule de maisons qui réussissent à côté d'un grand nombre d'établissements d'où la matière première entrée à l'état brut sort en produits apprêtés. Cette anomalie n'est qu'apparente : les deux systèmes ont leurs avantages et leurs inconvénients réciproques. S'agit-il de produits courants, comme les draps lisses ordinaires, les draps de troupe, les articles pour les administrations et, en général, les tissus dont le débouché assuré donne un très-faible bénéfice, la centralisation de toutes les opérations de manière à réduire le plus possible les frais généraux devient presque indispensable. Cette centralisation présente également des avantages pour la production de certains articles de fantaisie qu'on veut tenir secrets et réaliser le plus promptement possible pour profiter de leur vogue, souvent passagère. Mais vient-il une époque de crise commerciale, ce qui ne se présente que trop souvent, les établissements de ce genre, forcés de travailler en quelque sorte sans discontinuer à cause de leur organisation spéciale, sont exposés à des pertes énormes. Les fabricants qui font travailler à façon sont à l'abri de ces éléments désavantageux; ils payent certaines opérations, les premières préparations, par exemple, à un taux un peu supérieur à celui auquel elles reviennent dans les établissements qui concentrent toutes les transformations. Mais lorsque du ralentissement survient dans les affaires, ils peuvent restreindre leur production à volonté, sans se préoccuper au même point du chômage forcé des auxiliaires qu'ils entretiennent dans les temps ordinaires, et par conséquent sans être grevés de charges anormales. A ce profit direct et individuel du manufacturier qui fait travailler à façon, vient s'ajouter l'avantage général de cette organisation dans la localité où elle existe : elle permet à toutes les activités de se produire et de prospérer. Un faible concours financier suffit aux jeunes industriels qui n'ont que leur intelligence, pour se créer une position et augmenter la masse des producteurs qui font le succès de la contrée. Car, le crédit nécessaire à l'achat de la matière première s'obtenant facilement dès qu'il y a une garantie morale, il ne leur faut qu'une somme de capitaux relativement peu importante pour développer progressivement leur production. Une foule de maisons aujourd'hui au premier rang de l'industrie des lainages ont débuté à la faveur des éléments que nous venons d'énumérer. La division du travail a démocratisé l'industrie; elle est la principale source de la fortune de certains centres, qui lui doivent leur importance ascendante. Ce succès n'eût pas été possible sous l'ancien régime, avant l'ère du travail automatique. Pour se faire une idée exacte des modifications apportées à l'industrie par le système nouveau, nous allons comparer la fabrication aux deux époques auxquelles nous faisons allusion.

CHAPITRE XXXI.

COMPARAISON ENTRE LA FABRICATION ACTUELLE ET LA FABRICATION ANCIENNE, AUX POINTS DE VUE TECHNIQUE ET ÉCONOMIQUE.

Dans la première partie de cet ouvrage, nous avons cherché à donner aussi exactement que possible l'importance de la production des lainages avant l'ère automatique, et celle qu'elle a atteinte depuis. Les chapitres suivants ont été consacrés à la description des procédés usités alors et aujourd'hui. Nous pouvons maintenant, grâce à la consignation de ces faits, établir la comparaison entre l'ancien et le nouvel état de choses. La récapitulation des opérations dans l'ordre de leur intervention et leur valeur relative paraissent devoir offrir un intérêt économique et technique. Le manufacturier se rendra ainsi rapidement compte des modifications les plus importantes et de leurs conséquences, et se formera un jugement exact des parties restées plus ou moins stationnaires qui sont appelées à se perfectionner à leur tour. L'économiste y trouvera des renseignements sur la variation vraie des éléments qui ont concouru aux progrès sociaux, au bien-être des masses et à la prospérité générale. Malheureusement il n'est pas toujours facile, à près de cent années de distance, de retrouver les produits identiques, et par conséquent, de comparer les éléments qui ont concouru aux mêmes résultats. L'industrie dont nous nous occupons, quoique moins variée en apparence que certaines autres, démontre néanmoins cette difficulté. Un certain nombre d'articles de laine qui formaient autrefois une branche relativement importante ont changé de caractères; d'autres, en grande quantité, n'existaient pas. Lors même que les moyens d'action ne se seraient pas modifiés, il n'eût pas été possible de comparer précisément certains de ces groupes de produits sinon similaires, du moins ayant à peu près la même destination à des époques différentes. Ainsi, les *camelots*, les *étamines*, les *tamises*, les *serges*, les *calmandes*, etc., si variés autrefois et destinés aux vêtements de femmes, se sont modifiés d'une façon notable en reps, lastings, popeline, etc., etc., destinés aux mêmes usages. Le mérinos, qui a pris la place d'un des principaux articles de fonds depuis un demi-siècle et surtout depuis une trentaine d'années, n'aurait pu trouver son analogue autrefois que dans quelques variétés de serges; celles-ci en différaient cependant par une opération fondamentale, le foulage. La plupart des articles connus anciennement sous ces noms, quoique faits en fils peignés, recevaient un certain degré de feutrage et formaient ainsi plutôt une étoffe mixte, intermédiaire entre les tissus drapés et les tissus ras, tels qu'on les entend actuellement, qu'une étoffe véritablement lisse du type mérinos. On trouve des modifications du même genre dans les lainages épais et foulés en général. Il y a cependant un article classique, le drap uni ou lisse, qui a peu varié, si ce n'est sous le rapport du poids, par unité de surface. Les réductions, les caractères et la série des transformations sont restés à peu près les mêmes, les moyens de production seuls diffèrent. Nous pouvons donc prendre pour termes de comparaison un drap lisse d'il y a quatre-vingts ans, et un drap du même genre confectionné aujourd'hui. Nous devons seulement faire remarquer qu'on ne fait plus en général de draps proprement dits aussi lourds qu'alors; on a substitué l'étoffe à paletot aux draps épais. Ces deux articles sont à peu près du même poids, mais les genres de transformations diffèrent. Nous avons par conséquent préféré comparer entre eux, deux draps lisses soumis aux mêmes transformations, bien que la quantité de laine ne fût pas la même, cette différence ne troublant en rien les appréciations comparées que nous avons à faire.

Le point de départ des éléments qui constituaient la fabrication du dernier siècle, consigné dans le tableau suivant, est fourni par les inspecteurs des manufactures du temps, qui se les procuraient chez les fabricants des différentes localités. Les éléments de la fabrication d'un drap bleu d'Elbeuf en 1785 sont ceux donnés par Roland de la Platière dans le tome I de l'*Encyclopédie méthodique* publiée en 1785 et nous avons recueilli nous-même les chiffres concernant le travail actuel pour l'article similaire sur la même place.

Comparaison des éléments de la fabrication du drap lisse en 1785 et en 1866.

	1785	1866	RAPPORT POUR 100 — 1785	RAPPORT POUR 100 — 1866
Largeur de la chaîne....	2^m,475	2^m,60		
Nombre de fils..........	2900, litr. 8/4	3000, lit. 7/4, 8 sens.		
Poids de la chaîne.......	13^k,025	16^k,550		
Poids de la trame........	23^k,600	24^k,[illegible] en 7/4,7 s.		
Total du poids des fils....	36^k,625	40^k,650	1^k,137 au mètre.	0^k,789 au mètre.
Longueur de la chaîne sur le métier............	49^m,20	72^m,00		
Longueur du drap après foulage...............	32^m,20	51^m,50	34,6 de réduction.	28,5 de réduction.
Largeur................	1^m,105	1^m,40	41,4 de réduction.	46,00 de réduction.
1° Prix de la matière première..............	230,80	406,50	50,76 de la valeur.	51,58 de la valeur.
2° Dégraissage et lavage.	1,00	4,00	0,21	0,50
3° Teinture............	100,00	116,00	20,00	14,50
4° Battage.............	15,00	1,20	0,32	0,16
5° Plusage ou triage.....	2,60	6,00	0,56	0,76
6° Huile d'olive pr graisser la laine..........	9,85	10,40	2,10	1,31
7° Droussage ou cardage.	10,15	9,80	2,19	1,24
8° Filage..............	29,10	19,20	6,21	2,43
9° Bobinage...........	1,25	2,60	0,26	0,38
10° Ourdissage.........	0,35	1,45	0,07	0,18
11° Collage............	1,10	2,35	0,23	0,29
12° Lisières...........	6,00	10,00	1,28	1,12
13° Sepoulage et tissage...	20,14	55,44	4,30	7,34
14° Epinçage en gras et en maigre..............	3,00	25,00	0,60	3,16
15° et 16° Dégraissage et foulage.............	5,50	25,00	1,17	3,16
17° Lainage, tondage, etc.	29,00	50,00	6,18	6,32
18° Epoutiage, rentrayage, décatissage..........	5,10	20,00	1,00	2,53
19° Frais généraux.......	12,00	24,00	2,56	3,04
	468,60	788,78	100,00	100,00

Poids nets des produits. — Les 36^k,625 de fils mis en œuvre pour la pièce en 1785 et les 40^k,650 d'aujourd'hui perdent en moyenne 10 pour 100 dans les transformations. Ces poids ainsi réduits sont, par conséquent, ramenés aux chiffres suivants :

	[illegible]	[illegible]
	32ᵏ,963	36ᵏ,585
Les prix de revient par kilogramme de drap seront $\frac{[illegible]}{32,963}$ et $\frac{[illegible]}{[illegible]}$	14f,22	21f,50
Les prix au mètre seront $\frac{[illegible]}{[illegible]}$ et $\frac{[illegible]}{[illegible]}$	14 ,55	15 ,38
Le poids par mètre de tissu est $\frac{32,963}{[illegible]}$ et $\frac{36,585}{[illegible]}$	1ᵏ,024	0ᵏ,710

Il ressort de ces chiffres qu'un mètre de drap lisse coûte aujourd'hui à peu près (à 0fr,83 près) le même prix qu'au dernier siècle; on peut admettre une égalité de dépense pour la même surface, attendu que les quelques grammes de différence se rencontrent tantôt en plus et tantôt en moins pour l'un ou l'autre des draps des deux époques. Mais on objectera avec raison que l'écart existe surtout dans la quantité de laine employée, puisque le mètre contenait en nombre rond 1,000 grammes et qu'on n'en met plus que 700, la différence est donc d'un tiers. Mais les draps actuels, grâce aux nombreux apprêts perfectionnés et à l'abaissement relatif des dépenses à nombre égal d'opérations, sont plus finis et présentent une apparence beaucoup plus flatteuse. Nous devons faire remarquer, en outre, que si, sous le rapport économique, les lainages drapés et surtout les draps lisses unis ont plutôt augmenté que diminué, c'est par suite de l'augmentation de prix de la matière première et de la main-d'œuvre, puisque pour celle-là les 36ᵏ,625 de 1785 coûtaient 230fr,80 ou 6fr,30 au kilogramme, et que les 40ᵏ,650 d'aujourd'hui coûtent 406fr,50 ou 10 francs le kilogramme, soit une différence de près de 40 pour 100. La main-d'œuvre payée alors au maximum 1 franc aux hommes, 0fr,50 aux femmes, et 0fr,25 aux enfants par jour, a augmenté dans une proportion plus forte comme nous l'indiquons plus loin. C'est donc surtout l'agriculture et les salaires qui ont profité de l'abaissement du prix des opérations et des transformations plus que le fabricant lui-même. Ajoutons d'ailleurs que le progrès a été tel, qu'il se fabrique une masse d'articles de lainages pour nouveautés d'hiver pesant environ 1 kilogramme au mètre, confectionnés avec d'excellente laine pure, qui ne coûtent pas plus et même qui coûtent moins que le drap lisse d'autrefois du même poids par mètre.

Prix de vente comparés au prix de revient. — Les documents cités plus haut sur la fabrication ancienne de la draperie reproduisent les factures des pièces dont nous venons d'établir les divers éléments. Il en résulte que sur les 32m,20 on réduisait 1m,90 pour bonne mesure, et que la pièce était par conséquent vendue pour une longueur de 30m,30, à raison de 543 livres. Comme elle revenait à 468fr,60, le bénéfice net s'élevait par conséquent à 74fr,40 ou à 2fr,45 par mètre. Aujourd'hui les 51m,50 sont également vendus pour 50 mètres à 825 francs la pièce en moyenne, soit un bénéfice de 36fr,22, ou de 0fr,724 [1] par mètre. Les bénéfices généraux n'ont donc pu se maintenir que par le développement de la production facilitée, nous allons le voir, par l'intervention de la force motrice automatique et sa substitution à la main-d'œuvre. L'importance de ce fait pourra se mesurer directement par les chiffres du tableau suivant, donnant le personnel nécessaire pour les mêmes travaux aux deux époques comparées.

Nous avons pris les quantités citées dans l'*Encyclopédie*, c'est-à-dire une partie de douze balles de matière première, avec le personnel nécessaire pour réaliser toutes les opérations que réclamait alors la fabrication du drap lisse, et nous avons mis

[1] Il n'est pas nécessaire de faire remarquer que ce chiffre peut varier : il doit être considéré comme un minimum dans une situation industrielle normale.

en regard le nombre moyen des personnes employées actuellement aux mêmes résultats.

Tableau du personnel nécessaire pour transformer par jour, en drap lisse, 12 balles de laine de 125 kilogrammes chacune, soit 1,500 kilogrammes de laine lavée, en 1785 et en 1866.

	1785 Personnes.	1866 Personnes.
Dégraissage et lavage pour 12 balles	30	20
Séchage et battage	30	9
Pinçage et triage	366	60
Droussage et cardage	1,076	80
Filage	4,719	184
Dévidage	292	42
Bobinage	124	40
Ourdissage	29	18
Collage des chaînes	24	6
Filage des lisières	268	6
Tissage	1,426	650
Sepoulage de la trame	357	325
Epinçage en gras et en maigre	235	250
Dégraissage et foulage	60	12
Montage des chardons, lainage et curage des chardons	295	70
Tondage, ramage, brossage	440	55
Teinture en pièce	40	12
Époutiage et rentrayage	105	30
Catissage, pressage et emballage	42	10
Commis et contre-maîtres	58	18
	10,016	1,897

§ 1. — Remarques sur le tableau précédent.

Comparaison des conditions économiques. — La fabrication de la draperie pouvant faire aujourd'hui avec 1897 personnes le travail qui en exigeait 10,046 au dernier siècle, il s'en suit qu'une même population ouvrière correspond actuellement à une production plus que quintuple, dont la valeur par unité de poids n'a pas sensiblement varié, comme nous l'avons déjà fait remarquer, mais pour laquelle les salaires ont presque quadruplé, puisqu'ils se sont élevés en moyenne de 225 à 750 fr. par tête et par an. Si donc nous connaissions le nombre d'ouvriers directement employés dans la fabrication des lainages, nous pourrions en conclure avec un grand degré de certitude le minimum des tissus fabriqués, en multipliant par 5 le chiffre de la fabrication que représentait ce même personnel autrefois, avant l'ère du travail automatique. Ce serait là un minimum, disons-nous, parce que le nombre d'ouvriers appliqués à certaines opérations continue à aller en diminuant, comme nous le démontrerons dans un instant; réciproquement, connaissant le chiffre auquel s'élevait autrefois et s'élève aujourd'hui la valeur des lainages produits annuellement, nous pourrions en déduire le nombre d'ouvriers.

Or, nous avons vu (ch. I, § 10) que la production annuelle était arrivée vers la fin du dernier siècle à 128,585,000 livres représentant une valeur de 50 pour 100 en laine ou 64,292,500 dont le kilogramme valait en moyenne 6 francs. La quantité de laine mise en œuvre était par conséquent $\frac{64,292,500}{6}$ = 10,715,416 kilogrammes. Et comme il fallait alors 10,016 personnes pour transformer 1,500 kilogrammes lavés en partie donnant 1,300 kilogrammes lavés à fond, par jour; comme les 10,715,416 kilogrammes représentent une transformation par jour = $\frac{10.715.416}{300}$ = 35,718 kilogrammes, on a $\frac{35,718}{1,300}$ = 27,5.

C'est-à-dire que 27,5 × 10,016 = 275,440 ouvriers, sous l'ancien régime, étaient directement employés dans la fabrication des lainages en France. Ce chiffre est un peu trop élevé, attendu qu'il y avait à peu près 50 pour 100 de lainages légers dont la main-d'œuvre exigeait environ 14 pour 100 de personnes en moins.

On arrive donc à une appréciation assez exacte en diminuant

la masse des ouvriers occupés dans ces spécialités de 7 pour 100 ; ce qui réduit cette population à 256,160 personnes sous l'ancien régime.

Quoique la production des lainages soit estimée parfois à un milliard, actuellement, par an, nous ne la supposerons, pour plus de certitude, et ne raisonnant que sur un minimum, qu'à 850 millions, conformément au § 5 du chapitre IV ; la matière première est représentée par 425 millions de francs, qui, à 8 francs le kilogramme, en moyenne, donnant 53,200,000 kilogrammes et $\frac{53,200,000}{300} = 177,333$ kilogrammes de laine transformés par jour, et $\frac{177,333}{1,300} = 133,3$ et $133,3 \times 1897 = 252,301$ personnes qui seraient directement employées dans le travail des lainages. Si, ici encore, nous réduisons de 7 pour 100, par les motifs indiquées ci-dessus, nous trouverons un nombre d'ouvriers de 234,640. Quant à la production correspondant à chaque travailleur, on trouvera :

Chaq[illegible]rier représente une production annuelle $\frac{850,000,000}{234,640}$ $= 3,622$ francs, tandis que sous l'ancien régime, elle n'était que $\frac{128,500,000}{256,260} = 501$ francs, c'est-à-dire que la puissance de la production relative au personnel a plus que sextuplé, sous le rapport de la valeur des produits.

Comparaison des conditions d'existence de la classe ouvrière. — Les progrès que nous venons de faire ressortir auraient moins de prix à nos yeux, s'ils n'avaient eu également pour conséquence une amélioration sensible dans l'état des travailleurs. L'augmentation des salaires a progressé notablement plus que les dépenses nécessaires à l'existence matérielle : car si la viande et les logements ont augmenté, le pain et la plupart des vêtements ont diminué ; d'autres articles sont restés stationnaires. Il y a donc, en somme, une amélioration sensible dans les éléments indispensables à l'existence.

Si l'on voulait comparer le régime de l'ouvrier aux deux époques, on trouverait que, s'il dépense plus aujourd'hui qu'autrefois, c'est par suite d'une amélioration notable dans sa manière de vivre. La viande de boucherie, par exemple, malgré la modicité de son prix, était presque inconnue à la cuisine de l'ouvrier. La valeur du pain a diminué plutôt qu'augmenté, et s'est surtout régularisée, les années de disette devenant de plus en plus rares. Mais s'il est un progrès qui mérite d'être signalé, c'est celui apporté à l'amélioration des conditions hygiéniques du travail; il suffit de rappeler quelques faits pour le démontrer.

Au lavage aux pieds se sont d'abord substitués les bâtons manœuvrés à la main, et les machines viennent à leur tour remplacer ceux-ci. Le battage et le plusage, si malsains, se pratiquent dans des appareils clos, sans inconvénients notables; ils sont cependant susceptibles encore de perfectionnement. La filature et le tissage se pratiquent, en général, dans des locaux dont les conditions atmosphériques ne laissent plus rien à désirer.

Les foulons cylindriques, dont l'emploi est presque universel, peuvent s'installer partout, comme une machine quelconque, sans aucun inconvénient, et remplacer partout l'outillage misérable et malsain des foulonniers d'autrefois. L'opération si pénible du tondage est devenue la plus simple, la plus facile et la plus précise, ne réclamant qu'une simple surveillance, et ainsi de suite pour presque toutes les transformations.

Et cependant, le progrès est si peu à son apogée, qu'on peut prévoir et indiquer, dès à présent, une série de transformations qui se réaliseront sans doute aussi bien au profit du patron que des ouvriers. Nous allons examiner quelques-unes des modifications à effectuer.

§ 2. — Remarques spéciales aux progrès techniques.

Le tableau du personnel employé autrefois et aujourd'hui indique des variations considérables dans les diverses parties du travail auxquelles elles se rapportent. Ce personnel a diminué pour certaines opérations, pour le filage, des 25/26 et pour le cardage, des 12/13, tandis que pour d'autres c'est à peine s'il y a eu un changement, il en est même une qui accuse une augmentation. Il y a donc quelque intérêt à passer ces transformations en revue une à une et à indiquer celles qui paraissent susceptibles d'être modifiées et améliorées encore. *Dans le dégraissage et le lavage des laines,* on est parvenu à économiser un tiers du personnel en moyenne ; mais cette diminution ne porte encore que sur le lavage par les hommes ; lorsque le système automatique sera généralisé ; la réduction du nombre d'ouvriers sera naturellement plus notable.

La diminution de plus des 2/3 de la main-d'œuvre dans le *séchage et le battage,* ne nécessitant plus que neuf personnes là où il en fallait trente, est une preuve de l'influence du développement des moyens automatiques dans des opérations où une partie, celle du séchage, ne paraissait pas susceptible d'une réduction de main-d'œuvre.

Les différences considérables entre le nombre d'ouvriers employés aux transformations de la filature telles que le *plusage*, le *cardage*, le *filage*, le *dévidage*, le *bobinage*, s'expliquent d'elles-mêmes, ces parties étant celles qui ont été le plus profondément modifiées par le travail automatique. Cependant les réductions ne présentent pas les mêmes rapports dans ces diverses opérations, elles varient des 2/3 aux 25/26.

La première proportion de 66 pour 100, économisée sur le

bobinage, provient naturellement des machines à dévider automatiquement à bobines multiples, et à une vitesse aussi accélérée que l'amélioration du produit par le filage mécanique a permis de l'obtenir. Les 83 pour 100 économisés dans le dévidage tiennent à des causes de même nature. Si la proportion de la réduction est un peu plus forte, c'est parce que cette opération avait lieu autrefois bobine par bobine, c'est-à-dire fil à fil, tandis que pour le second bobinage on réunissait déjà un certain nombre d'organes.

Mais la réduction capitale de la main-d'œuvre porte surtout sur le *filage*. Nous avons vu, dans le chapitre XII, que neuf fileurs et trente-six enfants suffisent pour exécuter simultanément 7,200 fils ; un ouvrier et quatre rattacheurs en produisent 1,800 là où il fallait autrefois dix-huit cents femmes pour une production bien moindre, attendu que c'est à peine si le rouet de la fileuse faisait 100 tours là où l'organe fileur en fait aujourd'hui plus de 3,000. La puissance productrice a été augmentée trente fois de ce chef seulement. Cela explique comment il a été possible d'économiser vingt-six ouvriers sur vingt-sept dans cette direction. Le filage proprement dit, c'est-à-dire la dernière opération de la transformation de la matière en fil, offre l'exemple le plus considérable des modifications profondes réalisées par le travail automatique. Elles ne sont pas seulement économiques, mais aussi techniques et très-sensibles au point de vue de la perfection du produit. Autrefois l'irrégularité du résultat était inévitable, l'habileté individuelle était la seule garantie pour atteindre une certaine précision. Et encore cette habileté des mains était-elle variable en raison des conditions dans lesquelles elle opérait. Il est évident qu'après une pratique plus ou moins prolongée, l'uniformité du travail n'était plus aussi assurée. La quantité d'étirage ou de glissement et de torsion produite au moyen des doigts, sans contrôle ni régulateur, dépendait nécessairement des soins attentifs plus ou moins efficaces, suivant la fatigue éprouvée par l'ouvrière. Aujourd'hui, au contraire, la régularité est obtenue par les moyens les plus précis, complétement indépendants de l'action directe de l'ouvrier. Les fonctions de celui-ci se bornent à la surveillance de la marche des machines, à leur bon entretien et à la réparation des défauts causés accidentellement. C'est donc à juste titre que la substitution du filage automatique au travail à la main est citée comme l'un des progrès industriels les plus remarquables. Mais les opérations préparatoires sont loin de s'être modifiées aussi profondément : dans le cardage, par exemple, l'économie de la main-d'œuvre a été relativement bien moindre, puisqu'elle est dans le rapport des 12/13; les progrès réalisés depuis l'ère automatique y sont également moins sensibles que dans le filage. Le cardage, même sur les cardes anciennes, pouvait se faire avec un certain degré de perfection.

Le personnel du *tissage* aux deux époques a été établi pour le travail à la main, et si malgré cela le tableau constate une économie de plus de 50 pour 100, elle provient de la substitution de la navette volante ou du système dit *au caribary*, qui a permis de retrancher un tisserand sur deux. Mais si nous comparions le tissage automatique au tissage à la main, l'économie serait au moins double. Ce résultat est en voie de se réaliser dans les conditions indiquées au chapitre XIV, § 5.

Le *sepoulage*, ou formation des trames, n'a presque pas fait de progrès; c'est à peine s'il y a une réduction de 8 pour 100 sur le personnel employé à cet usage. C'est là une preuve de l'emploi beaucoup trop restreint encore des cannetières automatiques, qui ne sauraient manquer de se propager avec le tissage mécanique. L'*épinçage* est la seule préparation pour laquelle on emploie un nombre plus grand de femmes aujourd'hui qu'autrefois; cela tient à ce que l'on est plus exigeant pour le travail, et aussi à ce qu'on emploie certaines laines mélangées de plus de corps étrangers, inconnues dans la consommation courante au dernier siècle.

Les comparaisons dans le tissage ne portent que sur les articles unis; les façonnés dans la draperie proprement dite étaient rares et en général à petits effets, jusques il y a une trentaine d'années encore, comme nous l'avons déjà fait remarquer. Quoique ces articles présentent relativement peu de complication au tissage, nous aurions constaté une simplification et une économie considérables, si nous avions eu à comparer les moyens surannés du montage et du tissage des façonnés en général, aux résultats obtenus actuellement avec le métier Jacquart.

Les progrès plus récents encore résultant de la substitution des foulons cylindriques aux anciennes piles ou moulins se manifestent par une économie des 4/5 du personnel, non compris, bien entendu, les autres avantages de cette application dont il a été question dans la partie technique.

Les bénéfices réalisés dans les opérations qui suivent le foulage, sont à peu près les mêmes nominalement, mais cependant plus élevés de fait, la différence du personnel portant sur les apprêts de quantités égales de produits, il est vrai, mais pour des répétitions plus nombreuses aujourd'hui que lorsque le lainage et le tondage étaient pratiqués à la main. Le nombre de voies ou de traits de chardons au garnissage et celui des coupes à la tondeuse automatique sont plus multipliés que lorsqu'on les réalisait par les chardons en croix, et les ciseaux gigantesques ou *forces*.

La revue succincte des faits qui précèdent vient augmenter le nombre des preuves en faveur de la substitution du travail automatique au travail à la main. A l'origine de cette métamorphose, il y avait parfois des moments de transition pénible résultant de la privation momentanée d'occupation pour un nombre plus ou moins considérable d'ouvriers ou d'un déclassement défavorable à la main-d'œuvre. Mais depuis que l'industrie est résolûment entrée dans la voie des transformations automatiques, les bras font plus souvent défaut aux machines que celles-ci ne les privent d'emploi. Ce fait deviendra de plus en plus évident avec la prédominance du système nouveau. Le régime automatique, la suppression de l'emploi de la force et des efforts musculaires de l'homme dans l'industrie, grâce à l'usage des machines, ont des conséquences d'autant plus favorables que la substitution de celles-ci aux premiers est plus complète ; autrement une partie des avantages se trouve neutralisée. Si, dans une série de transformations concourant à un résultat unique, les unes sont devenues automatiques et les autres restées stationnaires, celles-ci entravent d'autant celles-là dans leur marche et amoindrissent les avantages généraux, de même que dans deux voies ferrées réunies par un chemin de terre, les changements de voitures, les déchargements, transbordements et rechargements neutralisent en partie l'économie. Les conséquences avantageuses de l'emploi des systèmes perfectionnés sont d'autant plus sensibles qu'ils sont plus complets et plus familiers aux masses. Les pays placés dans les conditions économiques les plus diverses le prouvent suffisamment. Le Royaume-Uni manquant d'espace et offrant la population la plus dense, aussi bien que les Etats-Unis, remarquables par l'étendue considérable de leur sol et leur peu d'habitants, et sous nos yeux la France, en tête des pays continentaux, en offrent des exemples. Ce serait une banalité de rappeler ce que l'Angleterre doit aux progrès automatiques ; l'Amérique leur est redevable du développement extraordinaire de la culture du coton [1], et bientôt ils auront fait disparaître les craintes que faisait naître l'abolition de l'esclavage. En

[1] Voir l'*Histoire de l'invention du saw-gin et son influence* dans le *Traité du coton*, par Michel Alcan, chez Noblet et Baudry, 15, rue des Saints-Pères.

France, les localités les plus prospères sont celles du nord et de l'est où les moyens automatiques industriels sont le plus répandus.

Le temps est d'ailleurs passé où il était nécessaire de prendre la défense des progrès mécaniques. Les plus chagrins et les plus opposants sont obligés de l'accepter comme un fait accompli, pendant que les observateurs et les philanthropes le considèrent comme le plus grand pas vers une ère qui permettra au travail manuel de vivre moins péniblement que par le passé.

Cependant la prospérité industrielle ne dépend pas seulement des moyens techniques : les conditions dans lesquelles ils se réalisent ont une large part au développement du travail. Un coup d'œil sur les évolutions successives de l'industrie démontrera l'influence de ces conditions dans le passé et pourra servir d'enseignement pour l'avenir.

§ 3. — Considérations générales sur le développement progressif de l'industrie.

Lorsqu'on examine attentivement la marche et le développement d'une spécialité depuis sa naissance jusqu'à nos jours, on est frappé de retrouver les mêmes causes avec des influences identiques à des intervalles qui se comptent par des milliers d'années. La paix, la liberté et la bonne foi ont eu de tout temps une influence salutaires sur les arts utiles. A peine quelques travailleurs purent-ils se réunir et s'entendre, qu'ils cherchèrent à s'assurer ces conditions favorables. Si les plus anciennes associations et corporations d'artisans n'ont pas toujours atteint le but qu'elles s'étaient proposé et ont abusé de leur puissance, il faut l'attribuer à la nature et aux passions des hommes, et non aux principes sur lesquels elles s'étaient appuyées pour s'entr'aider et se garantir contre l'oppression. Les premières, instituées antérieurement à la féodalité, assuraient aux plébéiens une liberté toujours refusée aux esclaves, dont l'existence était, en revanche, moins tourmentée. Ces modestes associations ne reculèrent devant aucun sacrifice pour sauvegarder ce droit de travailler en paix, que les seigneurs leur firent parfois payer bien cher. La fécondité des arts et de l'industrie devint dès lors l'une des plus grandes ressources de la noblesse, qui, en échange des lourdes charges supportées par les artisans, dut leur octroyer le précieux droit de constituer des communes. Cette liberté relative et les règlements intérieurs, établis en vue de la bonne exécution des produits et de la loyauté des transactions, amenèrent ces institutions à une prospérité signalée déjà dans l'introduction de cet ouvrage. La bourgeoisie, si éclairée et si énergique, lors de la première réunion des Etats généraux, au quatorzième siècle, offrait une preuve éclatante des conséquences du travail industriel sur la masse de la population. La plupart des contrées européennes jouissaient à cette époque des institutions libérales des communes. Qui ne sait ce qu'elles ont valu de prospérité aux Etats de l'Italie, à l'Espagne, à l'Allemagne, aux Pays-Bas, à la Hongrie, etc.?

Ces résultats durent frapper Colbert, lorsqu'il chercha à relever l'industrie française du fâcheux état où les guerres extérieures et les dissensions intestines l'avaient amenée. Mais le célèbre ministre de Louis XIV paraît avoir attribué la plus large part de l'ancienne prospérité industrielle à la réglementation et à la partie restrictive de l'organisation communale, et avoir peu tenu compte de ses franchises. Au principe de la réglementation étroite, remise énergiquement en vigueur sous Louis XIV, vinrent s'ajouter les exigences fiscales, qui multiplièrent les barrières autour de chaque industrie et augmentèrent les prix sans devenir une garantie pour la perfection des produits. Les résultats étaient bien différents de ceux que Henri IV recherchait, lorsqu'il dit, dans son règlement général sur les maîtrises : « Esviter aux partialités, monopoles, longueurs et excessives despenses qui se pratiquent journellement, au tres-grand interest et dommage des pauvres artisans desirans obtenir le degré de maistrise. » Des abus de toutes sortes et sur tous les points se manifestaient, au contraire, sous le règne de Louis XIV, si l'on en juge par les écrits émanant du gouvernement lui-même. La durée des apprentissages, l'expédition des brevets des apprentis, la forme et la qualité des chefs-d'œuvre, les frais de réception des aspirants, les buvettes, festins et frais de confrérie, le nombre des visites des jurés chez les maîtres, et généralement tout ce qui concernait la police des corps et communautés, laissaient à désirer et réclamaient des réformes. Ces améliorations ne se réalisèrent pas, si l'on en juge par l'énumération de certaines dispositions bizarres faite dans le fameux édit du 22 février 1776, où Turgot dit : « Parmi les dispositions déraisonnables et diversifiées à l'infini de ces statuts, mais toujours dictées par le plus grand intérêt des maîtres de chaque communauté, il en est qui excluent entièrement tous autres que les fils de maîtres, ou ceux qui épousent des veuves de maîtres; d'autres rejettent tous ceux qu'ils appellent *étrangers*, c'est-à-dire ceux qui sont nés dans une autre ville. L'esprit de monopole qui a présidé à la confection des statuts a été poussé jusqu'à exclure les femmes des métiers les plus convenables à leur sexe, tels que la broderie, qu'elles ne peuvent exercer pour leur propre compte. »

Voilà où en était arrivé l'abus d'un principe qui avait eu sa raison d'être à l'origine et avait rendu d'éclatants services. L'abolition de l'ancien régime fut motivée par des considérations qu'on ne saurait trop reproduire. « Nous devons à tous nos sujets, dit l'édit de Louis XVI en 1776, la jouissance pleine et entière de leurs droits. Nous devons surtout cette protection à cette classe d'hommes qui, n'ayant de propriété que leur travail et leur industrie, ont d'autant plus le besoin et le droit d'employer dans toute leur étendue les seules ressources qu'ils aient pour subsister. Nous avons vu avec peine les atteintes multipliées qu'ont données à ce droit naturel et commun des institutions anciennes, à la vérité, mais que ni le temps, ni l'opinion, ni les actes mêmes émanés de l'autorité qui semble les avoir consacrées n'ont pu légitimer. Dieu, en donnant à l'homme des besoins, en lui rendant nécessaire la ressource du travail, a fait du droit de travailler la propriété de tout homme; et cette propriété est la première, la plus sacrée et la plus imprescriptible de toutes... »

Ces paroles mémorables d'un roi venaient enfin annihiler la prétention qui faisait du droit de travailler un droit royal, une marchandise appartenant au souverain, auquel ses sujets devaient l'acheter.

Cet édit de 1776 rencontra cependant une vive opposition de la part des Parlements; il ne fut enregistré que par un lit de justice et grâce au concours des Etats généraux de 1789. La destruction complète de l'ancienne organisation industrielle fut achevée à la Révolution, par la Constituante. Nous avons indiqué, dans l'introduction historique de ce livre, les vaines tentatives faites au commencement de ce siècle et surtout lors de la Restauration, pour ramener l'industrie à l'institution des corporations.

Nous ne suivrons pas ici le mouvement réalisé depuis cette époque en deux sens opposés et caractérisé par la protection et le libre échange; de plus autorisés que nous l'ont entrepris dans des ouvrages spéciaux, justement estimés. Nous désirons uniquement donner une appréciation de certaines exigences nouvelles que nous entrevoyons comme conséquences du libre échange.

Le marché intérieur, réservé pendant longtemps à l'industrie du pays, est désormais abordable aux produits étrangers. Il ne faut pas seulement se mettre en état de résister à cette concurrence, mais encore se créer des débouchés nouveaux destinés à remplacer la fraction du marché qui peut échapper à la production française. Les moyens d'y parvenir consistent dans la concentration de tous les élements qui font le succès de l'industrie, dans la production suffisamment étendue pour obtenir la plus grande réduction possible des frais généraux, dans l'exécution parfaite des tissus de goût et, de plus, dans la réunion des spécialités diverses sur une même place, parfois dans un même établissement, afin d'obtenir une sorte d'équilibre dans le mouvement et une véritable garantie contre le chômage. Une des grandes branches des tissus se trouve-t-elle atteinte par une de ces crises trop fréquentes qui en arrêtent momentanément le développement, la spécialité opposée offre le plus souvent une compensation. Lorsque les produits cotonniers sont éprouvés, ceux du lin, du chanvre et de la laine prospèrent, au contraire, et *vice versa*. Ce fait ne s'est que trop manifesté dans la dernière crise cotonnière. Les localités exclusivement livrées au traitement des cotons, telles que Rouen et ses environs, ont considérablement souffert, tandis que la Picardie, le Nord, Lille, Roubaix, Tourcoing, Armentières et la Bretagne trouvaient une compensation dans les transformations du lin, des laines et même de la soie. Il en est de même de l'Alsace, qui s'approprie peu à peu le travail de la laine dans de vastes exploitations.—Mais cette nécessité de diversifier les spécialités et de travailler sur une vaste échelle exige une somme de capitaux plus considérable qu'autrefois. La législation qui vient de finir permettait de créer une usine sur une petite échelle et de la développer progressivement. Désormais cette manière d'opérer n'est possible qu'exceptionnellement, dans des cas fort rares, dont l'examen n'offrirait pas d'intérêt. Si donc les grands capitaux deviennent indispensables au succès de nos industries, comment se les procurer autrement que par l'association, avec l'organisation sociale, les errements et les usages de notre pays, où les fortunes industrielles ne dépassent guère la troisième génération ?

L'association devient donc le levier fondamental de l'industrie et remplacera les corporations de l'ancien régime, ainsi que le morcellement manufacturier du demi-siècle dernier. Mais, pour que ce grand moteur fonctionne dans sa plénitude, les lois sur la matière devront être modifiées. Elles ne nous paraissent pas plus favorables au travail, que ne l'était dans son temps la réglementation. Toutes les précautions prises dans les dispositions législatives pour empêcher la fraude rentreraient, selon nous, dans le droit commun. Il devrait être loisible aux capacités et à la probité sans capital de former des associations avec des capitalistes, en vue d'une exploitation matérielle bien définie, réglée par des clauses libres et réciproques, sans que la loi intervienne autrement que pour la répression des abus. Avec une législation de ce genre, l'amélioration de nos voies et moyens de transport intérieurs et extérieurs, la diffusion des connaissances techniques, l'intervention des sociétés industrielles pour faire connaître nos produits dans les régions les plus éloignées, l'industrie des tissus entrerait bientôt dans une phase de prospérité inespérée. Cette conviction, que nous avons émise dans nos rapports sur l'Exposition internationale de Londres en 1862, s'est raffermie, il y a quelques jours à peine, à la vue du mouvement extraordinaire dont les centres du Nord, Lille, Roubaix, Tourcoing, etc., donnent en ce moment l'exemple. La grande cité de Lille a, en effet, l'avantage de partager son activité industrielle entre le travail du coton et celui du lin ; la même maison exploite souvent les deux spécialités sur une vaste échelle. A Roubaix se trouvent réunies presque toutes les industries textiles ; la laine pure ou mélangée en forme la base ; le coton, le poil de chèvre, la bourre de soie, l'alpaga et même le china-grass sont ses auxiliaires et ses appuis. Le travail y est fractionné parfois, il est vrai, en ateliers de cardage, de peignage, de filature, de tissage et de teinture ; mais chacune de ces spécialités, lorsqu'elle est isolée, s'exerce souvent sur une échelle dont l'importance se rencontre rarement, même en Angleterre. Il suffit de dire que Roubaix possède actuellement des ateliers de peignage qui travaillent à façon 20,000 kilogrammes de laine par jour, et où les prix sont arrivés à un taux qui ne craint aucune concurrence. Parallèlement à ces usines se trouvent des filatures de cardés non moins remarquables, surtout au point de vue d'une série de perfectionnements de détail, signalés dans la partie technique de cet ouvrage. Nulle part on ne voit une plus grande variété d'articles de goût, où toutes les substances sont mariées dans des proportions diverses et transformées par les moyens les plus récents. L'industriel ne se contente pas d'y employer les fils de nature différente, il s'efforce de former des fils nouveaux par la réunion des filaments les plus divers. Nous en avons vu composés de laine longue, de poil de chèvre, de bourre de soie et de china-grass. Ces produits ont une apparence des plus flatteuses et contribueront à augmenter les articles de cette localité, qui marche à la tête de l'industrie des étoffes.

Il suffit, pour justifier cette appréciation sur l'importance des villes du Nord, de dire que Lille a le second rang des villes de France et vient immédiatement après Marseille dans le compte rendu de la Banque de France; le chiffre de ses opérations s'élève à 431,274,804 francs. Quant à la production de Roubaix, que nous avons estimée, pour les lainages seulement, à 150 millions (chap. IV, § 5), elle s'élève à près du double pour l'ensemble des tissus qui s'y fabriquent. Tourcoing exécute, tant en fils qu'en tissus, pour une somme annuelle d'environ 100 millions. Ce mouvement ascendant de la localité la plus menacée en apparence par le nouveau régime commercial, dénote une vitalité et des ressources pécuniaires et intellectuelles dont la France a le droit d'être fière. Loin de s'endormir dans leur prospérité et de se croire arrivées à l'apogée du succès, ces intéressantes contrées se préparent vaillamment à la lutte. « Les arsenaux qui doivent contenir nos armes de guerre, nous disaient les industriels les plus puissants et les plus éclairés de ces contrées, sont nos écoles existantes et nos établissements enseignants spéciaux à créer et pour l'érection desquels il faut se hâter de tous côtés. Avec un personnel bien préparé, les améliorations sociales projetées et réclamées, la France n'aura pas plus à craindre ses rivales sous le rapport industriel que sous tous les autres, qui l'ont faite sinon la nation la plus grande, au moins la plus complète. »

Nous ne saurions rien ajouter à cette chaleureuse appréciation, qui résume nos propres sentiments.

FIN DU TOME SECOND ET DERNIER.

TABLE DES MATIÈRES.

TOME I.

Pages.

PRÉFACE.......................... v

PREMIÈRE PARTIE.

CHAPITRE I. — INTRODUCTION HISTORIQUE.

Introduction historique depuis les temps anciens jusqu'à nos jours...... 1
Influence des croisades.......................... 31
Léonard de Vinci, inventeur de la tondeuse automatique.......... 35
Industrie des lainages dans l'Inde au seizième siècle.......... 41
Travail du poil de chèvre.......................... 43
Développement des principaux centres manufacturiers de la France depuis leur origine jusqu'à Colbert.......................... 45
Industrie des lainages depuis Colbert.......................... 47
Situation de l'industrie des lainages à la fin du dernier siècle........ 67
Bureau d'Elbeuf.......................... 71
Bureau de Louviers.......................... 74
Tableau général de la production des lainages à la fin du dix-huitième siècle. 75
Industrie des lainages en Angleterre jusqu'à la fin du dernier siècle.... 76
— — en Espagne.......................... 81
— — dans les Pays-Bas et en Belgique......... 83
— — en Allemagne.......................... 85

CHAPITRE II. — Progrès des industries de la laine.

	Pages.
Progrès des industries de la laine depuis la fin du dix-huitième siècle. . . .	85
Origine du travail automatique de la laine.	91
Première division du travail de la laine en grandes spécialités.	95
Les industries de la laine à l'Exposition internationale en 1851.	107
Les industries de la laine à l'Exposition internationale en 1855.	113
Rapport sur la peigneuse de Josué Heilmann.	114
Les industries de la laine à l'Exposition de 1862	129

CHAPITRE III. — Développement de la production des laines.

Aperçu du progrès et du développement de la production des laines.	137
Mouvement ascendant de la production des laines coloniales.	143
Commerce des laines en France	145
Tableau du prix moyen des laines, de 1803 à 1858.	150
Emballage des laines.	151
Duvets et poils.	154
Laines d'effilochage et de déchets.	158
Tableau des prix des chiffons de laine.	166
Diverses autres catégories de laines inférieures.	169
Laine végétale.	170
Conservation des laines.	177
Classement des laines.	183

CHAPITRE IV. — Classification des lainages.

Classification générale	191
— des lainages drapés anciens.	196
— des lainages de la fabrication actuelle	204
— des lainages mélangés.	205
Lieux de production des lainages drapés.	209
Classification spéciale des tissus ras.	212
Lieux de production des tissus ras	213
Composition, dimensions et conditions de vente	218
Production générale et commerce des lainages en France.	220
— — — — en Angleterre.	222
— — — — en Belgique.	223
— — — — en Autriche.	223
— — — — en Suède.	224
— — — — dans le Zollverein.	224

Pages.
Production générale et commerce des lainages aux États-Unis. 225
Importance de la production des lainages dans les principaux centres de la fabrication en France. 226

CHAPITRE V. — Caractères et propriétés des fibres animales.

Examen de la toison à l'état naturel. 227
Apparence du brin de la laine en suint. 229
Apparence du brin de la laine lavé à fond. 230
Examen des brins d'alpaga, de vigogne, de chameau, des duvets et des poils de cachemire. 233
Direction des poils. 236
Structure intime des brins. 238
Examen comparatif de l'apparence extérieure et de la structure intime des laines et des poils. 241
Caractères communs des poils et des laines. 241
Recherches des causes qui modifient les caractères des poils. 249
Variation des finesses des brins avec l'épaisseur de la peau. 252
Tableau des finesses et des longueurs des laines du commerce. 255
Rapport entre les qualités et les vrillements des brins. 256
Ténacité, ductilité et élasticité des laines et des poils. 257
Dynamomètre pour essayer et comparer la force des laines et des poils. . . 259
Expérimentateur des fils. 262
De quelques applications de l'expérimentateur des fils. 266
Conséquences et règles à déduire des constatations de l'expérimentateur. . . 270
Composition de la laine, moyens physiques et chimiques pour la distinguer des autres substances textiles 275
Influence de l'humidité, de la chaleur, de la lumière et de l'électricité sur la laine et les fibres animales en général. 282
Influence des couleurs. 289
Propriétés spéciales des feutres et des lainages en général. 293
Influence mécanique des lainages. 294
Propriété hygrométrique 294
Action calorifique. 296
Caractères et propriétés du duvet d'édredon. 297
Examen comparé des propriétés des feutres, des tissus feutrés et des feutres mixtes. 299
Expériences sur la résistance à la traction. 301
Tableau des résistances comparatives des différents tissus à égalité de poids. 302
Expériences sur l'élasticité. 303
Tableau des expériences de traction faites sur les différents tissus imprégnés d'eau. 305
Tableau comparatif des allongements des différents tissus secs ou imprégnés d'eau pour la même longueur primitive. 306
Expériences sur la résistance à l'usé. 306

Pages.

Tableau des pertes éprouvées au brossage par les divers tissus. 308
Expériences de perméabilité. 309
Tableau des hauteurs auxquelles s'est élevé le liquide acidulé dans les différents tissus. 310
Tableau des expériences faites sur la perméabilité des différents tissus dans le sens de l'épaisseur. 311

CHAPITRE VI. — Tarifs des douanes.

Tarifs à l'entrée en France des articles anglais, belges et italiens. 315
— — en Belgique. 317
— — dans le Zollverein 318
— — en Italie. 319
— — en Suisse 320
— — en France des articles venant de la Suisse. 320
— — en Autriche. 320
— — en Espagne. 321
— — aux États-Unis d'Amérique. 323
— — en diverses autres localités. 325

DEUXIÈME PARTIE.

CHAPITRE I. — Considérations préliminaires sur la filature en général.

Tableau synoptique de la filature. 333

CHAPITRE II. — Ensemble des transformations de la laine courte en fils cardés.

Triage manufacturier des laines 339

CHAPITRE III. — Désuintage, lavage et séchage des laines.

Dégraissage et lavage. — Considérations générales. 343
Lavage automatique à râteaux. 351
— par le courant direct. 351
— par une chute artificielle. 351
Machines à laver de M. Armingaud, de Saint-Pons. 351
Laveuse à moulinet. 355

Pages.
Laveuse imitant l'action du bâton. 357
— à palettes courbes. 361
— à palettes articulées. 363
— avec insufflation d'air. 365
Observations générales sur les machines à laver la laine. 366
Séchage de la laine lavée et teinte. 368
Séchoir à laine à courant d'air forcé. 370
Réglage et production. 371
Calcul de la dépense. 372
Appareil mobile à sécher la laine. 372
Réglage et production. 373
Dépense du séchage. 374
Second triage manufacturier. 376

CHAPITRE IV. — Battage.

Battage, échardonnage ou égratteronnage. 379

CHAPITRE V. — Graissage ou ensimage.

Comparaison des divers modes de graissage employés. 390
Graissage à la main. 394
Ensimage automatique. 395

CHAPITRE VI. — Louvetage et cardage.

Machine à ouvrir et loups pour les laines dites *grandes matières*. 397
Cardage. — Principes généraux. 401
— — Observations préliminaires. 403
— — Dispositions générales. 405
— — Système Apperley. 410
— — Règlement. 414
Carde à double sortie. 415
Défauts du cardage et moyens de les atténuer. 417
Divers matériaux employés à la construction des cardes. 419
Nécessité et influence des doublages. 422
Tableau sur le pouvoir élastique des laines cardées. 424
Variation de la production des cardes. 427
Embourrage. 428
Aiguisage. 428
Débourrage. 431
De l'utilisation des débourrages et autres déchets. 431

CHAPITRE VII. — Filage.

Pages.

Métiers à filer. 439
Mule-jenny. 441
Considérations sur l'envidage et la forme de la canette. 446
Régulateur Ernault, Bayart et fils. 449
Mule-jenny self-acting. 452
Métier continu. 456
Tableau des torsions. 460
Production des métiers à filer. 461
Prix de façon des fils cardés. 465

CHAPITRE VIII. — Exécution des supports des canettes.

Machines à faire les tubes des canettes. 470

CHAPITRE IX. — Retordage et apprêts des fils.

Considérations sur le retordage 475
Exécution du cordonnet câblé. 480
Fils moulinés chinés jaspés. 483
Impression sur chaine 489
Gazage des fils 490

CHAPITRE X. — Titrage.

Titrage légal 492
— de la laine peignée. 493
— de la laine cardée. 494
— du lin. 495
— de la soie. 497
— anglais de la laine. 498
Constatation et vérification des titres. 498
Formules et applications usuelles du titrage. 499
Variation des titres avec l'état des fils. 500

CHAPITRE XI. — Empaquetage.

Presse à empaqueter. 505

CHAPITRE XII. — Établissement et organisation d'une filature de laine cardée.

Détermination de l'assortiment. 506
Composition et prix d'un assortiment de 7,200 broches. 508

Pages.
Personnel direct employé pour l'assortiment. 509
Dépense pour la construction du bâtiment. 510
Dépense pour le matériel du chauffage. 510
Récapitulation des frais du bâtiment 511
Prix de revient du moteur. 511
— — de la force motrice. 512
Frais généraux de l'établissement. 512

TOME II.

TROISIÈME PARTIE.

CHAPITRE XIII. — Tissage.

Pages.
Ensemble des transformations 1
Dévidage, bobinage, tramage. 6
Ourdissage. 11
Détermination du poids, de la longueur et des numéros des fils d'une étoffe. 13
Des rapports entre les longueurs des fils de la chaine et de la trame. . . . 15
Opération pratique de l'ourdissage 17
Ourdissage à la main. 19
— automatique. 25
Encollage de la chaine. 25
Appareils à encoller. 28
Modifications à apporter aux machines à encoller. 35

CHAPITRE XIV. — Métiers a tisser.

Éléments et organes invariables. 36
Observations générales. 44
Métiers automatiques à tisser les fils cardés. 51
— — à tisser les draps lisses. 52
— — à navettes multiples 56

Pages.

Prix du tissage à la main. 59
— — automatique. 62

CHAPITRE XV. — Remettages et armures.

Principes généraux. 63
Apparences diverses des armures fondamentales et de leurs dérivés. 75
Principe de la mise en carte. 78

CHAPITRE XVI. — Composition d'un certain nombre d'articles lisses et de fantaisie.

Tableau du montage des draps lisses. 85
Remarques sur ce tableau. 87
Montage des articles de fantaisie. 89

CHAPITRE XVII. — Du dessin et du coloris des étoffes.

Considérations générales. 95
Modifications de nuances obtenues par l'entrelacement au tissage. 108
Appareil plongeur 112

CHAPITRE XVIII. — Métiers a tisser les façonnés et opérations préparatoires.

Du tissage façonné. 114
Métiers Jacquart. 116
Mise en carte. 118
Lisage et perçage des cartons. 127
Métiers à lames multiples. 134

CHAPITRE XIX. — Dégraissage, épincetage et rentrayage.

Machine à dégraisser. 144
Dégraissage au sulfure de carbone. 148

CHAPITRE XX. — Feutrage et foulage.

Considérations. 150
Opérations préparatoires du feutrage et du foulage. 154
Secrétage 155
Machines spéciales au feutrage de la chapellerie. 171
Description des appareils à bastir et à feutrer. 172
Machine à feutrer. 177

Pages.
Réunissage des feutres à des tissus. 185
Machine à coudre des nappes de laine pour les soumettre au foulage. . . . 186
Machine à faire les fils feutrés. 194

CHAPITRE XXI. — Foulage des tissus.

Appareils et machines à fouler. 197
Foulons arabes. 198
Foulage au poignet. 201
Foulons hollandais. 202
Machines à fouler cylindriques. 208
Examen comparatif des divers systèmes de foulage. 225
Perfectionnements de détails apportés aux foulons cylindriques. 226
Action mécanique employée dans le foulage 228
Ingrédients et liquides employés dans le foulage. 229
Résumé du rôle des différents éléments qui interviennent dans le foulage. . 230
Articles foulés sans être feutrés. 234
Méthode générale du foulage. 236
Des savonnage et épuration complète. 238
Prix du foulage à façon. 239
Foulage à la toulisse. 240
Quelques considérations sur le choix des machines à fouler. 241

QUATRIÈME PARTIE.

CHAPITRE XXII. — Apprêts des lainages en général.

Apprêts des tissus ras. 248
Apprêts des lainages foulés. 250
Considérations générales sur les apprêts. 253
Divers moyens sur lesquels repose le garnissage 256

CHAPITRE XXIII. — Description des appareils et des machines à garnir.

Lainage à la main. 262
Lainerie à un cylindre. 265
— beige, à double effet ou à deux cylindres. 270
— allemande, à doule effet. 272
— à chardons roulants. 276
— à mouvement de va-et-vient. 278
Divers perfectionnements apportés aux laineries pour éviter le rayonnage. . 282

	Pages.
Conservation du chardon végétal et emploi des garnitures métalliques. . . .	285
Laineuse veloutoute.	287
Force motrice nécessaire au lainage.	290

CHAPITRE XXIV. — Tondage, appareils et machines a tondre.

Anciennes forces employées autrefois au tondage.	294
Tondeuse automatique à lames héliçoïdales.	295
— transversale.	297
— longitudinale.	300
— longitudinale de M. Paulhac.	304
Machines à lainer et à tondre simultanément.	312
Effets façonnés réalisés à la tondeuse.	313
Tondeuse à double effet.	314
Force motrice nécessaire au tondage.	315
Prix de revient du lainage.	316
— — du tondage.	317
Brossage automatique.	318

CHAPITRE XXV. — Ramage, appareils a ramer.

Machine à essorer les draps au large.	320
Rame à l'air.	321
Rame chaude.	322
Machine à ramer de M. Whiteley.	324
Système de la rame Whiteley appliqué au lainage et au tondage.	328
Machine à ramer de M. Pasquier.	330
— — de M. Tulpin.	332

CHAPITRE XXVI. — Du battage des étoffes de laine.

Théorie des apprêts par le battage.	340
Caractères distinctifs d'un tissu foulé, lainé et apprêté à poil debout. . . .	344
Machine à battre.	346
Frisage ou ratinage.	348
Ratineuse ou friseuse.	350

CHAPITRE XXVII. — Appareils a lustrer, a décatir et a presser.

Décatissage.	354
Machine cylindrique à auge pour presser.	356
Pliage et métrage.	357
Machine à plier et à métrer.	358

CHAPITRE XXVIII. — Apprêts de la bonneterie dite *orientale*.

Pages.
Description des moyens. 368

CHAPITRE XXIX. — Application pratique des apprêts aux principaux genres de tissus.

Dénominations en usage. 372
Apprêts généraux appliqués aux draps lisses. 375
— — appliqués aux nouveautés velours. 376
Caractères et apprêts des velvets. 377
Caractères et apprêts des sealskins. 380
Origine des procédés appliqués aux sealskins. 383
Débarrage. 385
Procédé cache-épouti. 387
Procédé pour rendre les lainages imperméables. 389
Autres recettes d'imperméabilisation et de lustrage. 390

CHAPITRE XXX. — Spécialités qui constituent l'industrie des lainages.

Subdivision des spécialités. 394
Etablissement d'une fabrique de lainages dits *nouveautés*. 397
De la fabrication centralisée et de la fabrication à façon. 404

CHAPITRE XXXI. — Comparaison entre la fabrication actuelle et la fabrication ancienne.

Comparaison des éléments de la fabrication du drap lisse en 1785 et en 1866. 410
Remarques spéciales aux progrès économiques. 413
Comparaison des conditions d'existence de la classe ouvrière. 415
Remarques sur les progrès techniques. 417
Considérations générales sur le développement progressif de l'industrie. . . 422

FIN DE LA TABLE.

Paris. — Typographie Hennuyer et fils, rue du Boulevard, 7.

www.ingramcontent.com/pod-product-compliance
Ingram Content Group UK Ltd.
Pitfield, Milton Keynes, MK11 3LW, UK
UKHW022323190726
13856UKWH00001B/179